微波天线多场耦合理论与技术

王从思　王　伟　宋立伟　编著

U0249749

科学出版社

北　京

内 容 简 介

　　微波天线的机械结构、散热和复杂的工作环境都是实现天线高性能的主要制约因素，且机械结构也是天线电性能稳健可靠的重要保障。随着天线技术的不断发展，微波天线多场耦合理论与技术在天线设计、制造与服役过程中发挥的作用将越来越重要。本书共 9 章，首先介绍微波天线的作用、特点和性能参数，以及场路耦合中涉及的微波电路基础，然后阐述天线主要工作环境的模拟分析方法与天线散热基本技术，着重论述三类微波天线机电多场耦合的基础理论与关键技术，最后展望未来微波天线机电耦合的发展热点。

　　本书内容综合性和针对性强，可作为天线结构设计与制造工程人员的工具书，也可作为高等学校相关专业的高年级本科生和研究生的教材或参考书。同时，对从事相关科技研究的人员也有很好的参考价值。

图书在版编目（CIP）数据

微波天线多场耦合理论与技术/王从思，王伟，宋立伟编著. —北京：
科学出版社，2015.6
ISBN 978-7-03-044772-2

Ⅰ. ①微… Ⅱ. ①王… ②王… ③宋… Ⅲ. ①微波天线－耦合－研究 Ⅳ. ①TN822

中国版本图书馆 CIP 数据核字（2015）第 121057 号

责任编辑：李　萍　杨向萍　王　苏／责任校对：李　影
责任印制：赵　博／封面设计：红叶图文

科学出版社 出版
北京东黄城根北街 16 号
邮政编码：100717
http://www.sciencep.com

北京凌奇印刷有限责任公司 印刷
科学出版社发行　各地新华书店经销
*

2015 年 6 月第 一 版　　开本：720×1000　1/16
2015 年 6 月第一次印刷　　印张：15 3/4
字数：304 000
POD定价：　120.00元
（如有印装质量问题，我社负责调换）

前　　言

微波天线作为高性能电子装备的"眼睛"和"耳朵",具有典型的机电耦合特征,在通信、雷达、射电天文、广播电视、导航、电子对抗和遥感遥测等领域有着广泛的应用,其电性能的成功实现不仅依赖于各学科领域的设计水平,更取决于多学科的有机融合。

随着深空探测、射电天文、新能源等科学领域的发展,包括反射面天线、阵列天线在内的微波天线正朝着大口径、高频段、高增益、低副瓣、高密度、集成化的方向发展,微波天线机械结构、热、工作环境与电性能之间的耦合程度变得越来越紧密。机电耦合正是表示电子装备中电信因素与机械结构因素之间相互影响、相互制约的关系。可见,微波天线机电耦合不仅涉及数学、物理、力学等基础学科,更涉及电磁、机械结构、传热、材料、控制、制造工艺、测试等工程领域,是一个多学科、多领域联合攻关的科学与工程问题。微波天线机电多场耦合理论与技术在天线设计、制造与服役过程中的作用将越来越重要。机电耦合与设计学的结合,可使应用微波天线的复杂电子装备的设计更量化、精密化;机电耦合与材料学的结合,会加强复合材料、功能材料等新材料的应用,使复杂电子装备更精、更轻、更强;机电耦合与制造工艺学的结合,可使复杂电子装备的制造方法与工艺流程更高效、产品质量更优良;机电耦合与电子信息技术的结合,可使复杂电子装备的"耳目"更清晰,"大脑"更智慧,"决策"更英明,"行动"更迅捷精准。

不同于一般的微波天线技术著作,本书从耦合的角度介绍天线结构设计、散热设计、制造工艺、服役调试等方面的多场耦合理论与关键技术,希望成为一本集先进性和实用性为一体的天线设计指导性工具书。由于机电耦合涉及的内容非常广泛,因此,本书除了必备基础知识和物理概念,在编写中尽量简化繁复的理论分析与数学推导过程,着重介绍机电多场耦合理论相关的基本原理与基础知识,以说明近十年来微波天线机电耦合的主要进展与研究成果。

本书内容主要包括机电多场耦合涉及的微波技术和微波电路基础知识,反射面天线的变形拟合、精度分析、主副面变形、馈源位置指向误差、场耦合建模、模型求解、补偿技术、馈源位置指向优化、最佳安装角等,裂缝阵列天线的腔体结构分析、辐射缝位置指向误差、馈电网络变形、场耦合建模、模型求解、钎焊工艺、制造工装、振动影响等,以及有源相控阵天线的阵面结构分析、误差综合、辐射单元位置指向误差、T/R 组件性能温变、场耦合建模、机电热耦合优化等方面的多物理场耦合理论与关键技术,另外,专门介绍了微波天线的工作环境条件及模拟仿真技术。

本书是在作者多年研究微波天线机电耦合的工作基础上整理、补充而成，在微波技术和微波电路基础知识方面，也部分借鉴和参考了国内外经典书籍和相关资料，包括段宝岩院士的《电子装备机电耦合理论、方法及应用》、《天线结构分析、优化与测量》，叶尚辉教授的《天线结构设计》，张光义院士的《相控阵雷达天线》，Levy Roy 教授的 *Structural Engineering of Microwave Antennas for Electrical, Mechanical, and Civil Engineer*，Constantine A. Balanis 教授的 *Antenna Theory, Analysis and Design*，Robert S. Elliott 教授的 *Antenna Theory and Design*，Thomas A. Milligan 博士的 *Modern Antenna Design* 等。正是站在了这些前辈巨人的肩上，我们才得以传承知识，才能不断进步。

衷心感谢导师段宝岩院士，从 2001 年本科毕业设计参加科研项目起，就在段老师的悉心指导下学习、工作，对于恩师与师母的关怀与多方面的帮助，铭记于心，终生感恩。

在长期的研究工作中，得到了叶尚辉、仇原鹰、贾建援、陈建军、张福顺、焦永昌、黄进、保宏、陈光达、曹鸿钧、朱敏波、李鹏、周金柱、李娜等老师与同事的指导与帮助，在此特向他们表示衷心的感谢。作者在南京电子技术研究所从事博士后工作期间，在微波天线实验与工程方面得到了平丽浩首席、张光义院士，以及王秀春、王惠华、曾锐、徐德好、常研、王长武、史峻东、郭先松、钱吉裕等专家与老师的支持与帮助，在此一并表示诚挚的谢意。在本书编写过程中，作者所在实验室的全体博士和硕士研究生在文字录入、图表绘制、数据收集等方面都给予了热情的帮助，在此一并表示感谢。

由于作者的水平和能力有限，编写时间紧，书中难免存在不妥之处，真诚希望广大读者批评指正。

王从思

2015 年 3 月于西安电子科技大学

目　　录

第 1 章 绪 论

1.1 引 言

微波天线是无线电设备中用来发射或接收电磁波的部件，可利用电磁波来传递信息，广泛应用在通信、雷达、射电天文、广播电视、导航、电子对抗和遥感遥测等工程系统中。在电磁波传送能量方面，非信号的能量辐射也需要天线。天线的工作原理实质上就是一种变换器，它把传输线上传播的导行波变换成在无界媒介(通常是自由空间)中传播的电磁波，或者进行相反的变换。

微波天线作为一种具有典型机电耦合特征的电子装备，其电性能的成功实现不仅依赖各学科领域的设计水平，更取决于多学科的有机融合[1,2]。例如，天线反射面是电磁场的边界条件，在自重、风、雪等载荷作用下，反射面变形将影响天线增益、方向图等电性能指标，且随着天线工作频段的升高，这种影响关系更加突出；又如，高密度、小型化的电子装备(如弹载相控阵雷达)，其结构位移场、电磁场、温度场之间的场耦合问题严重影响导弹的制导精度；再者，机载、舰载等运动环境中天线的座架及伺服系统会直接影响其指向精度与快速响应能力；此外，工作环境引起的温度变化以及内部结构材料特性不一致引起的温度不均匀等对天线的机械性能与电路性能都有重要影响，最终导致天线电性能的显著恶化[3-6]。由此可见，微波天线的性能不仅由电磁因素决定，也与机械结构因素、温度分布、工作环境等紧密相关。

在影响微波天线性能指标的诸多因素中，机电耦合已成为一个瓶颈，而其中多场耦合更是机电耦合的重要基础。在本书中，机电耦合是指电子装备中电磁因素与机械结构因素的相互影响、相互制约的关系，多场耦合是指两种或多种学科的物理场或性能参数在载体工作过程中交叉作用、互相影响(耦合)的物理现象。而传统意义的机电耦合是指进行机械能量与强电转化的机电装备内的机电作用，主要指电机类强电系统，这里的电与本书的"电"(电磁场)是两个不同概念。在高频段、高增益、高密度、小型化、快响应、高指向精度的天线系统中，机械结构因素与电信之间逐渐呈现出强耦合的特征。

1.2 微波天线发展概述

1.2.1 天线的发展历史

最早的发射天线是 Hertz 在 1887 年为验证麦克斯韦(Maxwell)理论而设计的，

将单圈金属方形环状天线作为接收天线，根据方环端点之间空隙出现的火花来指示收到了信号。Marconi 是第一个采用大型天线实现远洋通信的人，所用的发射天线由 30 根下垂铜线组成，顶部用水平横线连在一起，横线挂在两个支持塔上。这是人类真正付诸实用的第一副天线，之后天线的发展大致分为四个历史时期，如图 1.1 所示。

（1）线天线时期。在无线电获得应用的最初时期，真空管振荡器尚未发明，人们认为波长越长，传播中的衰减越小。因此，为了实现远距离通信，所利用的波长都在 1000m 以上。在这一波段中，水平天线显然是不合适的，因为大地中的镜像电流和天线电流方向相反，天线辐射很小。此外，它产生的水平极化波沿地面传播时衰减很大。后来，业余无线电爱好者发现短波能传播很远的距离。这时，天线尺寸可以与波长相比拟，从而促进了天线的顺利发展。这一时期除了抗衰减的塔式广播天线，还出现了各种水平天线和天线阵，典型的有偶极天线（又称为对称天线）、环形天线、长导线天线、同相水平天线、八木天线（又称为八木-宇田天线）、菱形天线和鱼骨形天线等。在这一时期，天线的理论工作也得到了发展[7]。

（2）面天线时期。由于没有相应的振荡源，直到 20 世纪 30 年代，随着微波电子管的出现才陆续研制出各种面天线。这时已有类比于声学方法的喇叭天线、类比于光学方法的抛物反射面天线和透镜天线等。在第二次世界大战期间出现的雷达大大促进了微波技术的发展。为了迅速捕捉目标，研制出了波束扫描天线，利用金属波导和介质波导研制出波导缝隙天线和介质棒天线，以及由它们组成的天线阵。在面天线基本理论方面，建立了几何光学法、物理光学法和口径场法等理论。在面天线有较大发展的同时，线天线理论和技术也有所发展，如阵列天线的综合方法等[8, 9]。

（3）从第二次世界大战结束到 20 世纪 50 年代末期。微波中继通信、对流层散射通信、射电天文和电视广播等工程技术的天线设备有了很大发展。这时出现了分析天线公差的统计理论，发展了天线阵列的综合理论等。1957 年，美国研制了第一部靶场精密跟踪雷达 AN/FPS-16。随后，各种单脉冲天线、频率扫描天线也付诸应用。随后，宽频带天线有所突破，产生了非频变天线理论，出现了等角螺旋天线、对数周期天线等宽频带或超宽频带天线。

（4）20 世纪 50 年代以后。这时天线的发展空前迅速，一方面是大型地面站天线的修建和技术的改进，包括卡塞格伦天线的出现，正副反射面的修正，波纹喇叭等高效率天线馈源和波束波导技术的应用等；另一方面，相控阵天线由于新型移相器和计算机的出现，重新受到重视并得到广泛发展[10, 11]。后来，由于无线电频道和卫星通信的发展，面天线的频率复用、正交极化及多波束天线受到重视；无线电技术向毫米波、亚毫米波及光波方向发展，出现了介质波导、表面波和漏波天线等新型毫米波天线；在阵列天线方面，由线阵发展到圆阵，由平面阵发展

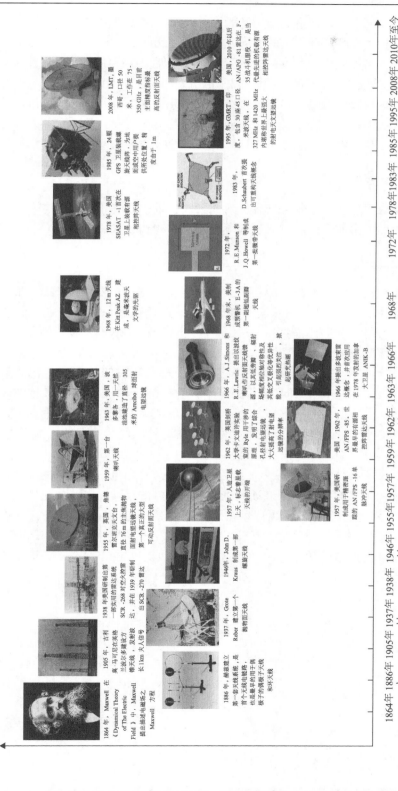

图 1.1　天线发展历史

到共形阵，合成孔径天线技术进入实用阶段；电子对抗的需要促进了超低副瓣天线的发展；由于高速大容量计算机的发展，矩量法和几何绕射理论开始在天线中得到应用；随着电路集成化的发展，微带天线在飞行器上获得快速发展。这一时期，天线结构和工艺也取得了很大的进展，如制成了口径为 100m、可全向转动的高精度保型射电望远镜天线，还研制了单元数接近 2 万个的大型相控阵和高度超过 500m 的天线塔。在天线测量技术方面，出现了微波暗室、近场测量技术及利用天体射电源测量技术，并创立了用计算机控制的自动化测量系统等。

1.2.2　四类典型天线的发展历程

包括陆基反射面天线、星载可展开反射面天线、星载可展开有源相控阵、有源相控阵天线等四类微波天线的发展历程可用图 1.2～图 1.5 来概要说明[12-18]。

1.2.3　天线波段划分

无线电波按波长可划分为超长波、长波、中波、短波、米波、分米波、厘米波、毫米波和亚毫米波，其中，分米至亚毫米的波统称为微波（microwave）。它属于无线电波中波长最短（频率最高）的波段，通常指频率为 300MHz（波长为1m）～3000GHz（波长为 0.1mm）的电磁波，如图 1.6 所示。微波与普通的无线电波、可见光和不可见光、X 射线、γ 射线一样，本质上都是随时间和空间变化的呈波动状态的电磁波。但它们的表现各不相同，如可见光能被人眼感觉而其他波段则不能被人眼感觉；X 射线和 γ 射线具有穿透导体的能力而其他波段则不具有这种能力；无线电波可以穿透浓厚的云雾而光波则不能。这是因为它们的频率不同，即波长不同。

微波波段区别于其他波段的主要特点是其波长可与常用电路或元件的尺寸相比拟。而普通无线电波的波长大于或远大于电路或元件的尺寸，电路或元件内部的电波传输过程可忽略不计，因此可以用路的方法进行研究。光波、X 射线、γ 射线的波长则远小于常用元件的尺寸，甚至可与分子或原子的尺寸相比拟，因此不能用电磁的方法或普通电子学的方法来产生或研究它们。它们是同分子、原子或核的行为相联系的。

图1.2 陆基反射面天线发展历程

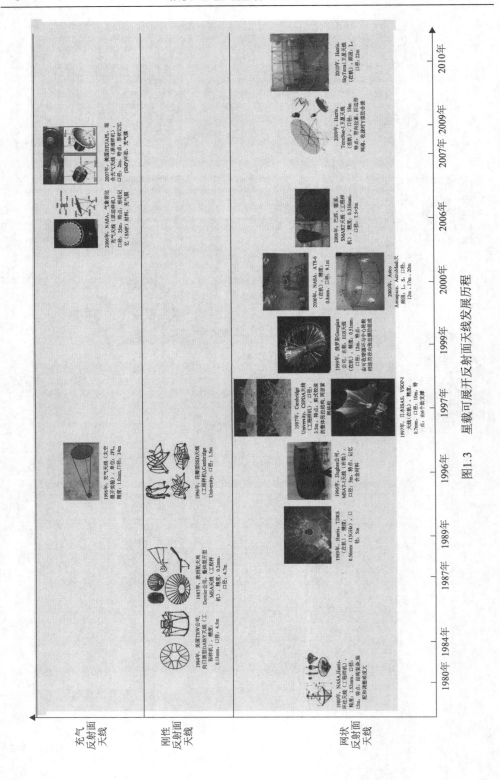

图1.3　星载可展开反射面天线发展历程

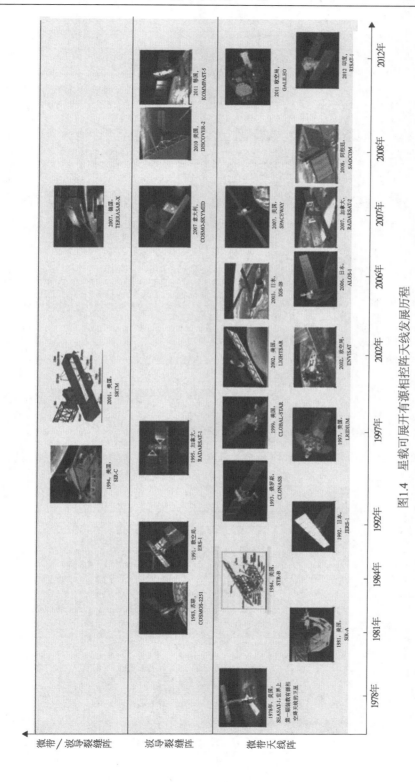

图1.4 星载可展开有源相控阵天线发展历程

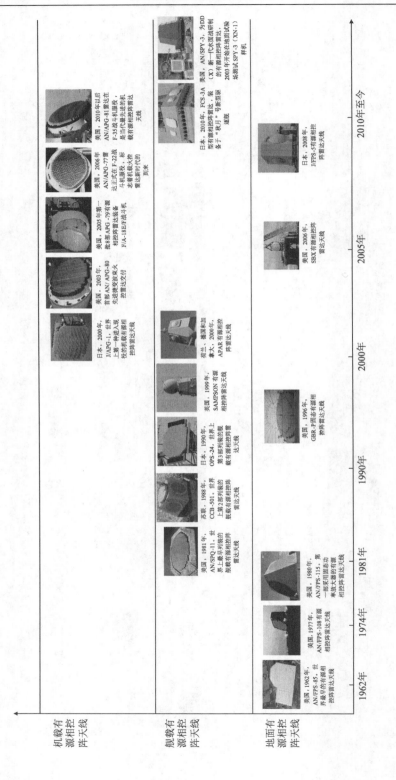

图1.5　有源相控阵天线发展历程

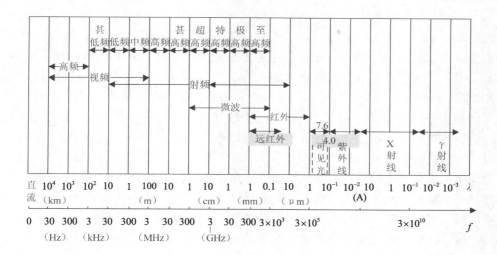

图 1.6 电磁波谱

1)传统波段名称

通信与雷达中天线波段(频段)的传统方法划分如表 1.1 所示。

表 1.1 传统的天线波段划分

名称	符号	频率范围	波长范围	标称波长
甚低频	VLF	3～30kHz	1000～100km	超长波
低频	LF	30～300kHz	10～1km	长波
中频	MF	0.3～3MHz	1km～100m	中波
高频	HF	3～30MHz	100～10m	短波
甚高频	VHF	30～300MHz	10～1m	米波
微波波段	UHF	0.3～1GHz	1～0.1m	分米波
	L	1～2GHz	30～15cm	22cm
	S	2～4GHz	15～7.5cm	10cm
	C	4～8GHz	7.5～3.75cm	5cm
	X	8～12GHz	3.75～2.5cm	3cm
	Ku	12～18GHz	2.5～1.67cm	2cm
	K	18～27GHz	1.67～1.11cm	1.25cm
	Ka	27～40GHz	1.11～0.75cm	0.8cm
	Q	33～50GHz	0.9～0.6cm	—
	U	40～60GHz	0.75～0.5cm	0.6 cm
	V	60～80GHz	0.5～0.375cm	0.4 cm
	W	80～100GHz	0.375～0.3cm	0.3cm
	/	100～300GHz	0.3～0.1cm	—

表 1.1 中，部分波段的命名具有明显的历史痕迹。例如，①最早用于搜索雷达的电磁波长为 23cm，这一波段被定义为 L 波段（long），后来这一波段的中心波长变为 22cm，当波长为 10cm 的电磁波被使用后，这一波段被定义为 S 波段（short）；②在主要使用 3cm 电磁波的火控雷达出现后，3cm 波长的电磁波被称为 X 波段，因为 X 代表坐标上的某点；③为结合 X 波段和 S 波段的优点，逐渐出现了使用中心波长为 5cm 的雷达，该波段被称为 C 波段（compromise）；④在英国人之后，德国人也开始独立开发自己的雷达，他们选择 1.5cm 作为自己雷达的中心波长，这一波长的电磁波就被称为 K 波段（德语 Kurtz "短"）；⑤ "不幸"的是，德国人以其日耳曼民族特有的 "精确性"而选择的波长可被水蒸气强烈吸收，结果这一波段的雷达不能在下雨和有雾的天气使用，后来设计的雷达为了避免这一吸收峰，通常使用频率略高于 K 波段的 Ka 波段（K-above）和略低的 Ku 波段（K-under）；⑥由于最早的雷达使用的是米波，因此这一波段被称为 P 波段（previous）。

2）新波段名称

第二次世界大战后，雷达的波段有三种标准：德国标准、美国标准和欧洲标准。由于德国和美国的标准（旧标准）提出较早，十分烦琐，使用也不便，现在大多数使用的是欧洲标准（新标准），即以实际波长来划分波段，具体如表 1.2 所示。

表 1.2　欧洲标准的天线波段划分

波段	类型	频率/GHz	波长/cm
A	米波	<0.25	>120
B	米波	0.25～0.5	60～120
C	分米波	0.5～1	30～60
D	分米波	1～2	15～30
E	分米波	2～3	30～60
F	分米波	3～4	15～30
G	分米波	4～6	7.5～15
H	厘米波	6～8	4～5
I	厘米波	8～10	3～4
J	厘米波	10～20	1.5～3
K	厘米波	20～40	0.75～1.5
L	毫米波	40～60	0.5～0.75
M	毫米波	60～100	0.3～0.5

新旧两种波段符号的对应关系可用图 1.7 来加以对比说明。

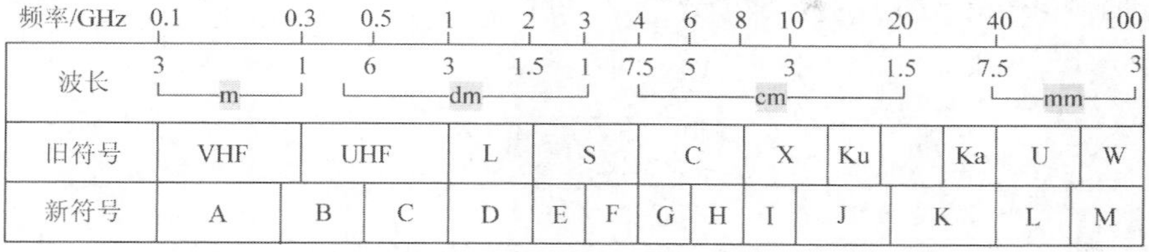

频率/GHz	0.1		0.3	0.5	1		2	3	4	6	8	10		20		40		100
波长	3 m		1	6	3 dm	1.5	1	7.5		3 cm		1.5		7.5	mm		3
旧符号	VHF		UHF		L		S		C		X	Ku		Ka		U		W
新符号	A		B		C		D		E F		G	H	I	J		K	L	M

图 1.7 新旧波段符号对比

1.3 天 线 类 型

1.3.1 天线分类方式

依据不同的原则，天线种类也是多种多样的，如按用途分为通信天线、广播电视天线、雷达天线、射电天文天线等；按工作性质分为发射天线、接收天线等；按极化特性分为线极化天线、圆极化天线、椭圆极化天线及双、多极化天线等；按工作频段分为长波天线、中波天线、短波天线、超短波天线和微波天线等；按频带宽窄分为窄带天线、宽带天线及非频变天线等。

如果按天线原理来分类，可以把天线分为线天线、口径天线两类。线天线顾名思义是由导线组成的，导线的长度比横截面大得多，一般用在长、中、短波；口径天线则由整块金属板或导线栅格组成天线辐射面，它的面积比波长的平方大得多，一般用在微波；超声波天线是介于这二者之间的过渡形式。这种分类的优点是天线理论分析比较清晰。随着天线技术的发展，已经出现许多新型天线，如微带天线、缝隙天线、合成孔径天线、相控阵天线等。随着科学技术的发展，一定会有更多的新型天线诞生，如仿生天线。综合上面内容，图 1.8 给出了主要的天线分类形式。

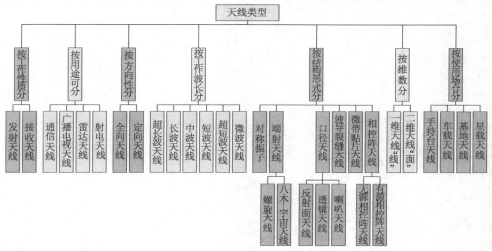

图 1.8 主要的天线分类形式

结合本书内容，图 1.9～图 1.11 给出三类代表性天线(反射面天线、星载可展开天线、相控阵天线)的分类情况[19, 20]。

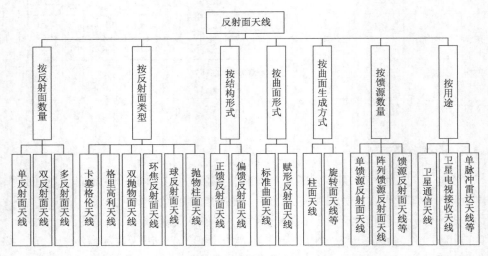

图 1.9　反射面天线分类

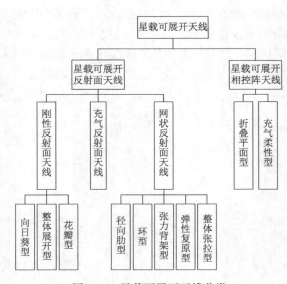

图 1.10　星载可展开天线分类

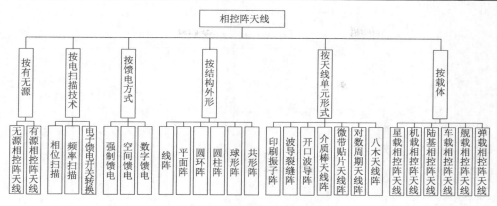

图 1.11　相控阵天线分类

由于天线种类众多，下面只对几种常用的天线形式进行介绍。

1.3.2　振子天线

1) 半波振子

半波振子是由两根导体组成的天线，通常由金属棒或空心圆管制成，每根长 $\lambda/4$，总长为 $\lambda/2$。在振子中可产生驻波，电流和电压沿振子的分布与在 $\lambda/4$ 的开路线中一样，终端是电流波节和电压波腹，中点是电流波腹和电压波节。为改善振子的频带宽度，可采用直径较细的振子，振子直径与振子长度之比为 $1/20 \sim 1/5$。随着振子直径加粗，谐振长度变小。通常作为辐射器用的振子，其谐振长度为 $0.45\lambda \sim 0.49\lambda$。

2) 同相水平天线

超短波远程警戒雷达天线和短波远程通信天线广泛使用同相水平天线。它是一个天线阵，由许多个形状、构造、性能等完全相同的半波振子排列组成。每个振子都是水平放置的，这些振子排在同一平面内，成 n 行，m 列。每一行中，振子的轴线应在一条直线上，而每一列的振子互相平行。两相邻行、相邻列间的距离应严格保持 $\lambda/2$，且各振子都是同相馈电。为使发射集中在一个方向上，还附加有金属反射网。反射网与振子相距 $\lambda/4$，这样使天线能量只向前方辐射，如图 1.12 所示。

同相水平天线的优点是主瓣尖锐，旁瓣少而弱，又有较高的增益。缺点是工作波段很窄，当频率发生偏离时，会引起每个振子失调，也破坏了反射网的正常工作，这些都会引起方向图的失真和方向系数的降低。

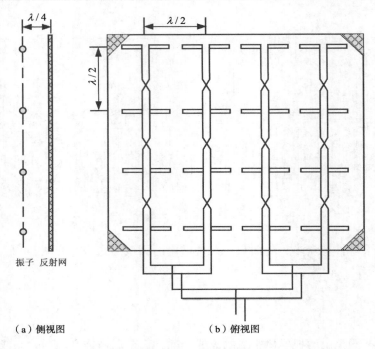

（a）侧视图　　　　　　　　　　　（b）俯视图

图 1.12　同相水平天线

3）引向天线

引向天线又称为八木天线或波道天线，广泛用于米波和分米波的通信、雷达、电视及其他无线电设备中。它由一个有源振子（主振子）、一个反射振子和若干个引向振子组成，如图 1.13 所示。除主振子由电源激励，反射振子和引向振子都是无源振子。所有振子都排列在同一平面内，且互相平行，它们的中点部件固定在一根金属杆子上。有源振子是在中心馈电的，故不能与金属杆直接接触，必须与金属杆绝缘，并与馈线连接。无源振子是由主振子产生的电场在其上感应电流而产生电磁波辐射。无源振子在中点短路，因为中点正好是电压波节点。金属杆与各振子垂直，所以金属杆垂直于天线的电场，在金属杆上不感应电流，也不参与辐射，对天线电场不会有明显的影响。

通常有源振子的长度等于谐振长度，而反射振子的长度略长于谐振长度，引向振子的长度略短于谐振长度。反射振子通常为一根，因为一根反射器几乎可使背面没有辐射。引向振子使前向辐射增强，引向振子数目越多，波瓣图越尖锐。但引向振子数目过多，对提高方向系数的作用并不显著且造成天线尺寸过大，所以一般不超过 10 个。引向天线的特点是结构简单、制造方便、成本低廉，缺点是工作频带较窄，调整测试比较麻烦。

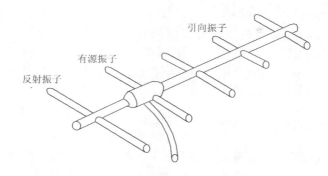

图 1.13　引向天线的结构

1.3.3　喇叭天线

　　把受到激励的波导终端开口，就会有电磁波辐射出去，这就是一种简单的天线。但是因为截面尺寸小，所以方向性太弱；且这种波导开口使传播条件突变，会引起很强的反射。为避免波导末端反射，将波导逐渐张开就成为喇叭天线。因为波导逐渐张开，可以逐渐过渡到自由空间，因此可以改善波导与自由空间的匹配。另外，喇叭的口面较大，可以形成较好的定向辐射。

　　图 1.14 所示为几种不同形式的喇叭天线。扇形喇叭是只在一个平面内扩张开去，在两个平面内都扩张开去的是角锥喇叭，这两种喇叭都是矩形波导的延续。圆形波导管则采用圆锥喇叭。随着技术的发展，不仅有多种形式的单模喇叭，而且出现能传输多个波模的多模喇叭和内壁开槽的波纹喇叭。采用这种新型喇叭使天线系统具有高效率、低旁瓣等优良性能。

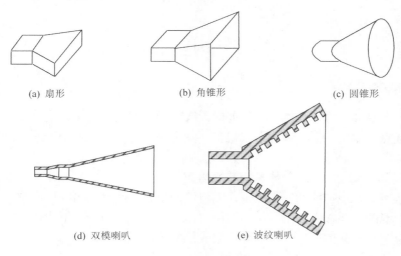

(a) 扇形　　　　　　　　(b) 角锥形　　　　　　　　(c) 圆锥形

(d) 双模喇叭　　　　　　　　(e) 波纹喇叭

图 1.14　喇叭天线

　　喇叭天线的优点是方向图便于控制且结构简单。与振子天线相比，还有频带宽、功率容量大，后瓣小等优点。它的频带比馈电波导还要宽，因而经常用作反射面天线的馈源。仅用喇叭获得强的方向性，需要笨重的大口面喇叭或用许多喇叭构成复杂的天线阵。因此，喇叭很少用作独立的天线，一般用作反射面天线的辐射器或馈源。

1.3.4　反射面天线

　　远距离无线电通信和高分辨率雷达要求天线具有高增益，反射面天线是最广泛采用的高增益天线，其可分为单反射面天线和双反射面天线[21]。

1) 前馈式抛物面(单反射面)天线

　　前馈式抛物面天线是由馈源和抛物面反射体两部分组成，如图 1.15 所示。馈源是由一个弱方向性天线构成，如半波振子、喇叭天线等。抛物面反射体的形式很多，有旋转抛物面、抛物柱面、切割抛物面等。由旋转抛物面反射体组成的天线又称为圆抛物面天线。

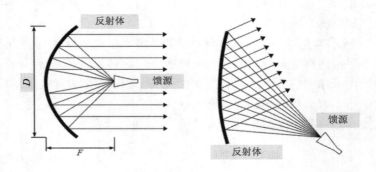

图 1.15　前馈式抛物面天线结构

2) 双反射面天线

　　随着抛物面天线的发展，双反射面天线得到了广泛的应用，这是由于它具有一系列优点。双反射面天线的形式很多，其中常用的是卡塞格伦天线与格里高利天线，如图 1.16 所示。

　　卡塞格伦天线的主反射体是旋转抛物面，副反射体是旋转双曲面。双曲面的一个虚焦点放在抛物面的实焦点上，而将馈源放在双曲面的另一个虚焦点上。卡塞格伦天线的主要优点如下：①馈源可放在抛物面顶点附近，馈线较短，因此减小了相位不平衡和信号损失。低噪声接收机放在反射体后面，使接收机与馈源靠得很近，便于调整和维护。②从喇叭辐射出来后漏掉的电磁波指向天空，通常使主瓣变宽，但减小了后向辐射。③卡塞格伦天线用短的焦距可以实现长焦距的性

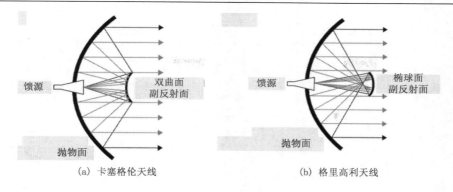

(a) 卡塞格伦天线   (b) 格里高利天线

图 1.16 双反射面天线

能，减小了天线的纵向尺寸。④可用作双波段天线。两个波段的馈源分别放在双曲面的两个焦点上，一个放在抛物面顶点附近，另一个放在抛物面的焦点上。两个波段辐射的波极化互相垂直，一个是水平极化，另一个是垂直极化。副反射面采用栅条反射面，栅条的方向与位于抛物面焦点处馈源辐射波的电场矢量垂直，这样电磁波不受双曲面阻挡，而位于抛物面顶点附近的焦点上，另一个波段馈源发射的电磁波由双曲面全部反射，产生两次反射的聚束作用。卡塞格伦天线的主要缺点是副反射面及其支架的口径遮挡较大，使天线副瓣加大，有效口径面减小。格里高利天线有与之类似的特点。

为了便于后面讨论反射面天线的机电耦合模型，这里介绍几个几何名词。①天线口径——以反射面的边缘为周界的平面。口径直径用 D 表示，半径用 R 表示，口径面积用 A 表示。②反射面轴线——与口径面垂直，并通过其中心的直线，即 z 轴或称为对称轴。③反射面顶点—— z 轴与反射面的交点。④反射面/抛物面的焦距——由焦点 F 到顶点的距离，用 f 表示。⑤口径张角——在通过反射面轴线的平面上，由焦点 F 向反射面边缘相对两点所引的连线间的夹角。

1.3.5 裂缝天线

在波导壁上开一个或几个裂缝，以辐射或接收电磁波的天线，称为裂缝天线。裂缝天线可单独用作天线，也可用作别的天线 (如抛物面天线) 的辐射器。裂缝天线的优点是没有凸起的部分，因此如果装在飞机上，不带来附加空气阻力。裂缝本身可以填以某种能量损耗很小的物质，如聚苯乙烯。

像单个振子一样，裂缝天线的方向性较差。为了提高天线的方向性，可在波导的一个壁上开一系列裂缝。图 1.17 所示为在波导宽壁上具有纵向裂缝、同相激励的多裂缝天线。裂缝与中心线偏移一定距离，各裂缝在波导管轴向的相互距离等于半波导波长。因为波导壁上的横向电流，每经过半波长，相位就改变 180°。为了获得同相激励，裂缝应在中心线的两侧交替地分布。

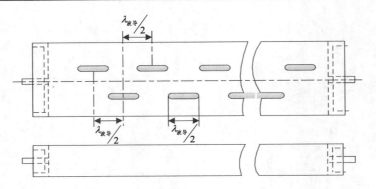

图 1.17　纵向裂缝天线

裂缝形式天线的缺点是频带太窄。图 1.18 所示为在波导壁上开倾斜裂缝的同相天线，可获得较宽的频带。这些裂缝中心之间的距离等于半波导波长。为了保证激励电流的同相性，裂缝交叉作不同方向的倾斜。

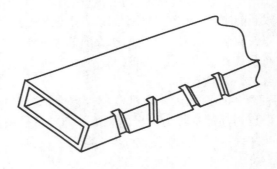

图 1.18　倾斜裂缝天线

1.3.6　相控阵天线

飞行目标速度的加快，要求雷达能在极短的时间内精确地测出目标的方位、仰角和斜距。一般的机械扫描雷达由于天线的机械惯性，运动速度不能很快，因此数据率低，对高速多目标的测量不能满足作战的需要，尤其是远程雷达的天线尺寸大、质量重，用机械的方法进行快速扫描更是非常困难，甚至难以实现。为解决这个问题，出现了天线波束能在空间快速扫描的电扫描天线[22-24]。电扫描天线只需要几微秒就可使波束从空间的一个方向转向另一个方向，而一般雷达用机械的方法转动天线往往至少需要十几秒。

电扫描天线有两种。一种是利用移相器改变电磁波的相位使波束扫描，这种天线称为相控阵天线或相扫天线。另一种是利用改变电磁波的频率引起口径面上相位改变而使波束扫描，这种天线称为频扫天线，实质上它是相扫天线的一种特殊类型。

相控阵天线由许多天线辐射单元按一定规律排成阵列而成[32, 33]。天线单元一般为半波振子、喇叭、裂缝天线等，天线单元少的有几百个，多则可达几千甚至上万个。利用电子计算机控制天线阵的各个移相器，改变天线阵中各辐射单元的相位使波束扫描。这时天线的几何位置不变，因此扫描速度不受机械惯性限制可以变得很高。

1.4 机电耦合与微波天线

1.4.1 机电耦合的由来

电子装备包括电子部分和机械结构部分。电子部分实现信号的获取、传输与处理等功能，需满足电性能指标的要求；机械结构部分作为电子部分的载体，既要满足电子装备对结构性能指标的要求，又必须保障电性能指标的实现，即机械结构对电性能存在影响与制约的关系[25-31]。因此，电子装备是一个以实现电性能为目标，但又受机械结构因素制约的机电结合系统。

随着电子与信息技术的发展及军事需求的提高，电子装备正在向高频段、高增益、高密度、小型化、快响应、高指向精度等方向发展[34]，电子装备及其元器件的结构更趋紧凑，装备内部之间、内部与外界之间的热、电磁干扰等问题越来越复杂，从而导致结构位移场、电磁场及温度场之间更复杂的耦合问题。首先，由冲击、振动等载荷引起的结构变形即位移场，对电子装备形位精度的影响明显；其次，内部高密度组装的电磁发射部件产生的电磁场，不仅与其他电磁部件相互作用，而且产生很高的温度；对于大功率的电子装备，通风散热问题将更严重；再者，电子装备分布不均的热场，将导致结构热变形，使位移场更复杂。为此，把电子装备中机械结构因素(包含设计、制造、散热、装配等)与电磁场相互影响、相互制约的关系称为机电耦合关系，如图 1.19 所示。

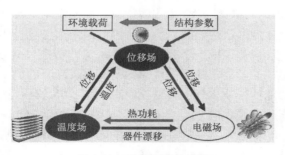

图 1.19 机电耦合关系图

1.4.2　机电耦合的组成

目前电子装备机电耦合的理论体系组成内容如下：

(1)场耦合理论。研究结构位移场、温度场、电磁场之间的耦合关系，从物理场的角度挖掘三场之间的物理联系参数及影响因素，确定影响电子装备综合性能(电性能、体积、重量、可靠性、成本等)的主要因素。典型代表有反射面天线、裂缝阵天线、有源相控阵、高密度机箱等[35-37]。

(2)路耦合理论。分析结构因素对电路性能的影响，研究各种结构误差因素及热对信息传输的影响，探讨机械结构与电路的路耦合关系。其中，结构因素包括电路布局(影响结构的固有频率)、结构参数(板厚、线距、线宽、线长等)与制造精度(涂覆、平面度、焊接质量等)。电路性能主要有信号、电源与电磁的完整性(信号质量、电源噪声、波纹系数、EMC)，以及数据完整性(数据的精确性和可靠性)。典型代表有 T/R 组件、微波信号电路、晶振等。

(3)材料特性影响机理。研究电子装备材料的机械与力学特性对电性能的影响，探索不同频率下的材料物理性能的变化规律，发现材料对机电耦合的影响机理。其中，常规材料的电磁特性有磁导率、电导率、介电常数等，结构特性有弹性模量、泊松比等，热特性有热膨胀系数、热传导率等；新型材料包括复合材料(反射率、折射率、透波率等)、智能材料(敏感性、驱动性、智能性等)，以及超材料(重组结构特性、新颖特性等)等。典型代表有共形承载结构、天线罩等。

(4)制造工艺影响机理。研究工艺流程对结构参数和电磁参数的影响，分析装配调试对装备结构性能与电磁性能的影响，发掘制造工艺对机电耦合的影响机理，确定关键的工艺环节及其工艺参数。其中，要对包含系统误差与随机误差的制造误差进行分类与描述，这也涉及表面粗糙度；探索包括热加工、镀层、焊接等工艺环节的核心要素；同时，通过误差量级的评估，给出误差与中间电参量及电性能的定量关系。典型代表有馈电网络、热焊接工艺等。

(5)结构与控制集成。研究机械结构因素与伺服系统性能的耦合关系，掌握摩擦、间隙、惯量分布、结构支撑等结构因素对伺服系统跟踪性能的影响机理。典型代表有伺服系统、展开机构、调整机构、主动反射面等。

(6)多尺度效应影响机理。分析电子装备结构的特征尺寸处于微/宏/跨尺度时，其电、磁、热、力学参数的演变规律，研究多尺度下的电子装备结构表面细节与粗糙度对电性能的影响机理。典型代表有精密波导、环控适应等。

随着研究的深入，发现微波天线辐射部分中，机械结构和电磁的相互影响以场的形式相互作用，表现为一种多物理场耦合问题。本书结合典型的反射面天线、平板裂缝阵天线及有源相控阵天线，总结、论述微波天线多场耦合的理论方法及关键技术。

1.5　本书内容安排

　　根据本书的定位和目标，作为电子装备机电耦合的一部分，书中全面介绍微波天线机电多场耦合的理论方法与关键技术。本书分为五大部分，共 9 章。

　　第一部分为微波天线的理论基础，包括第 1 章绪论介绍微波天线相关背景，第 2 章微波天线工作环境分析，第 3 章天线结构力学与电性能参数，第 4 章微波技术与微波电路理论基础，第 5 章天线散热设计与测试方法。

　　第二部分以反射面天线为对象，在第 6 章论述其机电两场耦合理论涉及的变形面拟合、精度计算、主副面与馈源分析、耦合模型求解、偏置抛物面、波束指向优化、最佳调整角、面板调整等方面的内容。

　　第三部分以裂缝阵列天线为对象，在第 7 章论述其机电两场耦合理论涉及的辐射缝偏移偏转、耦合模型求解、裂缝天线钎焊、随机振动影响等方面的内容。

　　第四部分以有源相控阵天线为对象，在第 8 章论述其机、电、热三场耦合理论涉及的散热设计、器件性能温变、随机误差处理、辐射单元位置偏移与指向偏移、机电热耦合优化等方面的内容。

　　第五部分是微波天线机电耦合的未来展望，在第 9 章论述微波天线的发展方向、有源相控阵天线的未来趋势、星载有源相控阵天线的研究热点，以及未来机电耦合的研究重点与具体方向等内容。

　　本书内容基本覆盖了近十年微波天线机电多场耦合的主要进展与研究成果。由于机电耦合涉及的学科、专业及软件工具非常多，要求读者具备比较深入、广博和扎实的数理基础知识并掌握必要的专业课程知识，如工科基础课程中的高等数学、复变函数与积分变换、数理方程与特殊函数、矩阵论、最优化计算方法等；工科机械电子工程专业基础课程中的理论力学、材料力学、有限元理论、电路基础、传热学、电子设备结构设计等；工科电磁场与微波技术专业基础课程中的电磁场与电磁波、天线原理、微波技术与天线、微波电路等。考虑到工科研究生或高年级本科生的具体情况和对这一交叉领域知识的需求，在编写本书时尽量简化复杂的理论分析与数学推导过程，着重介绍机电耦合理论相关的基本原理与基础知识，以说明机电耦合的独特思考方法。

参 考 文 献

[1]　王国彪，段宝岩，黎明，等. 高精度电子装备机电耦合研究进展. 中国科学基金，2014，28(4)：241-250.

[2]　段宝岩. 电子装备机电耦合理论、方法及应用. 北京：科学出版社，2011.

[3]　段宝岩. 天线结构分析、优化与测量. 西安：西安电子科技大学出版社，1998.

[4] 叶尚辉. 天线结构设计. 北京: 国防工业出版社, 1980.

[5] 张光义. 相控阵雷达技术. 北京: 电子工业出版社, 2006.

[6] Roy L. Structural Engineering of Microwave Antennas for Electrical, Mechanical, and Civil Engineer. Piscataway, N J: IEEE Press, 1996.

[7] Balanis C A. Antenna Theory, Analysis and Design. 3rd ed. Hoboken, W J: Wiley-Blackwell, 2005.

[8] Elliott R S. Antenna Theory and Design. Hoboken, W J: Wiley-IEEE Press, 2003.

[9] Milligan T A. Modern Antenna Design. 2nd ed. Hoboken, W J: Wiley-IEEE Press, 2005.

[10] Kawakami K, Nakamizo H, Tajima K. A-band RF module transmitter including an RF signal generator for a flexible phased-array system. IEEE Transactions on Microwave Theory and Techniques, 2013, 61 (8): 3052-3059.

[11] Rao S, Llombart N, Wijnholds S J. Antenna applications corner: phased-array antenna system development for radio-astronomy applications. IEEE Antennas and Propagation Magazine, 2013, 55 (6): 293-308.

[12] 段宝岩. 大型空间可展开天线的现状与发展. 西安: 西安电子科技大学电子装备结构设计教育部重点实验室, 2012.

[13] Takahashi T, Nakamoto N, Ohtsuka M, et al. On-board calibration methods for mechanical distortions of satellite phased array antennas. IEEE Transactions on Antennas and Propagation, 2012, 60 (3): 1362-1372.

[14] 谢敏, 王从思, 屈扬, 等. MEMS——从开始到现在. 信号处理, 2012, 12A (28): 251-257.

[15] Kant G W, Patel P D. EMBRACE: a multi-beam 20,000-element radio astronomical phased array antenna demonstrator. IEEE Transactions on Antennas and Propagation, 2011, 59 (3): 1-14.

[16] 王从思, 段宝岩. 反射面天线机电场耦合关系式及其应用. 电子学报, 2011, 39 (6): 1431-1435.

[17] Wang C S, Duan B Y, Zhang F S, et al. Coupled structural-electromagnetic-thermal modeling and analysis of active phased array antennas. IET Microwaves, Antennas & Propagation, 2010, 4 (2): 247-257.

[18] Wang C S, Duan B Y. Electromechanical coupling model of electronic equipment and its applications. IEEE International Conference on Mechatronics and Automation, 2010: 997-1003.

[19] Tarau C, Walker K L, Anderson W G. High temperature variable conductance heat pipes for radioisotope stirling systems. Spacecraft and Rockets, 2010, 42 (1): 15-22.

[20] Zaitsev E, Hoffman J. Phased array flatness effects on antenna system performance. IEEE international Symposium on Phased Array Systems & Technology, 2010: 121-125.

[21] Duan B Y, Wang C S. Reflector antenna distortion analysis using MEFCM. IEEE Transactions on Antennas and Propagation, 2009, 57 (10): 3409-3413.

[22] Wang C S , Duan B Y. Analysis of performance of active phased array antennas with distorted plane error. International Journal of Electronics, 2009, 96 (5): 549-559.

[23] Warnick K F, Jeffs B D, Landon J, et al. Phased array antenna design and characterization for next-generation radio telescopes. IEEE International Workshop on Antenna Technology, 2009: 1-4.

[24] Zhang Y P, Yu X L, Feng Q K. Thermal performance study of integrated cold plate with power

module. Applied Thermal Engineering, 2009, 2(29): 3568-3573.

[25] Duan B Y, Wang C S . Mechanical-electromagnetic-field coupling model of reflector antenna and its application. Third Asia International Symposium on Mechatronics, 2008: 446-450.

[26] Ossowska A, Kim J H, Wiesbeck W. Influence of mechanical antenna distortions on the performance of the HRWS SAR system. International Geoscience and Remote Sensing Symposium, 2007: 2152-2155.

[27] Duan B Y, Wang C S. Analysis and optimization design of multi-field coupling problem in electronic equipments. International Workshop of Advancements in Design Optimization of Materials, Structures and Mechanical Systems, 2007:252-261.

[28] Wang C S, Duan B Y, Qiu Y Y. On distorted surface analysis and multidisciplinary structural optimization of large reflector antennas. Structural and Multidisciplinary Optimization. 2007, 33(6): 519-528.

[29] 王从思. 天线机电热多场耦合理论与综合分析方法研究. 西安: 西安电子科技大学, 博士学位论文, 2007.

[30] Wang C S, Duan B Y. Synthetic structural design and analysis system of large parabolic reflector antennas. The Third IASTED International Conference on Antennas, Radar, and Wave Propagation, 2006: 109-114.

[31] Wang C S, Duan B Y, Cao H J. On multidisciplinary visual optimization analysis system for large parabolic reflector antenna structures. 11th AIAA/ISSMO Multidisciplinary Analysis and Optimization Conference, 2006: 6-8.

[32] Hommel H, Feldle H P. Current status of airborne active phased array (AESA) radar systems and future trends. Proc IEEE MTT-S Int Conf Microwave, 2005: 1449-1452.

[33] Duan B Y, Wang C S. Review of electromechanical engineering. Proceedings of the First Aisia International Symposium on Mechatronics, 2004:1-10.

[34] 约翰·克劳斯. 天线. 3 版. 章文勋, 译. 北京: 电子工业出版社, 2004.

[35] Yajima M, Kuroda T, Takahashi T, et al. Ka band active phased array antenna for WINDS satellite. IEIC Technical Report, 2003, 103(22): 1-6.

[36] Lacomme P, Syst T A, Elancourt F. New trends in airborne phased array radars. IEEE International Symposium on Phased Array Systems and Technology, 2003: 17-22.

[37] Katagiand T, Chiba I. Review on recent phased array antenna technologies in Japan. IEEE International Conference on Antennas and Propagation, 2000: 570-573.

第 2 章   微波天线工作环境分析

2.1   概   述

微波天线系统除受到自身的重力载荷与温度变形影响外，还常常受到车载与舰载环境中的振动、冲击、随机风荷，机载运动环境的惯性载荷如离心力、摆动惯性力，星载环境的冷热交替，以及地面冰荷与积雪载荷等的作用[1-3]。这些复杂的环境因素大多具有随机性、统计性、动态性。下面介绍微波天线典型工作环境的分析方法。

2.2   振动、冲击载荷分析

所有微波天线都会经历运输、使用、储存等过程，在这些过程中不可避免地会受到振动、冲击等环境的影响[4, 5]。振动环境会引起机械力对电子装备的作用，进而引起微波天线机械结构损坏和电气性能的失效，甚至使其完全丧失工作能力。随用途和运载工具的不同，微波天线的工作环境，往往有很大悬殊。与振动相关的使用环境可以用图 2.1 说明。

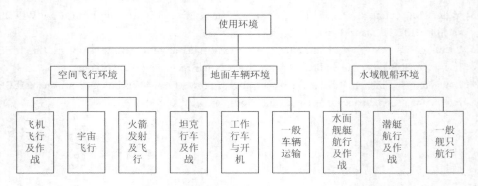

图 2.1   微波天线振动的相关使用环境

2.2.1   振动环境的分类

根据对微波天线的影响特征，振动环境可以分为四种类型：周期性振动、非周期性干扰、离心加速度干扰和随机振动干扰。

1)周期性振动

周期性振动是一种重复的交变力作用，它使天线在外力作用下产生周期性往复的运动。周期性振动的主要来源是运载平台的振动，如汽车、舰船、飞机、导弹等发动机工作时产生的强烈振动；高速旋转物体的质量偏心，如天线载体平台内部的电动机、风机、泵产生的振动；高速飞行器的空气动力作用等[5]。

表征周期振动的参数有振幅(或位移幅值)、频率和振动持续时间。振幅有时也用加速度表示，它们之间的关系为

$$a = \frac{1}{250} f^2 A_0 \tag{2-1}$$

式中，a 为加速度($\mathrm{m/s^2}$)，常用重力加速度 g 的倍数来表示；f 为振动频率(Hz)；A_0 为单振幅(mm)。

实际环境中的振动往往不是单一频率的振动，而是许多频率振动的叠加，其振幅大小和振动频率高低直接取决于激发振动的外界载荷力。

2)非周期性干扰——碰撞和冲击

这是指外界载荷力作非周期性扰动时对天线的作用。其特点是作用时间短暂，但加速度很大。根据对天线作用的频繁程度和强度大小，非周期性扰动力又可以分为碰撞和冲击。

(1)碰撞。天线或元件在运输和使用过程中常遇到的一种冲击力，具有重复性，次数较多，加速度不大，冲击波形一般是正弦波。例如，车辆在坑洼不平的道路上的行驶、飞机的降落、船舶的抛锚等。

(2)冲击。天线或元件在运输和使用过程中遇到的非经常性的、非重复性的冲击力，其波形是单脉冲的。例如，撞车或紧急刹车、舰船触礁、炸弹爆炸、装备跌落等冲击，其特点是次数少，不经常遇到，但加速度大。例如，舰船在一般环境条件下受到的加速度并不大，但在炸弹或鱼雷爆炸时，受到的冲击加速度可以达到 $1000g \sim 5000g$ (g 为重力加速度)。

表征碰撞和冲击的参数有如下几个：

(1)冲击加速度。它反映冲击力的大小，在其他条件一定时，加速度越大，冲击力越大，破坏作用就越大。冲击加速度常用重力加速度 g 的倍数表示。

(2)冲击脉冲的持续时间。它表征冲击力作用时间的长短，时间越长，冲击能量越大，造成的影响就越大。冲击脉冲持续时间的单位一般为 ms。

(3)波形。它表征冲击随时间的变化情况。

(4)碰撞或冲击的次数。它体现冲击对天线作用的积累效应。

3)离心加速度干扰

离心加速度是运载平台作非直线(旋转和曲线)运动时天线受到的加速度干

扰。一般来说，受离心加速度作用最大的是机载微波天线，它会造成严重的破坏。例如，具有电接触点的元件，如继电器、开关等，当离心力作用方向恰好与电接触点的开合方向一致时，若离心力大于电接触点的接触压力，触点将自动脱开或闭合，造成系统误动作、信号中断或电气线路断路等故障。

　　4) 随机振动干扰

　　随机振动干扰是指无规则运动对微波天线产生的振动干扰。随机振动在数学分析上不能用确切的函数表示，只能用概率和统计的方法描述其规律。随机振动主要是由外力的随机性引起的。例如，路面的凸凹不平使汽车产生随机振动，大气涡流使机翼产生随机振动，海浪使船舶产生随机振动，火箭点火时由于燃料燃烧不均匀引起部件的随机振动等。

　　不同运载工具上使用的微波天线所经受的振动环境是有很大差异的，并且运载工具本身受到的振动干扰、载体安装处受到的振动干扰及天线内部受到的振动干扰也是不相同的。

　　振动对微波天线的作用表现在两个方面：振动引起的机械破坏及振动引起的天线电性能的下降和失效[6, 7]。

　　在振动引起的机械力作用下，如果天线结构的机械强度不足，就会产生机械变形或机械损坏。例如，天线座架的破裂，底座由于长时间振动发生疲劳破坏，结构由于受到大冲击载荷作用而产生过应力等。冲击和碰撞是瞬时作用，瞬时加速度很大，瞬间作用力也就很大，对敏感度高的元器件损害最大。此外，构件由于连接不可靠也会产生变形而破坏。

　　在振动引起的机械力作用下，天线的电性能也会发生改变，甚至完全失效，这大多是天线内部元器件在机械力作用下电参数发生改变或完全损坏的缘故。例如，元件引线断裂、传输线损坏等；元件、导线的变形或位移会使电容量发生变化，移相器的铁氧体移动会使相位变化，这些都会造成电路工作性能的破坏；对接触元件(电位器等)，可能造成接触不良，甚至完全不接触；紧固将减弱，如反射面板的螺钉螺母松动等；焊接处断裂，如裂缝三层腔体的盐浴钎焊可靠度迅速下降等。此外，在振动环境中，可能出现脆性材料的破裂。

　　在振动引起的机械力作用下，当元器件的固有频率与振动频率一致时，会引起共振，振幅很大，造成对天线结构与元器件破坏；即使固有频率与振动频率不一致，也会由于长期的交变力作用而导致疲劳破坏。实验证明：微波天线由于振动引起的损坏大大超过冲击引起的结构损坏。

2.2.2　振动、冲击分析技术

　　对于微波天线的振动、冲击环境因素的分析技术路线如图 2.2 所示，主要包括有限元建模前处理、有限元模型求解和后处理等三个阶段。其中前处理包括振

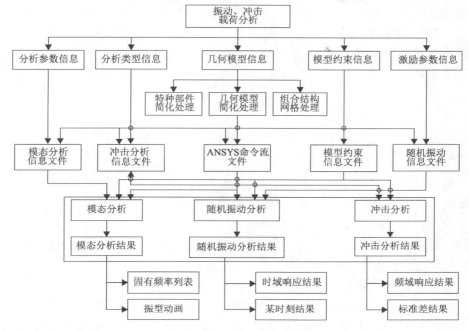

图 2.2　振动、冲击载荷分析方法

动环境加载集成、组合结构的有限元网格处理、隔振器和散热器等效处理、结构几何模型简化处理，然后将几何模型、物性参数和边界条件等进行模型转换，形成数据文件转入 ANSYS 中进行网格划分和特殊处理。有限元模型求解利用 ANSYS 实现结构模态分析、结构正弦激励响应分析、结构随机激励响应分析、结构冲击激励响应分析。后处理以表格、云图的方式给出固有频率、振型图、节点最大位移、节点最大应力、结构位移云图、结构应力云图等分析结果。其具体分析步骤如下。

　　首先分析结构模型的几何信息数据、振动分析类型信息数据、振动分析参数信息数据、激励参数信息和模型的约束信息数据等。进入振动分析后，采用特种部件的简化等效、几何模型的简化处理、组合结构的网格处理等技术，将几何信息数据和振动分析类型信息数据进行处理并转换成 ANSYS 命令流文件，自动地完成模型简化等效和网格处理等工作。读取信息数据完成模型约束信息的转换工作，存入模型约束信息文件。分析参数信息和分析类型信息转换存入模态分析信息文件。使用振动实验环境集成加载技术，将分析参数信息、分析类型信息和激励参数信息转换为冲击分析信息文件或随机振动分析信息文件。根据命令流文件、模态分析信息文件和约束信息文件调用 ANSYS 进行模态分析，得到的模态分析结果数据用于查看显示或转换为分析结果文本文件，供后续的机电多场耦合分析使用。根据命令流文件、随机振动信息文件、冲击分析信息文件、约束信息文件调用 ANSYS 进行振动冲击环境的模拟，得到的结果数据用于随机振动与冲击环境模拟结果的查看和显示。为直观给出结构力学性能情况，在后处理中，模态分析结果包括固有频率列表和振型动画，随机振动分析结果包括时间域上的响应和某时刻的分布，冲击分析结果包括频域上的响应和标准差分布等。

2.3　稳态风荷与瞬态风荷分析

进行天线风荷分析时，由于天线结构本身的复杂性和随机风荷的不确定性，需要进行如下简化：①只考虑天线正面所受的风荷；②将风荷动力等效为集中动力，作用在与天线面板连接的主力骨架节点上；③任一瞬时，天线面板上各点处的脉动风是完全相关，且不同高度处的平均风速相等；④只考虑顺风向的随机脉动，且作用在面板上的压差系数为风洞实验获得的准静态值。

在顺风向风的时程曲线中，包含两种成分：一种是长周期部分，其值常在 10min 以上；另一种是短周期部分，通常只有几秒。据此，常把风分为平均风（又称稳态风）和脉动风（又称瞬态风）来分析。平均风的长周期远大于一般结构的自振周期，其对结构作用力的速度、方向看成不随时间改变的静力。脉动风是由于风的不规则性引起的，强度随时间按随机规律变化，周期较短，其作用性质是动力的，引起结构的振动，要用随机振动理论来处理。风的模拟主要是针对脉动风而言。作用于结构上任一点坐标 (x,y,z) 处的风速 $V(x,y,z)$ 为平均风速 $\bar{V}(z)$ 和脉动风速 $v(x,y,z,t)$ 之和，即

$$V(x,y,z,t) = \bar{V}(z) + v(x,y,z,t) \tag{2-2}$$

在已知风速的情况下，结合体型系数（也叫阻力系数）C_D、空气质量密度 ρ 和结构的参考尺度 B，可得到顺风向沿高度变化的风力为[8-10]

$$P = C_D \cdot \frac{1}{2}\rho V^2 B \tag{2-3}$$

2.3.1　平均风（稳态风）

平均风速随高度变化的规律一般可有两种表达形式，即按边界层理论得出的对数风剖面和按实测结果推得的指数风剖面：

$$\frac{\bar{V}(z)}{\bar{V}_1} = \left(\frac{z}{z_1}\right)^{\alpha} \tag{2-4}$$

$$\frac{\overline{V}(z)}{\overline{V}_1} = \left[\frac{\ln\left(\dfrac{z}{z_0}\right)}{\ln\left(\dfrac{z_1}{z_0}\right)}\right] \tag{2-5}$$

式中，$\overline{V}(z)$ 为高度 z 处的平均风速；$\overline{V}_1$ 为标准高度 z_1 处（我国规范的标准高度为 10m）的平均风速；z_0 为地面粗糙长度，一般略大于地面有效障碍物高度的 1/10；α 为地面粗糙度系数，由安装天线的当地实验确定，也可依据我国载荷规范选取。地面粗糙度分为 A、B、C 三类：A 类指近海海面、小岛及大沙漠等，取 $\alpha = 0.12$；B 类指田野、乡村、丛林、丘陵及房屋比较稀疏的中小城镇、大城市郊区和空旷平坦地区，取 $\alpha = 0.16$；C 类指平均建筑高度为 15m 以上或有密集建筑群大城市市区，取 $\alpha = 0.20$。

2.3.2 脉动风（瞬态风）

从大量的脉动风实测记录的样本时程曲线统计分析可知，若不考虑平均风部分，脉动风速本身可用零均值的高斯平稳随机过程来描述，且具有明显的各态历经特性。若按各态历经过程考虑，可以时间的平均代替样本的平均，过程的平均值 $\overline{v}$ 和标准偏差 σ 可完整地定义风速的大小。

在风工程中，Davenport 根据世界上不同地点、不同高度测得的多次风记录的谱分析结果，得出顺风向水平脉动风速的功率谱函数：

$$\begin{cases} S_V(f) = 4\alpha\overline{v}^2 \dfrac{x^2}{f\left(1+x^2\right)^{\frac{4}{3}}} \\ x = L_v^* \cdot f/\overline{v} \end{cases} \tag{2-6}$$

式中，L_v^* 是湍流整体尺度，Davenport 将其取为 1200m；$\overline{v}$ 是离地面 10m 标准高度处的平均风速；f 在这里是一般意义下的频率。

Davenport 谱由于形式简单，代表性强而获得广泛采用，我国的有关规范正是以 Davenport 谱为依据的。以双对数坐标表示的 Davenport 风谱见图 2.3。但是，许多实测结果表明，Davenport 谱在高频处（$f > 0.05\,\text{Hz}$）过高估计了湍流能量，而这些频率范围对于高耸结构有重要意义，因为高耸结构的自振频率大多落在此范围内。对于高耸结构，应该使用沿高度变化的风速谱，如 Kaimal 谱、Simiu 谱等。为此，本书采用根据实测得到的修正 Davenport 谱：

$$\begin{cases} S_v(z,f) = \dfrac{2}{3} \cdot \dfrac{3x^2}{\left(1+3x^2\right)^{\frac{4}{3}}} \cdot \dfrac{\sigma^2}{f} \\ x = L_v^* \cdot \dfrac{f}{\overline{V}(z)} \end{cases} \tag{2-7}$$

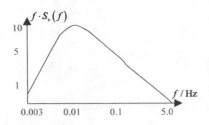

图 2.3 Davenport 脉动风速谱

根据风的记录，脉动风可作为高斯过程及平稳随机过程来考虑。观察 n 个具有零均值平稳随机过程 $v_j(t)(j=1,2,\cdots,n)$，其谱密度函数矩阵为

$$S(\omega)=\begin{bmatrix} S_{11}(\omega) & S_{12}(\omega) & \cdots & S_{1n}(\omega) \\ S_{21}(\omega) & S_{22}(\omega) & \cdots & S_{2n}(\omega) \\ \vdots & \vdots & & \vdots \\ S_{n1}(\omega) & S_{n2}(\omega) & \cdots & S_{nn}(\omega) \end{bmatrix} \tag{2-8}$$

式中，ω 为角频率；元素 $S_{jk}(\omega)(j,k=1,2,\cdots,n)$ 是相关函数的傅里叶变换，其互谱一般是复数，所以该矩阵是复数。由于 $S_{jk}(\omega)=S_{kj}^*(\omega)$ 是共轭的，所以矩阵具有埃尔米特性质。因此，可知上述矩阵是非负定的。

按照 Cholesky 分解法，$S(\omega)$ 可分解为

$$S(\omega)=H(\omega)H^*(\omega)^{\mathrm{T}} \tag{2-9}$$

式中，$H(\omega)$ 为下三角阵：

$$H(\omega)=\begin{bmatrix} H_{11}(\omega) & 0 & \cdots & 0 \\ H_{21}(\omega) & H_{22}(\omega) & \cdots & 0 \\ \vdots & \vdots & & \vdots \\ H_{n1}(\omega) & H_{n2}(\omega) & \cdots & H_{nn}(\omega) \end{bmatrix} \tag{2-10}$$

所以，要模拟的风速为

$$v_j(t)=\sum_{m=1}^{j}\sum_{l=1}^{N}\left|H_{jm}(\omega_l)\right|\sqrt{2\Delta\omega}\cos\left[\omega_l t+\psi_{jm}(\omega_l)+\theta_{ml}\right] \tag{2-11}$$

式中，$j=1,2,\cdots,n$；风谱在频率范围内划分成 N 个相同部分；$\Delta\omega$ 为频率增量(步长)；$\left|H_{jm}(\omega_l)\right|$ 为下三角矩阵元素的模；$\psi_{jm}(\omega_l)$ 为两个不同作用点之间的相位角；θ_{ml} 为 $0\sim2\pi$ 内均匀分布的随机数。

对于零均值平稳高斯随机过程的脉动风，其时程曲线数值可以采用谐波合成法进行模拟。对于顺风向的脉动风，时间历程曲线模拟式为

$$v(t) = \sum \left[2S_v(f)\Delta f \right]^{\frac{1}{2}} \cos(2\pi f t + r) \tag{2-12}$$

式中，r 为在 $\pm 2\pi$ 间的随机相位。可见只要模拟的频率步长和时间步长取得足够小，其时程曲线所得功率谱就能越逼近原始功率谱。

2.3.3 风速样本

随机风荷的计算中，某些天线形式下的风速样本生成的参数选取可参考如下方式：标准高度 z_1 为 10m，标准偏差 σ 的平方根为 4.24m/s，湍流尺度 L_v^x 为 1200m，标准高度的风速 $\overline{V}_1$ 为 20m/s，地面粗糙度系数 α 为 0.16，衰减系数 C 为 8，风谱在频率范围内划分成 1000 个相同部分，频率增量 $\Delta \omega$ 为 0.005Hz。图 2.4 是作用点的线高度为 10m，时间为 100s 的风速时程曲线。

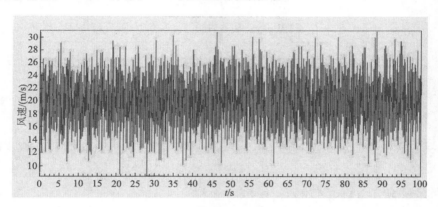

图 2.4 高度 10m 处平均风速 20m/s 的风速样本曲线

2.3.4 风荷计算

作用在结构上的基本风压 $w_0(\mathrm{N/m^2})$ 与风速的关系为

$$w_0 = \frac{1}{2}\frac{\gamma}{g}v^2 \tag{2-13}$$

式中，v 为风速 $(\mathrm{m/s})$；γ 为单位体积的空气重量。在气压为 0.01MPa、常温 15℃和绝对干燥情况下，$\gamma = 12.018\mathrm{N/m^3}$，$g$ 一般取 9.8m/s²，此时 $w_0 = v^2/1.63$。

通常，风压都按下式计算：

$$w = C_{\mathrm{p}} w_0 = \frac{1}{2} C_k \frac{\gamma}{g} v^2 \tag{2-14}$$

式中，C_{p} 为风压系数（风载体型系数），由实验确定。

微波天线受到风荷时，风作用于天线面板，再由面板传到主力骨架节点上，传统方法按天线主力骨架节点所分担的受风面积来计算节点风荷。参考图 2.5，节点 F 的受风压面积确定如下：过 EF 的中点作圆弧 bb，过 FG 的中点作圆弧 cc，则扇形面积 bbcc 即为过节点 F 所分担的受风面积，而扇形面积 aabb 为节点 E 所分担的受风压面积。

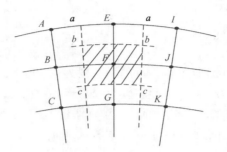

图 2.5　面板风荷的分配

若单独考虑平均风(静力)，则第 n 个与天线面板连接的主力骨架节点(设共有 N 个)的静力关系式为[11-13]

$$P_{ns} = \frac{1}{2} C_{np} \rho \bar{v}^2 A_{n1} \tag{2-15}$$

式中，C_{np} 为该节点所在面板上的压差系数；ρ 为空气密度；$\bar{v}$ 为所选取高度 z 处的平均风速；A_{n1} 为该节点所对应面板风压面积，其为垂直于该节点法线的微小面积。为便于计算，先求面积 A_{n1} 的投影到天线口面上的面积 A_{n2}，在根据该节点的余弦关系求得 A_{n1}(图 2.6)。

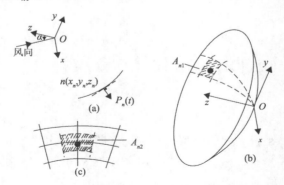

图 2.6　天线结构节点力的风荷矢量

参照式(2-15)，可构造含随机脉动的节点风荷动力为

$$P_n(t) = \frac{1}{2} C_{np} \rho V^2(t) A_{n1} \tag{2-16}$$

式中，$V(t)$ 为含随机脉动的风速。

在利用 ANSYS 软件建立天线结构有限元模型时，由于可以对壳单元直接施加面压强，这就简化了风荷的加载过程，无需采用传统方法对每个节点施加载荷。

为便于将风荷动力 $P_n(t)$ 加入有限元模型中，且有利于静力、动力分析时载荷的转化，引入风荷规范化因子 $u(t)$：

$$u(t) = \frac{V^2(t)}{\bar{V}^2} = \frac{\left[\bar{V} + v(t)\right]^2}{\bar{V}^2} \tag{2-17}$$

则节点风荷动力为

$$P_n(t) = P_{ns}u(t) \tag{2-18}$$

2.3.5　风压系数

风压系数 C_{np} 与天线面板的曲率（对于反射面就是焦径比）有较大的关系，且俯仰角 α 不同，其数值也不同，可由风洞实验取得。指平和仰天时的风压系数分布图如图 2.7 和图 2.8 所示。具体数值可以查阅叶尚辉教授的《天线结构设计》。

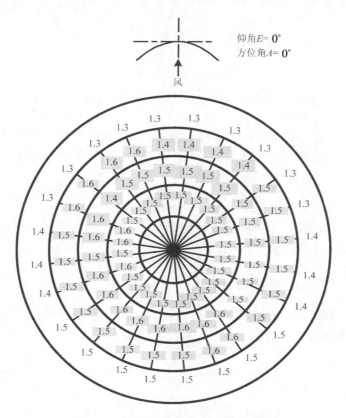

图 2.7　天线指平时的风压系数分布图

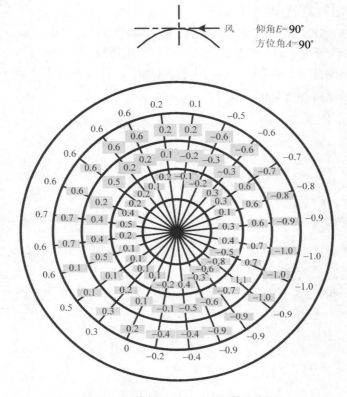

图 2.8　天线仰天时的风压系数分布图

　　若节点坐标与风洞实验的测点坐标不重合，则依据实验各测点的风压系数进行插值求得。对于网状面板的风压系数，可通过下式对实体面板进行修正：

$$C_{\Delta\mathrm{Pmesh}} = \frac{C_{\mathrm{Dmesh}}}{C_{\mathrm{Dsolid}}} \cdot C_{\Delta\mathrm{Psolid}} \tag{2-19}$$

式中，$C_{\Delta\mathrm{Pmesh}}$ 是天线网面板的风压系数；$C_{\Delta\mathrm{Psolid}}$ 是天线实面板的风压系数；C_{Dmesh} 和 C_{Dsolid} 分别是网面平板和实面平板的风压系数。

2.3.6　随机风对天线指向的影响

　　天线结构的风振响应会引起天线的指向误差响应。对于圆抛物面天线，其相对变形后的最佳吻合抛物面的指向误差响应式为

$$\begin{cases} \phi_x(t) = -\Delta Y(t)\dfrac{k}{f} + \Delta\phi_x(t)(1+k) \\ \phi_y(t) = -\Delta X(t)\dfrac{k}{f} + \Delta\phi_y(t)(1+k) \end{cases} \tag{2-20}$$

式中，$\phi_x(t)$ 和 $\phi_y(t)$ 分别为在直角坐标系下 yz 平面和 xz 平面内的指向误差响应；$\Delta X(t)$、$\Delta Y(t)$、$\Delta\phi_x(t)$ 和 $\Delta\phi_y(t)$ 分别对应为风振响应后所作最佳吻合抛物面坐标顶点的平移和绕轴旋转响应值；k 为天线波束偏移因子；f 为焦距。

波束偏移因子与抛物面边缘照射电平和焦径比 f/D 有关[14-16]。图 2.9 给出了这种关系曲线。例如，焦径比为 0.33 的某 40m 天线，其波束偏移因子为 0.725。另外，由图可知，f/D 较大时，波束偏移因子接近 1，因为 f/D 越大，口径相位偏差越接近于线性。

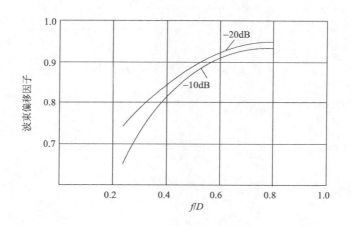

图 2.9　波束偏移因子曲线图

2.3.7　球表面天线风荷

球表面风荷影响分析的公式与抛物面天线是一致的，作用在结构上的风压可以按照下面的公式计算：

$$p = C_{\mathrm{p}} \cdot q \cdot C_{\mathrm{g}} \cdot C_{\mathrm{e}} \qquad (2\text{-}21)$$

式中，q 是停滞风压或参考速度压力，它与周围环境有关，如风速和海拔；C_{p} 是由结构上风荷分布确定的风压系数；C_{g} 是阵风因子；C_{e} 是关于高度、邻近地形变化等的曝露因子。分析中，通常使用下面的数值：

$$C_{\mathrm{g}} \cdot C_{\mathrm{e}} = 2.0 \times 1.0 = 2.0$$

C_{p} 一般可采用图 2.10 所示的球表面风压分布表。

$$总压力\ F = C_1 \cdot q \cdot C_g \cdot C_e \cdot A; \quad A = \frac{\pi d^2}{4}$$

当 $d\sqrt{qC_e} > 0.8$，并且表面光滑时

C_1: 压力系数

$C_1 = 0.2$

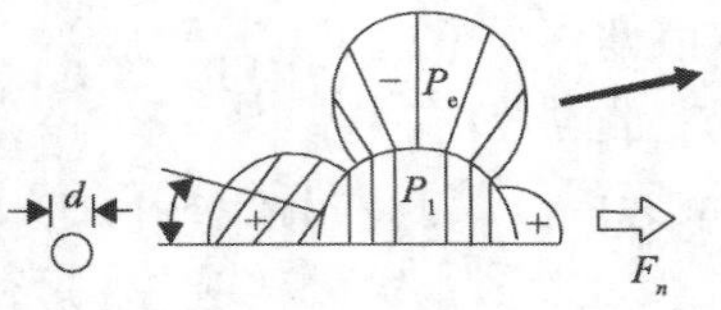

$P = P_1 \cdot P_e$　　　P_1 为密封舱的工作压力

$P_e = C_p \cdot q \cdot C_g \cdot C_e$

C_p: 外部压力系数（当 $d\sqrt{qC_e} > 0.8$，并且表面光滑时）

α	0°	15°	30°	45°	60°	75°	90°	105°	120°	135°	150°	165°	180°
C_p	+1.0	+0.9	+0.5	-0.1	-0.7	-1.1	-1.2	-1.0	-0.6	-0.2	+0.1	+0.3	+0.4

图 2.10　球表面天线的风压分布

停滞风压 q 可按照下面的公式进行计算：

$$q = \frac{1}{2}\rho \cdot v^2 \tag{2-22}$$

式中，v 为基本风速；ρ 为空气密度，其计算公式为

$$\rho = A_k \cdot \rho_{\text{sea}} \tag{2-23}$$

式中，ρ_{sea} 是海平面空气密度；A_k 是所处位置高度的空气密度因子。

2.4　太阳照射影响分析

　　太阳照射下的天线或长时间工作的天线（特别是有源阵列天线），都会在结构上产生一定的温度应力及温度变形等。一般情况下，温度变化对天线结构的影响主要是温度变形（后面章节会讨论温度对电子器件性能的影响），而结构温度应力一般可以不予考虑。

　　温度变形要分两种情况来考虑。①温度均匀变化引起的变形。例如，由于制造、检验时的温度与工作环境温度之差而引起的变形，这时天线结构各点的温度都是相同的。对于抛物面天线，变形后的反射面仍为抛物面，只是焦距改变了。这是因为均匀的温度变化仅使整个天线作相似的放大或缩小，形状不变。②由于温度不均匀而引起的变形，即温差变形。例如，由于太阳照射，抛物面天线的反射面向阳面与背阴面之间有温差，这会引起较大的变形。温差与材料传热性质有关，金属板面板要比蜂窝夹芯玻璃钢的温差小。经常转动的天线（如监视雷达），日照不均匀的影响就很小；而对于基本不动（如卫星通信地面站天线）及

转动很慢的天线(如射电望远镜天线),日照不均匀的影响就较大。某些大型金属结构天线的实际测量结果表明,在晴天白天中午无风时,最大温差可达 8℃,平均为 5℃。

温度变形对高精度天线(如毫米波天线)影响较大,而对于工作波长较长的天线,影响较小。计算温度变形时,困难在于温度分布的确定,这方面缺乏实测的资料[17,18]。我国对一个 30m 天线进行了温度测量,测量结果是:天线主力骨架在夏天晴天无风的中午,最大温差在垂直方向为 7~8℃,水平方向为 6℃。而晴天有 3~4 级风时,最大温差仅为 3℃。温差主要是由阳光照射不均匀引起的。温度分布基本上是线性的。对温度分布有几种假设。例如,西德直径 30m 的毫米波天线是这样假设的:指平时,垂直方向温差 10℃,线性变化;仰天时,正面与背面相差 5℃。而"太阳神"30m 天线则假设仰天位置时太阳斜照,太阳光与反射体边缘相切,日照的一面与背阴面相差 10℃,如图 2.11 所示。英国马可尼公司 45ft[①]天线计算中采用的温度分布参见图 2.12。本书中的分析多是假设反射面正面为阳面,反射面背面以下为阴面。

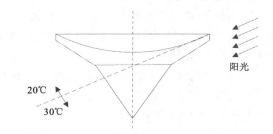

图 2.11 "太阳神"30m 天线的温度分布

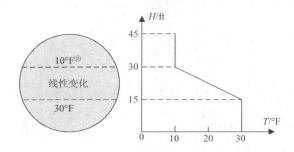

图 2.12 英国 45ft 天线的温度分布

一般情况下,温度变形与天线口径成正比,而几乎与天线结构刚度无关,所

---

① ft 为非法定单位,1ft=3.048 × 10⁻¹m。

② °F 为非法定单位,若温度 t 以℃为单位时,则换算为以°F 为单位,相应地变成 $\left(\frac{5}{9}t+32\right)$°F。

以大口径高精密(高频段)天线的温差变形问题尤为突出。抛物面天线的温差变形可用一个近似公式进行估算：

$$\varepsilon = 0.38\frac{D}{100}\Delta T \tag{2-24}$$

式中，D 为天线口径(m)；ΔT 为天线温差(℃)。估算得到的温差变形 ε 以 mm 为单位。

2.5   冰荷与积雪载荷分析

通常天线结构表面裹冰的厚度并不是均匀的，始终都是迎风面较厚。但在计算裹冰重量时，为简化计算，假设裹冰厚度是均匀的。冰厚与天线所处位置的地理环境有关，厚度一般为 5～150mm。通常，设计规范中冰的相对密度取为 0.9[4, 10 14]。

天线表面积冰后，不仅会增加载荷，并且由于冰厚不均匀，会出现不规则的表面凹凸不平，所以入射电磁波照射表面反射后容易发生散射，使电磁场产生不规则的相位变化，从而使天线辐射方向图发生畸变，天线效率显著降低。因此，工作在易结冰地区的天线，应尽量设法去除积冰。

对于网状天线结构，在积冰时所受到的风荷，必须按照实体来计算风力[19, 20]。

分析冰荷对天线结构的作用，与分析辐射面板对支撑结构的作用类似。对于某一点，其冰荷大小就是该点的集中质量大小。

对于积雪载荷，一般的塔椺结构不予考虑。对于可动微波天线，只要转动天线，就可以将雪倒掉，所以一般也不考虑积雪载荷。

冰荷与积雪载荷对天线结构的影响都可以按照静力载荷进行分析。

参 考 文 献

[1] 邱成悌, 赵惇殳, 蒋全兴. 电子设备结构设计原理. 南京: 东南大学出版社, 2005.
[2] 胡俊达. 电子电气设备结构工艺设计与制造技术. 北京: 机械工业出版社, 2004.
[3] 曾伟, 童时中. 电子设备机械标准化现状及动态. 电子机械工程, 2003,19(2): 55-59.
[4] 林昌禄. 天线工程手册. 北京: 电子工业出版社, 2002.
[5] 李朝旭. 电子设备的抗振动设计. 电子机械工程, 2002, 18(1): 51-55.
[6] 王宏杰. 天线传动系统扭转振动固有频率计算分析. 雷达与对抗, 2001, (3): 63-67.
[7] Roizman V, Petyak V. The dynamic effects and impacts in electronics. IEE Power Electronics and Variable Speed Drives Conference, 1998: 393-398.
[8] 张相庭. 结构风压和风振计算. 上海: 同济大学出版社, 1997.
[9] Levy R. Structural Engineering of Microwave Antennas for Electrical, Mechanical and Civil Engineers. New Jersey: IEEE Press, 1996.

[10] 康行健. 天线原理与设计. 北京: 国防工业出版社, 1995.

[11] 李在贵, 贾建援, 戎斌, 等. 某雷达天线及天线座结构系统模态分析. 电子机械工程, 1994, (6): 30-33.

[12] 王之宏. 风荷载的模拟研究. 建筑结构学报, 1994, 15(1): 44-52.

[13] 王彬. 振动分析及应用. 北京:海潮出版社, 1992.

[14] 刘克成, 宋学诚. 天线原理. 长沙:国防科技大学出版社, 1989.

[15] 陈建军. 天线结构风荷响应的研究. 应用力学学报, 1986, (3): 77-83.

[16] 陈建军. 天线结构风荷响应的随机振动分析//天线结构分析、设计与实验研究论文集. 西安: 西北电讯工程学院, 1986.

[17] 叶尚辉. 天线结构设计. 北京: 国防工业出版社, 1980.

[18] Steinberg D S. Vibration analysis for electronic equipment. Wiley Interscience, 1973: 15-18.

[19] Davenport A G. Buffeting of a suspension bridge by storm winds. ASCE Journal of Structural Division, 1962, 88(3): 233-268.

[20] Crede C E, Lunney E J. Establishment of vibration and shock tests for missile electronics as derived from the measurement. Wright Air Development Technical Report, 1956: 56-503.

第3章 天线结构力学与电性能参数

3.1 概　　述

　　根据微波天线受到的工作环境载荷，结合天线结构参数，可进行天线结构力学分析、温度分析、电磁分析。这些都是建立微波天线机电多场耦合模型的基础。为此，下面给出天线结构力学分析与温度分析的基本理论，论述天线主要电性能参数的物理含义及公式，并总结分析多场耦合建模的主要方法及求解软件。

3.2　天线结构位移场

　　通常，两个物体之间没有接触而又能发生相互作用时，就说这两个物体是通过场而发生作用的。例如，太阳和地球通过真空中的引力场相互作用，电荷之间通过电场相互作用，磁铁和铁之间通过磁场发生作用。要推动一辆车，就必须用手与车接触并施以推力，如果不接触就没法给它力。如果手和车之间存在场，那么，就可以不与车接触，而通过场来施以车推力。据此，给出天线结构位移场的物理定义。

　　天线结构位移场(structural displacement field)是指在外部载荷作用的影响下(如风荷、热、振动等)，天线结构发生变形，表面节点偏移后所形成的新空间曲面或空间体。除上述一些确定性或随机载荷导致的结构位移场，加工制造、工艺处理、装配调试等过程也会引起天线结构体的随机误差(位置与法向)，从而形成天线结构位移场。位移场的分布会随着时间和空间的变化而有所变化，其中任何一点的偏移向量就是位移场在此点的位移矢量。这种定义或描述主要是从工程应用的角度出发的。

　　与电磁场的物理概念不同的是，这里的天线结构位移场是有一定界限的，没有所谓的物理场强弱之分，只是由结构体表面节点不同的位移量(有大小之分)组成。它并不在空间任何区域都有分布，而只在结构体定义域内，也就是受到载荷作用的天线结构体区域。位移场并不像电磁场、温度场那样对位于其中的物体具有力的作用。位移场与其他力场一样，是能量的一种形式，它将一种物体的作用通过应力场传递给另一物体。

3.3　电磁计算方法

微波天线设计与仿真中用到的主要电磁计算方法如图 3.1 所示。

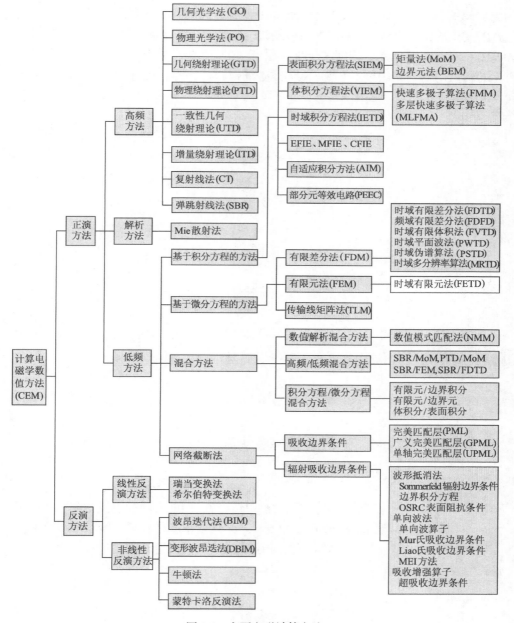

图 3.1　主要电磁计算方法

3.4　天线电性能参数

3.4.1　辐射方向图

天线的辐射方向图（radiation pattern）简称方向图，是天线的辐射参量随空间方向变化的图形表示[1]。辐射参量包括辐射的功率通量密度、场强、相位、极化。取图3.2所示的坐标系，天线位于坐标原点，在距天线等距球面上，天线在各点产生的辐射功率通量密度或场强（电场或磁场）与空间方向 (θ,ϕ) 的关系曲线，称为功率方向图或场强方向图。

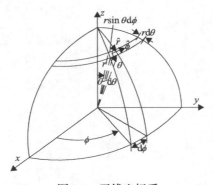

图 3.2　天线坐标系

令远场区球面上任意方向 (θ,ϕ) 某点处的场强振幅为 $\left|E(\theta,\phi)\right|$ ，其最大值为 E_{M} ，则描述方向图的函数可表示为（r 为常量）

$$F(\theta,\phi) = \frac{\left|E(\theta,\phi)\right|}{E_{\mathrm{M}}} \tag{3-1}$$

该函数称为归一化方向图函数。对于电流元有 $F(\theta,\phi) = F(\theta) = \sin\theta$ 。

3.4.2　天线辐射效率

由于天线系统中存在导体损耗、介质损耗等，因此实际辐射到空间内的电磁波功率要比发射机输送到天线的功率小[2]。天线效率就是表征天线将输入高频能量转换为无线电波能量的有效程度，定义为天线辐射的总功率与天线从馈线获得的净功率（输入功率）之比

$$\eta_{\mathrm{A}} = \frac{P_{\mathrm{r}}}{P_{\mathrm{in}}} \tag{3-2}$$

天线的输入功率等于辐射功率和损耗功率之和，即

$$P_{in} = P_r + P_L \tag{3-3}$$

考虑到天线的输入电阻等于辐射电阻和损耗电阻，则天线效率又可表示为

$$\eta_A = \frac{P_r}{P_r + P_L} = \frac{1}{1 + \dfrac{R_L}{R_r}} \tag{3-4}$$

可以看出，要提高天线效率，应尽量提高辐射电阻，同时降低损耗电阻。工程设计天线时，一般取天线效率为 50%～60%，最大值通常仅能达到 85%。

3.4.3　方向性系数

天线的方向性系数 D（directivity）是用一个数字定量地表示辐射电磁能量集束程度以描述方向特性的一个参数，又称为方向系数或方向性增益。定义为天线在最大辐射方向上远区某点的功率密度 S_M 与辐射功率相同的无方向性天线在同一点的功率密度 S_O 之比

$$D = \left.\frac{S_M}{S_O}\right|_{P\text{相同}, r\text{相同}} \tag{3-5}$$

不同的天线都取无方向性天线作为标准进行比较，因而能比较出不同天线最大辐射功率的相对大小，即方向性系数能比较不同天线方向性的强弱。式(3-5)中，S_M 和 S_O 可分别表示为

$$S_M = \frac{1}{2}\frac{E_M^2}{120\pi}$$

$$S_O = \frac{P_r}{4\pi r^2}$$

故

$$D = \frac{S_M}{S_O} = \frac{\dfrac{1}{2}\dfrac{E_M^2}{120\pi}}{\dfrac{P_r}{4\pi r^2}} = \frac{E_M^2 r^2}{60 P_r} \tag{3-6}$$

因此

$$|E_M| = \frac{\sqrt{60 P_r D}}{r} \tag{3-7}$$

由式(3-7)可以看出方向性系数的物理意义如下：在辐射功率相同的情况下，

有方向性天线在最大方向的场强是无方向性天线（$D=1$）场强的 $\sqrt{D}$ 倍。即对于最大辐射方向，这等效于辐射功率增大到 D 倍。因此，P_rD 称为天线在该方向上的等效辐射功率。若要求在最大方向场点产生相同场强（$E_M = E_O$），有方向性天线辐射功率只需要无方向性天线的 $1/D$。对于最大方向，天线就是辐射功率的放大器。这是一种空间放大器，这个放大器是通过对辐射功率的空间分配来增大最大方向的功率密度。因此，在许多应用中，要求天线具有足够大的方向性系数。

3.4.4　增益

天线方向系数表征天线辐射电磁能量的集束程度，天线效率表征天线能量的转换效能。将这两者结合起来，用一个数字表征天线辐射能量集束程度和能量转换效率的总效益，称为天线增益（gain）。天线增益定义为天线在最大辐射方向上，远区某点的功率密度与输入功率相同的无方向性天线在同一点的功率密度之比，即

$$G = \left.\frac{S_M}{S_O}\right|_{P_{in}相同,\ r相同} \tag{3-8}$$

因无方向性天线假定是理想的，其辐射功率即为输入功率，故有

$$G = \frac{E_M^2 r^2}{60 P_{in}} = \frac{E_M^2 r^2}{60 P_r}\frac{P_r}{P_{in}} = D\eta_A \tag{3-9}$$

可见，天线增益是天线方向性系数和辐射效率这两个参数的结合。

通常所说的天线增益都是指天线在最大辐射方向的增益：

$$G = 4\pi\frac{U_M}{P_A} = D\eta_A \tag{3-10}$$

工程设计时，经常对反射面天线的增益进行简单估算，其近似计算公式为

$$G = \eta_n\left(\frac{\pi R}{\lambda}\right)^2 \tag{3-11}$$

式中，R 为天线口径；η_n 为网格效率，其值依赖天线口径的电场分布等，一般取 $0.55(0.5\sim0.6)$。

通常用分贝形式来表示增益，即令

$$G = 10\log_{10}(G) \tag{3-12}$$

注意：G 是功率密度比，因此 $\log_{10}$（或用 lg 表示）前系数是10。

另外，表征功率增益的单位还有 dBi 和 dBd，两者都是一个相对值，但是参考基准不一样。dBi 的参考基准为全方向性天线，dBd 的参考基准为偶极子。一

般认为 dBi 和 dBd 表示同一个增益，用 dBi 表示的值比用 dBd 表示的值要大 2.15（dBi＝dBd＋2.15）。

3.4.5　指向误差

在时间平均意义上，指向误差是天线辐射波束的实际方向偏离预定方向的偏移程度，它是天线辐射能量覆盖区域增益变化的一个主要指标。指向误差是多个因素的函数，并且具有明显的统计性。通常假设天线在俯仰与方位上的指向误差是高斯分布，相应的RF指向误差满足瑞利分布。对于残余指向误差，需要考虑天线定位系统的物理限制，既有可能是一个命令控制位置误差，也有可能是伺服控制环路误差，或是指示误差估计错误。

3.4.6　副瓣电平

天线方向图通常由一些称为波瓣的包络组成，其包含最大辐射方向的波瓣为主瓣（或称主波束），其他电平较小的瓣为副瓣[3]，因此也通常把方向图称为波瓣图。天线典型的极坐标主面方向图如图 3.3 所示。

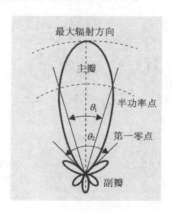

图 3.3　天线在极坐标下的主面方向图

副瓣的高低用副瓣电平来描述。副瓣电平（side lobe level）是指副瓣峰值与主瓣峰值的比值：

$$SLL = \frac{副瓣峰值}{主瓣峰值}$$

通常用分贝表示为

$$SLL = 10\lg\frac{S_m}{S_M} = 20\lg\frac{E_m}{E_M} \tag{3-13}$$

式中，S_m 和 E_m 对应某一副瓣最大值的功率通量密度和电场强度。

3.4.7　半功率波瓣宽度

主瓣最大值两侧，功率通量密度下降到最大值的一半，或场强下降到最大值的 0.707，即下降 3dB 的两个方向之间的夹角称为半功率波瓣宽度（half-power beamwidth，HPBW），如图 3.4 所示，记为 $2\theta_{0.5E}$ 和 $2\theta_{0.5H}$。主瓣宽度越小，方向图越尖锐，表示天线辐射越集中，天线方向性越好。

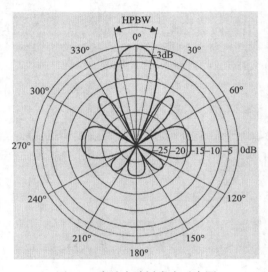

图 3.4　半功率波瓣宽度示意图

3.4.8　带宽

天线的电参数随着频率的变化而变化，这就是天线的频率特性。天线的频率特性可用它的特性参数——工作频带或带宽表示。天线带宽（bandwidth）是天线的某个或某些性能参数符合要求的工作频率范围。在带宽外，天线的某个或某些性能参数变坏，达不到使用要求。

天线带宽的表示方法通常有三种：绝对带宽、相对带宽和比值带宽。绝对带宽为 $B = f_h - f_l$，f_h 和 f_l 分别为带宽内最高和最低频率。相对带宽或称百分带宽为 $B_r = (f_h - f_l)/f_0 \times 100\%$，$f_0$ 为中心频率或设计频率。对于宽频带天线，往往直接用比值 f_h/f_l 来表示其带宽，称为比值带宽。一般将相对带宽小于10% 的天线称为窄带天线，将 f_h/f_l 大于 2 的天线称为宽带天线，若 f_h/f_l 大于 3 可称为特带天线（ultra-wide band，UWB），对于 f_h/f_l 在 10 以上的天线，通常称为超宽带天线（super-wide band，SWB）。

对于天线增益、波束宽度、旁瓣电平、电压驻波比、轴比等不同的电参数，它们各自在其允许值之内的频率范围是不同的。天线的带宽由其中最窄的一个确定。对于许多天线，最窄的往往是其驻波比带宽。

3.4.9 波束扫描

波束扫描指波束在指定空域内以一定方式进行搜索，使雷达主动发现目标或测量目标的坐标。实现波束扫描的方法有电扫描与机械扫描。机械扫描是使辐射器偏离焦点，围绕焦点左右摆动。频率扫描是通过更改工作频率使波束指向发生变化的一种电扫描方式，另一种方式是相位扫描[4]。

3.4.10 极化

无界媒质中的均匀平面电磁波是横电磁波（TEM 波）。TEM 波的电场强度矢量和磁场强度矢量均垂直于传播方向的平面。假设电磁波沿 +z 方向传播，则电场强度矢量和磁场强度矢量均在 z 为常数的平面内。因为电场强度、磁场强度和传播方向三者之间的关系是确定的，所以电磁波的极化一般用电场强度来表示。对于沿+z 方向传播的均匀平面电磁波，电场矢量 E 有两个频率和传播方向均相同的分量 E_x 和 E_y。电场强度矢量的表达式为

$$E = e_x E_x + e_y E_y = \left(e_x E_{ox} + e_y E_{oy}\right)e^{-jkz} = \left(e_x E_{xm}e^{j\varphi_x} + e_y E_{ym}e^{j\varphi_y}\right)e^{-jkz} \quad (3\text{-}14)$$

此时引入极化的概念来描述它们的合成场矢量 E 在等相位面上随时间的变化规律。如图 3.5 所示，合成场矢量 $E(t)$ 的方向随时间以角频率 ω 等速旋转。若其旋向与波的传播方向 z 为左手螺旋关系（即图中沿顺时针旋转），称为左旋极化波；若其旋向与传播方向 z 为右手螺旋关系（即图中沿逆时针旋转）称为右旋极化波。

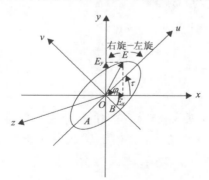

图 3.5　极化波示意图

所谓极化是指空间任一固定点上电磁波的电场强度矢量的空间取向随时间变化的方式，以 E 的矢量轨迹来描述。极化是天线的一个重要特性，通常所说的天线极化是指最大辐射方向或最大接收方向的极化。根据 E 矢端轨迹在与传播方向相垂直的横平面内的投影，极化可分为线极化、圆极化和椭圆极化，如图 3.6(a)～(c)

所示。圆极化是椭圆极化的特例，圆极化分为左旋圆极化和右旋圆极化。电波传播时，电场矢量的空间轨迹为一条直线，它始终在一个平面内传播，则称为线极化波。线极化波又有水平极化波和垂直极化波之分，如图 3.6(d) 和 (e) 所示。当电场强度方向垂直于地面时，此电波就称为垂直极化波；当电场强度方向平行于地面时，此电波就称为水平极化波。

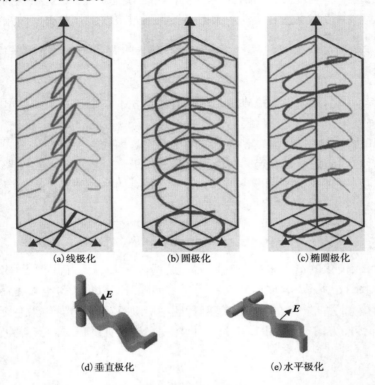

(a)线极化　　　　　　　(b)圆极化　　　　　　　(c)椭圆极化

(d)垂直极化　　　　　　　　　(e)水平极化

图 3.6　极化波示意图

3.4.11　输入阻抗

天线的输入阻抗是反映天线电路特性的电参数。它定义为天线在其输入端所呈现的阻抗。如图 3.7 所示，在线天线中，输入阻抗等于天线的输入端电压 U_{in} 与输入端电流 I_{in} 之比，或用输入功率 P_{in}^{e} 来表示，即

$$Z_{in} = \frac{U_{in}}{I_{in}} = \frac{\frac{1}{2} U_{in} I_{in}^{*}}{\frac{1}{2} I_{in} I_{in}^{*}} = \frac{P_{in}^{e}}{\frac{1}{2}\left|I_{in}\right|^{2}} = R_{in} + jX_{in} \qquad (3\text{-}15)$$

式中，输入功率 P_{in}^{e} 包括实输入功率 P_{in} 和虚输入功率。式(3-15)表明，输入电阻 R_{in} 和输入电抗 X_{in} 分别对应输入阻抗的实部和虚部。

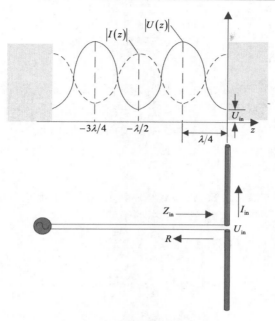

图 3.7　线天线输入阻抗示意图

3.4.12　基本电参数对比

基于上述内容，表 3.1 给出了天线主要电参数的区别。

表 3.1　天线基本电参数对比

电性能参数	定义	表达式
辐射方向图	天线的辐射参量随空间方向变化的图形表示	$F(\theta,\phi)=\dfrac{\left|E(\theta,\phi)\right|}{E_{\mathrm{M}}}$
天线效率	天线辐射的总功率与天线从馈线获得的净功率(即输入功率)之比	$\eta_{\mathrm{A}}=\dfrac{P_{\mathrm{r}}}{P_{\mathrm{in}}}$
方向性系数	天线在最大辐射方向上远区某点的功率密度 S_{M} 与辐射功率相同的无方向性天线在同一点的功率密度 S_{O} 之比	$D=\dfrac{S_{\mathrm{M}}}{S_{\mathrm{O}}}\bigg|_{P\text{相同},\,r\text{相同}}$
增益	天线在最大辐射方向上远区某点的功率密度与输入功率相同的无方向性天线在同一点的功率密度之比	$G=\dfrac{S_{\mathrm{M}}}{S_{\mathrm{O}}}\bigg|_{P_{\mathrm{in}}\text{相同},\,r\text{相同}}$
副瓣电平	副瓣峰值与主瓣峰值的比值	$\mathrm{SLL}=10\lg\dfrac{S_{\mathrm{m}}}{S_{\mathrm{M}}}=20\lg\dfrac{E_{\mathrm{m}}}{E_{\mathrm{M}}}$
带宽	天线的某个或某些性能参数符合要求的工作频率范围	绝对带宽：$B=f_{\mathrm{h}}-f_{\mathrm{l}}$ 相对带宽：$B_{\mathrm{r}}=\dfrac{f_{\mathrm{h}}-f_{\mathrm{l}}}{f_{0}}\times100\%$ 比值带宽：$f_{\mathrm{h}}/f_{\mathrm{l}}$
输入阻抗	天线在其输入端所呈现的阻抗。在线天线中，它等于天线的输入端电压 U_{in} 与输入端电流 I_{in} 之比	$Z_{\mathrm{in}}=\dfrac{U_{\mathrm{in}}}{I_{\mathrm{in}}}=R_{\mathrm{in}}+jX_{\mathrm{in}}$

3.5　天线辐射单元

第 1 章简要说明了常见的几种天线类型。下面从阵列天线角度阐述常见的天线辐射单元的基本电磁特性及分析方法[5-9]，包括对称振子、微带贴片、喇叭等[10-12]辐射单元，同时简要介绍机载与弹载领域常用的辐射单元。

3.5.1　对称振子

图 3.8 所示的对称振子是振子类辐射单元的最基本形式。由它衍生的构形有伞形振子、微带振子、折叠振子、单极振子等。

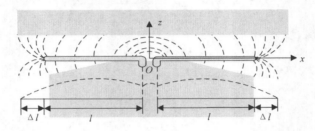

图 3.8　对称振子

分析对称振子时，假设振子半径 a 远小于臂长 l，由无限小间隙中幅度为 V_0 的脉冲源平衡馈电。上述条件等效于不考虑阵子末端效应。由传输线理论可知，振子臂上的电流分布近似为正弦型，即

$$I(x) = \begin{cases} I_0 \sin\left[k(l-x)\right], & x \geq 0 \\ I_0 \sin\left[k(l+x)\right], & x < 0 \end{cases} \tag{3-16}$$

式中，I_0 为电流波腹幅度；$k = 2\pi/\lambda$，λ 为波长。

一般细振子的电流及相位分布由下式给出

$$\begin{cases} I(x) = I_1(x) + \mathrm{j}I_2(x) = \dfrac{V_0}{120 D(l,a)\ln\dfrac{2l}{a}}\left[f_1(x) + \mathrm{j}f_2(x)\right] \\ \varphi = \arctan\left[f_2(x)/f_1(x)\right] \end{cases} \tag{3-17}$$

式中，D 为 (l,a) 的实函数；φ 为激励电流 I 的相位。

非圆（椭圆、矩形）截面的振子可用等效截面概念处理，其电流分布用等效半径圆柱振子近似。形状简单的截面可由保角变换求得等效半径 a_{eq}，椭圆截面的

a_{eq} 为

$$a_{eq} = \frac{1}{2}(a+b)$$

式中，a、b 为椭圆长、短半轴长度。

　　工程中常用的另一种辐射单元是伞形振子，即两臂夹角 $\theta<180°$ 的振子，如图 3.9 所示。伞形振子臂上的电流分布类似于对称振子，其适合作为圆极化辐射单元和相控阵天线单元。折叠振子是另一类常用的振子型辐射单元，它是由半径分别为 a_1 和 a_2 的两个圆柱阵子末端相连，在一个振子臂中心馈电所形成的辐射单元，如图 3.10 所示。

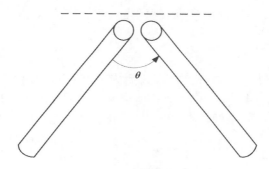

图 3.9　伞形振子

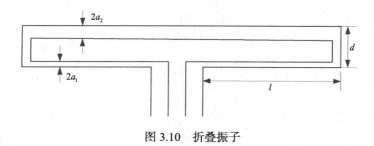

图 3.10　折叠振子

1）方向图

天线方向图是场的相对值，即

$$f(\theta,\phi) = \frac{\cos(kl\cos\theta) - \cos(kl)}{\sin\theta} \tag{3-18}$$

　　工程上常用有限尺寸导电平面或其他反射器代替无限大导电平面。它可由镜像元来代替，如图 3.11 所示。根据场的叠加原理，可求得有镜像的水平振子波瓣为

$$f_{\mathrm{E}}(\theta) = \frac{\cos(kl\sin\theta) - \cos(kl)}{\cos\theta}\sin(kh\cos\theta)$$

$$f_{\mathrm{H}}(\phi) = \sin(kh\cos\phi)$$

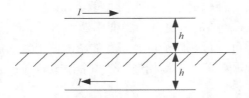

图 3.11　无限大导电平面的镜像元

2）互耦

在阵列环境下振子辐射性能由于振子周围的电磁耦合而发生变化[13-15]。这种变化是机电耦合设计必须考虑的基本因素之一。由网络理论可知，强迫馈电条件下 $M \times N$ 元面阵中第 mn 个振子的电压 V_{mn} 和电流 I_{mn} 满足下列关系：

$$V_{mn} = \sum_{p=1}^{M}\sum_{q=1}^{N} Z_{mn,pq} I_{pq} \tag{3-19}$$

对于 M 元线阵则有

$$V_m = \sum_{p=1}^{M} Z_{mp} I_p$$

上式可写成矩阵方程

$$\boldsymbol{V} = \boldsymbol{Z}\boldsymbol{I} \tag{3-20}$$

式中，$\boldsymbol{V}$ 为阵元馈电电压列矢量；$\boldsymbol{I}$ 为阵元电流列矢量；$\boldsymbol{Z}$ 为 $M \times N$ 的阻抗矩阵，且

$$\boldsymbol{Z} = \begin{bmatrix} Z_{11} & Z_{12} & \cdots & Z_{1N} \\ Z_{21} & Z_{22} & \cdots & Z_{2N} \\ \vdots & \vdots & & \vdots \\ Z_{M1} & Z_{M2} & \cdots & Z_{MN} \end{bmatrix}$$

式中，$Z_{mn,mn}$ 或 Z_{mm} 称为阵元自阻抗；$Z_{mn,pq}$ 或 Z_{mp} 为 mn 元与 pq 元间或 m 元与 p 元间的互阻抗。

自阻抗定义为其余辐射单元开路条件下某一阵元的输入阻抗，而互阻抗为 pq 元输入单位电流在 mn 元上感应产生的电压（其余阵元均为开路）。

mn 辐射单元的阵中输入阻抗 Z_{mn}^{in} 可由下式求得，即

$$Z_{mn}^{in} = \sum_{p=1}^{M} \sum_{q=1}^{N} \frac{I_{pq}}{I_{mn}} Z_{mn,pq} \tag{3-21}$$

工程上可通过实验测得辐射单元间的散射系数 $S_{mn,pq}$（或称耦合系数），从而求得阵中辐射单元的有源输入阻抗。需要指出的是，$S_{mn,pq}$ 是辐射单元在常功率激励（或自由激励），且其余辐射单元接匹配负载条件下测得的。

若 pq 元的入射波幅度为 a_{pq}，mn 元的入射波幅度为 a_{mn}，则 mn 元的有源反射系数 Γ_{mn}^{a} 为

$$\Gamma_{mn}^{a} = \sum_{p=1}^{M} \sum_{q=1}^{N} S_{mn,pq} \frac{a_{pq}}{a_{mn}} \tag{3-22}$$

于是 mn 辐射单元的归一化有源输入阻抗 Z_{mn}^{a} 为

$$Z_{mn}^{a} = \frac{1 + \Gamma_{mn}^{a}}{1 - \Gamma_{mn}^{a}} \tag{3-23}$$

阵中辐射单元的波瓣也不同于自由空间中的波瓣。辐射单元的阵中波瓣亦称有源波瓣，它是其他辐射单元接匹配负载时的波瓣，可由散射系数求得。例如，阵面在 xy 平面，球坐标系统中，辐射单元的阵中波瓣 $f^{a}(\theta,\phi)$ 为

$$f^{a}(\theta,\phi) = f_0(\theta,\phi) \sum_{p=1}^{M} \sum_{q=1}^{N} S'_{mn,pq} \exp\left\{ j\left[(p-m)d_x u + (q-n)d_y v \right] \right\} \tag{3-24}$$

式中，$S'_{mn,pq} = \begin{cases} 1 + S_{mn,pq}, & m=p, n=q \\ S_{mn,pq}, & \text{其他} \end{cases}$ ；$f_0(\theta,\phi)$ 为辐射单元自由空间波瓣；d_x、d_y 为 x、y 方向辐射单元间距；u、v 为广义角坐标，具体如下：

$$\begin{cases} u = k\sin\theta\cos\phi \\ v = k\sin\theta\sin\phi \end{cases}$$

由于互耦影响，阵中辐射单元的电磁性能如输入阻抗、阵中波瓣等将因阵元的位置而变化，在设计低或超低副瓣有限阵列天线时必须对互耦效应进行校准。

3.5.2　微带贴片

微带天线的应用范围越来越广，代表了辐射单元可能与微波电路集成的新方向，在星载、机载、弹载天线领域应用前景广阔。图 3.12 所示微带贴片天线主要特点有：体积小、重量轻、剖面低且能共形；易得到多种极化，可双频或多频工作，最大辐射方向可调整；能与有源器件集成，增加了可靠性，降低了造价；工作频带窄（但正开发宽带微带贴片，以满足应用要求，如增加剖面高度等）；损耗大、效率低，主要有介质损耗、导体损耗和表面波损耗；功率容量小，主要取决

于介质基片材料；介质基片的性能对天线性能影响大；极化纯度低，交叉极化高。最简单和典型的微带天线结构是带导电地板介质基片上的金属贴片。图 3.13 中的 S 为微带贴片，F 为馈电点。介质基片的选择是设计微带天线的重要一环，它将影响天线尺寸、工作带宽、效率、功率容量和加工工艺等。

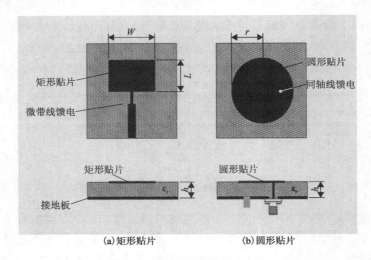

图 3.12　微带贴片天线的基本形式

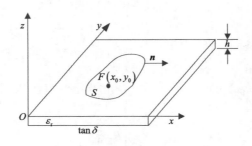

图 3.13　微带天线结构示意图

1）分析方法

开路微带线终端处的辐射，可由等效面磁流来求得[16-18]。矩形贴片天线的辐射相当于由导电贴片与导电底面间形成的两个裂缝的阵列。裂缝的等效面磁流 J_m（考虑无限大导电平面存在）为

$$J_m = E_z \times \hat{n} = E_z \times y \tag{3-25}$$

其中因为 $h \ll \lambda$，可认为 J_m 向自由空间辐射。可求得矩形贴片主模的方向图函数为

$$
\begin{cases}
E_\theta = -\mathrm{j}\dfrac{E_0 hkw}{\pi}\dfrac{\sin\left(\dfrac{w}{2}v\right)}{\dfrac{w}{2}v}\cos\left(\dfrac{l}{2}u\right)\cos\varphi\left[\dfrac{\varepsilon_r - \sin^2\theta}{\varepsilon_r - \left(\dfrac{u}{k}\right)^2}\right] \\[4mm]
E_\varphi = \mathrm{j}\dfrac{E_0 hkw}{\pi}\dfrac{\sin\left(\dfrac{w}{2}v\right)}{\dfrac{w}{2}v}\cos\theta\sin\varphi\cos\left(\dfrac{l}{2}u\right)\left[\dfrac{\varepsilon_r}{\varepsilon_r - \left(\dfrac{u}{k}\right)^2}\right]
\end{cases}
\tag{3-26}
$$

2) 品质因数、带宽和效率

品质因数 Q 定义为天线谐振时存储的能量 $\omega_0 W_T$ 与损耗功率之比[19-20]，即

$$
Q = \frac{\omega_0 W_T}{P_c + P_d + P_r + P_{sw}}
\tag{3-27}
$$

式中，P_c 为贴片金属有限电导率 σ 的损耗；P_d 为基片介质损耗；P_r 为空间波辐射损耗；P_{sw} 为表面波辐射损耗；ω_0 为谐振角频率。

$$
P_c = R_s \iint \left|H_s\right|^2 \mathrm{d}s \approx \frac{\omega_0 W_T}{h\sqrt{\pi f_0 \mu_0 \sigma}} \quad （R_s 为金属表面电阻率）
$$

$$
P_d = 2\omega_0 W_T \tan\delta
$$

$$
P_r = \frac{1}{240\pi}\int_0^{\pi/2}\int_0^{2\pi}\left(\left|E_\theta\right|^2 + \left|E_\phi\right|^2\right) R^2 \sin\theta\,\mathrm{d}\theta\,\mathrm{d}\phi
$$

$$
P_{sw} = \frac{3.4H_e}{1 - 3.4H_e}P_r
$$

$$
H_e = \frac{h}{\lambda}\sqrt{\varepsilon_r - 1}
$$

可得

$$
\frac{1}{Q} = \frac{1}{Q_c} + \frac{1}{Q_d} + \frac{1}{Q_r} + \frac{1}{Q_{sw}}
\tag{3-28}
$$

式中，等号右边每一项 Q 代表有关的品质因数为

$$\begin{cases} Q_c = h\sqrt{\pi f_0 \mu_0 \sigma} = h / \Delta \ (\Delta \text{为导体的趋肤深度}) \\[2mm] Q_d = \dfrac{1}{\tan\delta} \\[2mm] Q_r = \dfrac{\omega_0 W_T}{P_r} \\[2mm] Q_{SW} = \dfrac{\omega_0 W_T}{P_{SW}} \end{cases}$$

天线主模阻抗带宽 BW_s 由电压驻波比 S 不大于某值来确定[21, 22]，贴片天线主模阻抗带宽 BW_s 通常可由等效电路导出，即

$$BW_s = \frac{S-1}{Q\sqrt{S}} \tag{3-29}$$

若取 $S=2$，则有

$$BW_s = \frac{1}{\sqrt{2}Q}$$

在微带天线适用频率范围内，$Q \approx \varepsilon_r / h$，故 $BW_s \approx h / \varepsilon_r$。即贴片天线的主模阻抗带宽与介电常数 ε_r 成反比，与基片厚度 h 成正比。

因此，天线的辐射效率 η 可表示为

$$\eta = \frac{P_r}{P_c + P_d + P_r + P_{SW}} = \frac{Q}{Q_r} \tag{3-30}$$

3）公差

微带贴片天线是窄带的，各参数误差对谐振频率的影响较严重。天线制造中，基片厚度和介电常数等参数误差将导致天线性能的恶化。根据误差统计理论和谐振频率与各参数的关系，可得到矩形贴片谐振频率漂移 $|\Delta f_r / f_r|$ 的计算公式为

$$\frac{\Delta f_r}{f_r} = \left\{ \left(\frac{\Delta l}{l}\right)^2 + \left(\frac{0.5}{\varepsilon_e}\right)^2 \left[\left(\frac{\partial \varepsilon_e}{\partial w}\Delta w\right)^2 + \left(\frac{\Delta \varepsilon_e}{\partial h}\Delta h\right)^2 + \left(\frac{\partial \varepsilon_e}{\partial \varepsilon_r}\Delta \varepsilon_r\right)^2 + \left(\frac{\Delta \varepsilon_e}{\partial t}\Delta t\right)^2 \right] \right\}^{1/2} \tag{3-31}$$

式中，f_r 为谐振频率；Δl 为贴片长度 l 的变化量；ε_e 为等效介电常数；t 为导电贴片厚度。通常，$w / h \gg 1$ 时，w、t 的不精确度对 ε_e 的影响很小，故可简化为

$$\begin{cases} \dfrac{\Delta f_r}{f_r} = \left\{ \left(\dfrac{\Delta l}{l}\right)^2 + \left(\dfrac{0.5}{\varepsilon_e}\right)^2 \left[\left(\dfrac{\partial \varepsilon_e}{\partial h}\Delta h\right)^2 + \left(\dfrac{\partial \varepsilon_e}{\partial \varepsilon_r}\Delta \varepsilon_r\right)^2 \right] \right\} \\[4mm] \dfrac{\partial \varepsilon_e}{\partial \varepsilon_r} = 0.5 \left[1 + \left(1 + \dfrac{10h}{w}\right)^{-\frac{1}{2}} \right] \\[4mm] \dfrac{\partial \varepsilon_e}{\partial h} = -\dfrac{2.5(\varepsilon_r - 1)}{w}\left(1 + \dfrac{10h}{w}\right)^{-\frac{3}{2}} \end{cases}$$

3.5.3　喇叭

　　喇叭广泛地应用于反射面天线、透镜天线和空馈相控阵天线等场合。喇叭天线的主要优点是容易控制和实现对波瓣宽度的要求及有较低的副瓣电平，同时，频率特性好、结构简单。矩形喇叭天线有三种主要形式：由波导宽壁展开而形成的 H 面扇形喇叭；由波导窄壁展开而形成的 E 面扇形喇叭；由波导宽壁、窄壁同时展开而形成的角锥喇叭，如图 3.14 所示。为改善上述喇叭的电性能，也发展了多种形式的特殊喇叭，如多模喇叭、波纹喇叭、加脊喇叭、介质加载喇叭等。

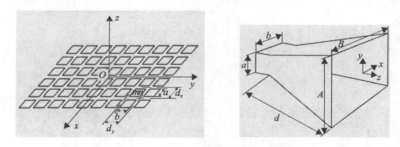

图 3.14　矩形开口波导喇叭阵列

　　喇叭天线的近似分析方法基于下述假定：①喇叭无限长，喇叭壁由理想导体壁组成且场源在喇叭之外，即喇叭内无外加电流与磁流；②有限长喇叭口面上的电磁场分布与无限长喇叭同一截面上的电磁场分布相同，即忽略有限长喇叭口面处的反射及高次模。

3.5.4　其他单元

　　除上述天线辐射单元形式外，在机载领域为满足宽频带、阻抗匹配、单元互耦小、尺寸小、单元排列紧密等要求，出现了 Vivaldi 天线（图 3.15）与准八木天线（图 3.16）等多种天线单元。另外，在弹载领域为满足结构体积小、重量轻、机械强度和刚度好等要求，常采用螺旋天线（图 3.17）作为辐射单元。

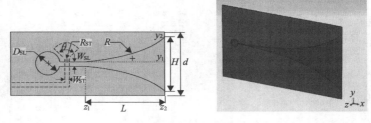

图 3.15　Vivaldi 天线

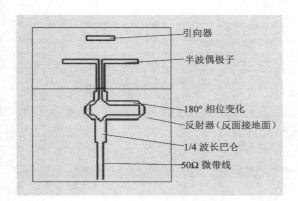
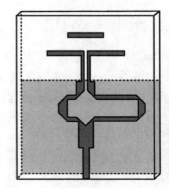

引向器

半波偶极子

180° 相位变化

反射器（反面接地面）

1/4 波长巴仑

50Ω 微带线

图 3.16　准八木（Quasi-Yagi）天线

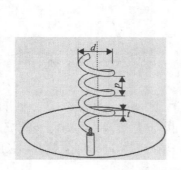
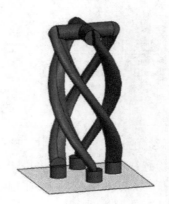

图 3.17　螺旋（helical）天线

3.6　天线多场耦合概述

根据耦合要素，对微波天线中常见的多种耦合关系的特性进行了详细的分析与比较，具体见表 3.2。

表 3.2　场耦合关系分析

耦合类型	典型对象	耦合变量	直接/间接	边界/域	单向/双向	同质/异质	微分/代数	源/流/属性/几何
位移场-热场-电磁场	有源相控阵天线	位移、热变形、相位	间接	边界	单向	异质	代数	几何
位移场-温度场	阵列天线、压电材料片	热变形、热应力	直接	域	单向	异质	代数	属性
位移场-电磁场	裂缝天线腔体	位移、相位	直接	边界	单向	异质	代数	几何
结构场-流场	散热腔体	速度、压力	直接	边界	双向	同质	代数	流、源
结构场-静电场（边界）	静电薄膜天线	位移、电场力	直接	边界	双向	同质	代数	几何、源
结构场-静电场（域）	电阻应变片	应变	间接	域	单向	异质	代数	属性
流场-温度场	热对流	速度、温度	直接	边界	双向	异质	微分	流、属性
温度场-静电场	热电阻传感器	温度、热量	直接	域	双向	异质	代数	流、属性

在微波天线机电耦合领域涉及的主要商用专业软件如表 3.3 所示。利用这些商用软件，基于机电耦合理论的微波天线仿真分析流程如图 3.18 所示。

表 3.3　微波天线机电耦合领域涉及的主要商用专业软件

天线分系统	软件名称	主要用途
天线结构	Pro/E	结构三维设计仿真
	ANSYS 12.0	结构有限元仿真
	Patran/Nastran	结构有限元仿真
	Abaqus	结构有限元仿真
	Sysply	复合材料有限元仿真
	Fluent	流体、热仿真
	Flotherm	热仿真
天线电磁	HFSS	天线单元及小阵、RCS
	FEKO	天线单元、阵列、面天线、RCS、天线罩
	Designer	微带贴片天线及小型阵
	CST	天线单元、阵列、面天线、RCS、天线罩、共形阵
	Efield	天线单元、阵列、面天线、RCS、天线罩、共形阵
	ADF	天线阵列布局系统
微波电路	HFSS	组件内部微波传输性能
	ADS	组件系统性能

续表

天线分系统	软件名称	主要用途
馈电系统	Ansoft HFSS	三维电磁场仿真
	Ansoft Designer	平面有源无源电路仿真
	Cadence	高速数字电路布线原理图、射频模拟电路布线原理图、信号完整性、电源完整性分析
	CST	三维电磁场仿真
	ADS	平面有源/无源电路电磁仿真
发射系统	Ansoft	微波功率放大电路局部设计
	MW Office	微波功率放大电路局部设计
	Quartus 8.0	控保电路仿真

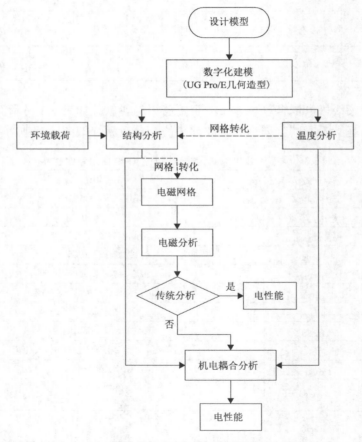

图 3.18 机电耦合分析流程

除上述软件外，还有许多其他软件也具有明显特色、针对特殊耦合问题的专业分析功能。下面用表 3.4 来说明几种软件的主要功能及其所使用的求解方法。

对于天线机电耦合这种特殊的机电联系紧密的问题，还需要继续开展数值分析专用软件的系列研究。

表 3.4　分析软件功能一览表

分析软件	主要特色功能	求解方法
ANSYS Multiphysics	多物理场耦合分析、结构静力分析、结构动力分析、热分析、流体动力学分析、高频电磁场分析	FEM、FVM
COMSOL Multiphysics	多物理场耦合分析、结构分析、电磁分析、流体分析、热分析	FEM、FVM
FEPG	耦合场分析、静力分析、热传导分析、电磁场分析、强度分析、接触计算	FEM、FVM
ALGOR	流-固耦合分析、热-结构耦合分析	FEM、FVM
Abaqus	热固耦合分析、声固耦合分析	FEM
ThermNet 和 MagNet	热-磁耦合、热场仿真	FEM
Physica	机械工程、流固耦合分析	FVM
Flux	磁场、电场、温度场、电磁-结构-热耦合	FEM
LS-DYNA	非线性动力冲击分析、传热、流体及流固耦合分析	FEM
Fluent	流体流动和传热分析、耦合热传导和对流分析	FEM
FEKO	高频电磁场仿真、大尺度天线和散射问题分析	MOM、PO、UTD
Ansoft HFSS	高频电磁场仿真、大尺度天线和散射问题分析	FEM
CST Microwave	高频电磁场仿真	FIT
MSC.Nastran	动力学分析、热传导分析、流固耦合分析	FEM、FVM
COSMOS	静力分析、热传导分析、电磁分析、磁-结构耦合分析、电-热耦合分析	FEM
Sonnet	平面高频电磁场分析	MOM

参 考 文 献

[1] 钟顺时. 天线理论与技术. 北京: 电子工业出版社, 2011.

[2] 张祖稷. 雷达天线技术. 北京: 电子工业出版社, 2008.

[3] 马金平. 天线原理. 北京: 电子工业出版社, 2006.

[4] Danial J P. Research on planar antennas and arrays. IEEE Trans Antennas and Propagation Magazine, 1993, 35: 14-38.

[5] Dubost G. Radiation of arbitrary shape symmetrical patch antenna coupled with a direction. Electron Lett, 1990, 26: 1539.

[6] Janmes J R, Hall P S. Handbook of Microstrip Antennas. London UK: Peter Peregrinus, 1989.

[7] Mohammadian A H, Martin N M, Griffin P W. A theoretical and experimental study of mutual coupling in micostrip antenna array. IEEE Trans Antennas and Propagat, 1989, 37: 1217-1223.

[8] Lee K F, Luk K M, Dahele J S. Characteristics of the equilateral triangular patch antenna. IEEE Trans Antennas and Propagat, 1988, 36: 1510-1518.

[9] Nakauo H. A generalized method for the evalution of mutual coupling in microstrip arrays. IEEE Trans Antennas and Propagat, 1987, 35:125-133.

[10] Dubost G, Rallaa A. Analysis of a slot microstrip antenna. IEEE Trans Antennas and Propagat, 1986, 34: 155-163.

[11] Bhattacharyya A K, Garg R. Generalized transmission line model for microstrip patches. IEE Proc, 1985, 132 (H): 93-98.

[12] Lampe R W. Design formulas for an asymmetric coplanner strip folded dipole. IEEE Trans Antennas and Propagat, 1985, 33 (9): 1028-1030.

[13] Pozer D M, Schabert D H. Analysis of an infinite array of rectangular microstrip patches with idealized probe feel. IEEE Trans Antennas and Propagat, 1984, 32 (10): 1101-1107.

[14] Pozer D M, Schaubert D H. Infinite phased array. IEEE Trans Antennas and Propagat, 1984, 32 (6): 600-610.

[15] Schuman H K, Pflug D R, Thompson L D. Infinite planar arrays of aribitrarily bent thin wire radiators. IEEE Trans Antennas and Propagat, 1984, 32 (4): 364-377.

[16] Mo Sig, J R, Gardiol F E. A dynamic radiation model for microstrip structures. Advances in Electronics and Electron Physics, 1982, 59: 139-234.

[17] Elliott R S. The Antenna Theory and Design. Englewood Gliffs, N J: Prentice Hall Inc, 1981: 301-302.

[18] Lo Y T, Solomon D, Richards W. Theory and experiment on microstrip antenna. IEEE Trans Antennas and Propagat, 1979, 27: 137-145.

[19] Garg R. Effect of tolerances on microstrip-patch antennas. IEEE Trans Microwave Theory and Tech, 1978, 26 (1): 16-19.

[20] Munson R. Conformal microstrip antenna and microstrip phased arrays. IEEE Trans Antennas and Propagat, 1974, 22: 74-78.

[21] Thong V K. Impedance properties of longitudinal slot antenna in the broad face of rectangulas waveguide. IEEE Trans Antennas and Propagat, 1973, 21: 106-114.

[22] Stevension R J. Theory of slots in rectangular waveguides. App J Phys, 1948, 19: 24-28.

第4章 微波技术与微波电路理论基础

4.1 概　　述

微波天线机电耦合多数采用从场出发、场路结合的思想来构建多场耦合模型，从而分析天线的辐射散射性能[1, 2]。这涉及天线端口性能、阻抗匹配、传输特性、参数测试与表征等方面的内容[3]。为此，下面介绍相关的微波技术基础知识，包括输入阻抗、反射系数、电压驻波比、回波损耗、二端口网络、S 参数及传输线等，并给出电路阻抗匹配设计中用到的重要工具——Smith 圆图。

4.2 微波技术基础

4.2.1 输入阻抗

传输线上任意一点 z 处复电压与复电流的比值定义为该点处的输入阻抗，记为 $U_0^+ \mathrm{e}^{-jbz}$，即

$$Z_{\mathrm{in}}(z) = \frac{U(z)}{I(z)} \tag{4-1}$$

则有耗传输线的输入阻抗为

$$Z_{\mathrm{in}}(z') = Z_0 \frac{Z_l + Z_0 \tanh(\gamma z')}{Z_0 + Z_l \tanh(\gamma z')} \tag{4-2}$$

对于无耗传输线，因 $\gamma = \alpha + \mathrm{j}\beta = \mathrm{j}\beta$，而 $\tanh \gamma z' = \mathrm{j}\tan \beta z'$，则输入阻抗为

$$Z_{\mathrm{in}}(z') = Z_0 \frac{Z_l + \mathrm{j}Z_c \tan \beta z'}{Z_0 + \mathrm{j}Z_l \tan \beta z'} \tag{4-3}$$

这表明，无耗传输线上观察点 z' 处的输入阻抗与观察点的位置、传输线的特性阻抗、负载阻抗和工作频率有关，且一般为复数。

4.2.2 反射系数

传输线上任意一点 z 的反射系数定义为：该点的反射波电压(或电流)和入射波电压或电流的比值，记为 $\Gamma_U(z)$ 或 $\Gamma_I(z)$，则

$$\Gamma_U(z) = \frac{U^-(z)}{U^+(z)} \qquad (4\text{-}4)$$

$$\Gamma_I(z) = \frac{I^-(z)}{I^+(z)} \qquad (4\text{-}5)$$

式中，$\Gamma_U(z)$ 称为电压反射系数；$\Gamma_I(z)$ 称为电流反射系数。可得 $\Gamma_I(z)$ 与 $\Gamma_U(z)$ 之间的关系为

$$\Gamma_I(z) = -\Gamma_U(z) \qquad (4\text{-}6)$$

如图 4.1 所示，假定 $z<0$ 处信号源产生的入射波为 $U_0^+\,\mathrm{e}^{-\mathrm{j}bz}$，可知这种行波的电压、电流之比为特性阻抗 Z_0（取 50Ω）。可得电压反射系数 $\Gamma_U(z)$ 为

$$\Gamma(z) = \frac{U_0^-\,\mathrm{e}^{\mathrm{j}\beta z}}{U_0^+\,\mathrm{e}^{-\mathrm{j}\beta z}} = \frac{Z_L - Z_0}{Z_L + Z_0}\,\mathrm{e}^{\mathrm{j}2\beta z} \qquad (4\text{-}7)$$

由式 (4-7) 可知，均匀无耗传输线上各处电压反射系数的模值相同，而相角不同。作为式 (4-7) 的特例，在 $z=0$ 处，即负载终端反射系数为

$$\Gamma(0) = \frac{U_0^-\,\mathrm{e}^{\mathrm{j}\beta z}}{U_0^+\,\mathrm{e}^{-\mathrm{j}\beta z}} = \frac{Z_L - Z_0}{Z_L + Z_0} = \Gamma_L \qquad (4\text{-}8)$$

则得负载阻抗与终端反射系数之间的关系为

$$Z_L = Z_0\frac{1+\Gamma}{1-\Gamma} \ \text{或}\ \Gamma_L = \frac{1+\Gamma}{1-\Gamma} \qquad (4\text{-}9)$$

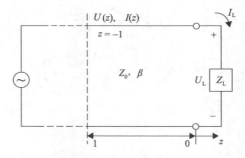

图 4.1　反射系数示意图

当 $Z_L = Z_0$ 时，$\Gamma_L = 0$，即负载端无反射，此时的负载称为匹配负载；当 $Z_L = 0$，即终端短路时，$\Gamma_L = -1$，负载端发生全反射；当 $Z_L = \infty$，即终端开路时，$\Gamma_L = 1$，负载端也发生全反射。而一般地，当 $Z_L \neq Z_0$ 时，从负载端产生一个向波源方向传输的反射波，负载端发生部分反射。而在微波与射频技术中，为分析方便，通常是将传输线看成无耗的[4, 5]。

4.2.3 电压驻波比

电压驻波比用 VSWR 表示，定义为传输线上电压最大值 V_{max} 与最小值 V_{min} 之比。因此有

$$\text{VSWR} = \frac{V_{max}}{V_{min}} = \frac{I_{max}}{I_{min}} = \frac{1 + |\varGamma_L|}{1 - |\varGamma_L|} \tag{4-10}$$

经过变换，可得

$$|\varGamma_L| = \frac{\text{VSWR} - 1}{\text{VSWR} + 1} \tag{4-11}$$

4.2.4 回波损耗

回波损耗用 RL 表示，定义为传输线上任一点入射功率与反射功率之比，以 dB 为单位表示为

$$\text{RL(dB)} = 10\lg\left(\frac{P_{in}}{P_{out}}\right) = 10\lg\left(\frac{1}{|\varGamma|^2}\right) = -20\lg|\varGamma| \tag{4-12}$$

4.2.5 二端口网络

二端口网络是最常见的信号传输系统，如图 4.2 所示。放大器、滤波器和匹配电路等均为二端口网络[6]。

图 4.2　二端口网络

1）Z 参数

Z 参数是用端口 1 的电流 i_1 和端口 2 的电流 i_2 来表示端口 1 的电压 v_1 和端口 2 的电压 v_2，其用矩阵表示为

$$\begin{bmatrix} v_1 \\ v_2 \end{bmatrix} = \begin{bmatrix} z_{11} & z_{12} \\ z_{21} & z_{22} \end{bmatrix} \begin{bmatrix} i_1 \\ i_2 \end{bmatrix} = \boldsymbol{Z} \begin{bmatrix} i_1 \\ i_2 \end{bmatrix} \tag{4-13}$$

式中，$z_{11} = \dfrac{v_1}{i_1}\bigg|_{i_2=0}$，$z_{12} = \dfrac{v_1}{i_2}\bigg|_{i_1=0}$，$z_{21} = \dfrac{v_2}{i_1}\bigg|_{i_2=0}$，$z_{22} = \dfrac{v_2}{i_2}\bigg|_{i_1=0}$。

2) Y 参数

Y 参数是用端口 1 的电压 v_1 和端口 2 的电压 v_2 来表示端口 1 的电流 i_1 和端口 2 的电流 i_2，其用矩阵表示为

$$\begin{bmatrix} i_1 \\ i_2 \end{bmatrix} = \begin{bmatrix} y_{11} & y_{12} \\ y_{21} & y_{22} \end{bmatrix} \begin{bmatrix} v_1 \\ v_2 \end{bmatrix} = \boldsymbol{Y} \begin{bmatrix} v_1 \\ v_2 \end{bmatrix} \tag{4-14}$$

式中，$y_{11} = \dfrac{i_1}{v_1}\bigg|_{v_2=0}$，$y_{12} = \dfrac{i_1}{v_2}\bigg|_{v_1=0}$，$y_{21} = \dfrac{i_2}{v_1}\bigg|_{v_2=0}$，$y_{22} = \dfrac{i_2}{v_2}\bigg|_{v_1=0}$。

3) H 参数

H 参数是用端口 1 的电流 i_1 和端口 2 的电压 v_2 来表示端口 1 的电压 v_1 和端口 2 的电流 i_2，其用矩阵表示为

$$\begin{bmatrix} v_1 \\ i_2 \end{bmatrix} = \begin{bmatrix} h_{11} & h_{12} \\ h_{21} & h_{22} \end{bmatrix} \begin{bmatrix} i_1 \\ v_2 \end{bmatrix} = \boldsymbol{H} \begin{bmatrix} i_1 \\ v_2 \end{bmatrix} \tag{4-15}$$

式中，$h_{11} = \dfrac{v_1}{i_1}\bigg|_{v_2=0}$，$h_{12} = \dfrac{v_1}{v_2}\bigg|_{i_1=0}$，$h_{21} = \dfrac{i_2}{i_1}\bigg|_{v_2=0}$，$h_{22} = \dfrac{i_2}{v_2}\bigg|_{i_1=0}$。

4) $ABCD$ 参数

$ABCD$ 参数是用端口 2 的电压 v_2 和端口 2 的反电流 i_2 来表示端口 1 的电压 v_1 和端口 1 的电流 i_1，其用矩阵表示为

$$\begin{bmatrix} v_1 \\ i_1 \end{bmatrix} = \begin{bmatrix} A & B \\ C & D \end{bmatrix} \begin{bmatrix} v_2 \\ -i_2 \end{bmatrix}$$

式中，$A = \dfrac{v_1}{v_1}\bigg|_{i_2=0}$，$B = \dfrac{v_1}{i_2}\bigg|_{v_2=0}$，$C = \dfrac{i_1}{v_2}\bigg|_{i_2=0}$，$D = -\dfrac{i_1}{i_2}\bigg|_{v_2=0}$。

5) Z、Y 和级联参数的应用

Z、Y 和级联参数可分别用于不同形式的网络连接中，如图 4.3 所示，以方便网络参数的计算。对于图 4.3(a)所示的由两个网络构成的串联网络，网络的 Z 参数等于两个网络 Z 参数的和；对于图 4.3(b)所示的由两个网络构成的并联网络，网络的 Y 参数等于两个网络的 Y 参数的和；对于图 4.3(c)所示的由两个网络构成的级联网络，网络的级联参数等于两个网络的级联参数的积[7]。

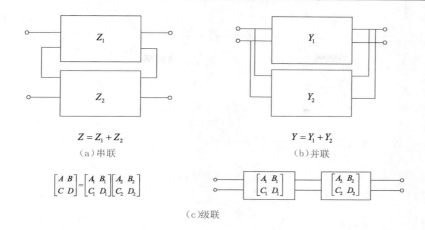

（a）串联　　　　　　　　　　　　　（b）并联

$$Z = Z_1 + Z_2 \qquad\qquad Y = Y_1 + Y_2$$

$$\begin{bmatrix} A & B \\ C & D \end{bmatrix} = \begin{bmatrix} A_1 & B_1 \\ C_1 & D_1 \end{bmatrix}\begin{bmatrix} A_2 & B_2 \\ C_2 & D_2 \end{bmatrix}$$

（c）级联

图 4.3　Z、Y 和级联参数的应用

上述网络在高频测量时会遇到一系列问题。原因是这些二端口参数必须在某个端口开路或短路的条件下，通过测量端口电压电流的方法获得。但是当信号频率很高时，基于电压和电流的测量方法难以应用，因此人们提出了散射参数（scattering parameter），即 S 参数的概念[8]。

4.2.6　S 参数（散射参数）

将传输线的入射电压波和反射电压波对特征阻抗 Z_0 的平方根归一化，定义入射波 a 和反射波 b 如下：

$$a = \frac{V^+}{\sqrt{Z_0}}, \quad b = \frac{V^-}{\sqrt{Z_0}} \tag{4-16}$$

显然，a 和 b 的平方即为入射波和反射波的功率。则反射系数定义为反射电压波和入射电压波的比值，表示为

$$\Gamma = \frac{V^-}{V^+} = \frac{b}{a} \tag{4-17}$$

二端口网络 S 参数模型如图 4.4 所示，其中 a_1 和 b_1 表示端口 1 的入射波和反射波，a_2 和 b_2 表示端口 2 的入射波和反射波[9]。用端口 1 和端口 2 的入射波来表示端口 1 和端口 2 的反射波，可以得到方程

$$\begin{cases} b_1 = S_{11}a_1 + S_{12}a_2 \\ b_2 = S_{21}a_1 + S_{22}a_2 \end{cases} \text{或} \begin{bmatrix} b_1 \\ b_2 \end{bmatrix} = \begin{bmatrix} S_{11} & S_{12} \\ S_{21} & S_{22} \end{bmatrix}\begin{bmatrix} a_1 \\ a_2 \end{bmatrix} \tag{4-18}$$

式中，参数 S_{11}、S_{12}、S_{21}、S_{22} 代表反射系数和传输系数，称为二端口网络的散射系数（S 参数）。

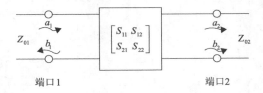

图 4.4 二端口网络 S 参数模型

根据 S 参数方程，S 参数可以表示如下：

$S_{11} = \dfrac{b_1}{a_1}\bigg|_{a_2=0} = \varGamma_{\text{in}}\big|_{a_2=0}$，表示端口 2 匹配时端口 1 的反射系数；

$S_{22} = \dfrac{b_2}{a_2}\bigg|_{a_1=0} = \varGamma_{\text{out}}\big|_{a_1=0}$，表示端口 1 匹配时端口 2 的反射系数；

$S_{12} = \dfrac{b_1}{a_2}\bigg|_{a_1=0}$，表示二端口网络的反向增益；

$S_{21} = \dfrac{b_2}{a_1}\bigg|_{a_2=0}$，表示二端口网络的前向增益。

因此，在测量 S 参数时需要令 a_1 或 a_2 为 0，这可以通过在端口接匹配负载实现。另外，S 参数是随频率变化的，当频率改变时，它的值需要重新测量[10]。

4.2.7 二端口参数的关系

二端口参数之间的相互转换公式列于表 4.1 中。

表 4.1 二端口参数转换公式

	S 参数	Z 参数	Y 参数	$ABCD$ 参数
S_{11}	S_{11}	$\dfrac{(Z_{11}-Z_0)(Z_{22}+Z_0)-Z_{12}Z_{21}}{\Delta Z}$	$\dfrac{(Y_0-Y_{11})(Y_0+Y_{22})+Y_{12}Y_{21}}{\Delta Y}$	$\dfrac{A+B/Z_0-CZ_0-D}{A+B/Z_0+CZ_0+D}$
S_{12}	S_{12}	$\dfrac{2Z_{12}Z_0}{\Delta Z}$	$\dfrac{-2Y_{12}Y_0}{\Delta Y}$	$\dfrac{2(AD-BC)}{A+B/Z_0+CZ_0+D}$
S_{21}	S_{21}	$\dfrac{2Z_{21}Z_0}{\Delta Z}$	$\dfrac{-2Y_{21}Y_0}{\Delta Y}$	$\dfrac{2}{A+B/Z_0+CZ_0+D}$
S_{22}	S_{22}	$\dfrac{(Z_{11}+Z_0)(Z_{22}-Z_0)-Z_{12}Z_{21}}{\Delta Z}$	$\dfrac{(Y_0-Y_{11})(Y_0+Y_{22})+Y_{12}Y_{21}}{\Delta Y}$	$\dfrac{-A+B/Z_0-CZ_0+D}{A+B/Z_0+CZ_0+D}$
Z_{11}	$Z_0\dfrac{(1+S_{11})(1-S_{22})+S_{12}S_{21}}{(1-S_{11})(1-S_{22})-S_{12}S_{21}}$	Z_{11}	$\dfrac{Y_{22}}{|Y|}$	$\dfrac{A}{C}$
Z_{12}	$Z_0\dfrac{2S_{12}}{(1-S_{11})(1-S_{22})-S_{12}S_{21}}$	Z_{12}	$\dfrac{-Y_{12}}{|Y|}$	$\dfrac{AD-BC}{C}$

	S 参数	Z 参数	Y 参数	$ABCD$ 参数
Z_{21}	$Z_0 \dfrac{2S_{12}}{(1-S_{11})(1-S_{22})-S_{12}S_{21}}$	Z_{21}	$\dfrac{-Y_{21}}{\lvert Y \rvert}$	$\dfrac{1}{C}$
Z_{22}	$Z_0 \dfrac{(1-S_{11})(1+S_{22})+S_{12}S_{21}}{(1-S_{11})(1-S_{22})-S_{12}S_{21}}$	Z_{22}	$\dfrac{Y_{11}}{\lvert Y \rvert}$	$\dfrac{D}{C}$
Y_{11}	$Y_0 \dfrac{(1-S_{11})(1+S_{22})+S_{12}S_{21}}{(1+S_{11})(1+S_{22})-S_{12}S_{21}}$	$\dfrac{Z_{22}}{\lvert Z \rvert}$	Y_{11}	$\dfrac{D}{B}$
Y_{12}	$Y_0 \dfrac{-2S_{12}}{(1+S_{11})(1+S_{22})-S_{12}S_{21}}$	$\dfrac{-Z_{12}}{\lvert Z \rvert}$	Y_{12}	$\dfrac{BC-AD}{B}$
Y_{21}	$Y_0 \dfrac{-2S_{21}}{(1+S_{11})(1+S_{22})-S_{12}S_{21}}$	$\dfrac{-Z_{21}}{\lvert Z \rvert}$	Y_{21}	$\dfrac{-1}{B}$
Y_{22}	$Y_0 \dfrac{(1+S_{11})(1-S_{22})+S_{12}S_{21}}{(1+S_{11})(1+S_{22})-S_{12}S_{21}}$	$\dfrac{Z_{11}}{\lvert Z \rvert}$	Y_{22}	$\dfrac{A}{B}$
A	$\dfrac{(1+S_{11})(1-S_{22})+S_{12}S_{21}}{2S_{21}}$	$\dfrac{Z_{11}}{Z_{21}}$	$\dfrac{-Y_{22}}{Y_{21}}$	A
B	$Z_0 \dfrac{(1+S_{11})(1+S_{22})-S_{12}S_{21}}{2S_{21}}$	$\dfrac{\lvert Z \rvert}{Z_{21}}$	$\dfrac{-1}{Y_{21}}$	B
C	$\dfrac{1}{Z_0} \dfrac{(1-S_{11})(1-S_{22})-S_{12}S_{21}}{2S_{21}}$	$\dfrac{1}{Z_{21}}$	$\dfrac{-\lvert Y \rvert}{Y_{21}}$	C
D	$\dfrac{(1-S_{11})(1+S_{22})+S_{12}S_{21}}{2S_{21}}$	$\dfrac{Z_{22}}{Z_{21}}$	$\dfrac{-Y_{11}}{Y_{21}}$	D

$\lvert Z \rvert = Z_{11}Z_{22} - Z_{12}Z_{21}$，$\lvert Y \rvert = Y_{11}Y_{22} - Y_{12}Y_{21}$，$\Delta Y = (Y_{11}+Y_0)(Y_{22}+Y_0) - Y_{12}Y_{21}$，$\Delta Z = (Z_{11}+Z_0)(Z_{22}+Z_0) - Z_{12}Z_{21}$，$Y_0 = 1/Z_0$

表 4.2 总结了上述微波电路参数的特点与区别。

表 4.2　微波电路参数的特点与区别

参数	终端反射系数（Γ_L）	电压驻波比（VSWR）	单端口散射系数（S_{11}）	回波损耗（RL）	插入损耗（insertion loss）	正向传输系数（S_{21}）
定义	反射电压与入射电压之比	产生的反射波和入射波在馈线上叠加形成的磁波，其相邻电压的最大值和最小值之比是电压驻波比	端口 2 匹配时，端口 1 的反射系数；S 参数由两个复数之比定义，它包含有关信号的幅度和相位的信息	入射功率的一部分被反射回信号源	元件或器件插入前负载上所接收到的功率与插入后同一负载上所接收到的功率以分贝为单位的比值	端口 2 匹配时，端口 1 到端口 2 的正向传输系数

续表

参数	终端反射系数（Γ_{L}）	电压驻波比（VSWR）	单端口散射系数（S_{11}）	回波损耗（RL）	插入损耗（insertion loss）	正向传输系数（S_{21}）
表达式	$\dfrac{Z_{\text{L}} - Z_0}{Z_{\text{L}} + Z_0}$	$\dfrac{1 + \lvert\Gamma_{\text{L}}\rvert}{1 - \lvert\Gamma_{\text{L}}\rvert}$	$20\lg(\Gamma)$	$-S_{11}$	$10\lg\dfrac{P_{\text{前}}}{P_{\text{后}}}$	$20\lg\dfrac{U_{\text{出}}}{U_{\text{入}}}$
取值范围	$\lvert\Gamma_{\text{L}}\rvert \leq 1$	$(1, \infty)$	负	正	正	负
衡量准则	越接近零,说明阻抗匹配越好。反射系数是复数,不是标量。在计算驻波比时用到的反射系数,需要加绝对值符号	越接近 1 说明传输效果好。表示馈电线与负载的失配程度	值为负,且取值越小,说明匹配越好反射越小。S_{11} 表示回波损耗,也就是有多少能量被反射回源端了,这个值越小越好,一般建议 S_{11} <0.1,即−20dB	值为正,取值越大说明匹配越好,反射越小	通常用在滤波器中,代表滤波器插入前后,负载接收功率之比,值为正,且越小说明损失越小	指馈电通道的插入损耗,值为负,且取值越大,说明能量传输损失越小。理想值为0dB

4.3　微波传输线

传输线由信号线和地线构成,主要作用是传输电磁波能量和信号。电磁波将沿信号线并被限制在信号线和地线之间传输。传输线上不同点的信号(电压和电流)不一定相同,这与信号波长有关[11]。当电路的几何尺寸远小于波长时,电磁波沿电路传播时间近似为零,可以忽略。此时电路可以按集总电路处理,传输线近似为短路线。当电路的几何尺寸可与波长相比拟时,传输线上的电压和电流不再保持不变,而随着位置的改变而改变,电磁波沿电路的传播时间已不能被忽略,此时电路应按分布电路处理。所以,微波传输线是一种分布参数电路[12, 13]。

常见的传输线类型有平行双线、同轴线、微带线和波导等[14],如图 4.5 所示。

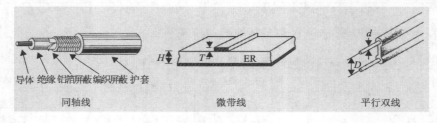

图 4.5　典型的传输线

同轴线是内导体位于轴心,外导体套在外层,呈现同心轴的结构[15]。同样由于高频段时内导体损耗增大,传输的功率容量降低,使同轴线只适用于厘米波段。

微带线及电路具有体积小、质量轻、成本低、频带宽、工作可靠等优点,但损耗较大、功率容量小，主要用于小功率、厘米波段的微波集成电路中。

平行双线只适于微波的低频段，即米波和分米波，这是因为频率升高，电磁波长达到和两根导线间的距离相当或更小，能量极易通过导线向空间辐射，导致损耗加大[11]。

波导具有截止频率，波导的横截面积与波长密切相关。低频段时波导必然又大又重，且难以加工，所以波导广泛应用于厘米、毫米波段[16, 17]。

集肤效应（skin effect）又称趋肤效应，是指导体中有交流电或者交变电磁场时，导体内部的电流分布不均匀的一种现象。随着与导体表面的距离逐渐增加，导体内的电流密度呈指数递减，即导体内的电流会集中在导体的表面[18]。简言之就是电流集中在导体的"皮肤"部分，所以称为集肤效应。产生这种效应的原因主要是变化的电磁场在导体内部产生了涡旋电场，与原来的电流相抵消。令衰减常数 $a_k = \sqrt{\dfrac{\omega\mu\sigma}{2}}$，则当 $a_k z = 1$ 时，场强衰减至原来的 $\dfrac{1}{e}$，这时电磁波的透入深度为趋肤深度：

$$\delta = \frac{1}{a_k}\sqrt{\frac{2}{\omega\mu\sigma}} \tag{4-19}$$

4.4 Smith 圆图

Smith 圆图是解决传输线设计、阻抗匹配等问题极为有用的图形工具，表示在反射系数 Γ 平面上[19]。通过 Smith 圆图不仅可以找出最大功率传输的匹配网络，还能帮助设计者优化噪声系数，确定品质因数的影响以及进行稳定性分析。

设 $z = r + jx$，$\Gamma = \Gamma_r + j\Gamma_i$，可得

$$\left(\Gamma_r - \frac{r}{1+r}\right)^2 + \Gamma_i^2 = \left(\frac{1}{1+r}\right)^2 \tag{4-20}$$

$$(\Gamma_r - 1)^2 + \left(\Gamma_i - \frac{1}{x}\right)^2 = \left(\frac{1}{x}\right)^2 \tag{4-21}$$

式（4-20）和式（4-21）分别对应反射系数平面 (Γ_r, Γ_i) 上的两组圆，分别称为电阻圆和电抗圆。

由式（4-20）得电阻圆的圆心坐标为 $\left(\dfrac{r}{1+r}, 0\right)$，半径为 $\dfrac{1}{1+r}$。对于不同的 r 可以在反射系数平面上画出相应的电阻圆，如图 4.6（a）所示。

由式（4-21）得电抗圆的圆心坐标为 $\left(1, \dfrac{1}{x}\right)$，半径为 $\left|\dfrac{1}{x}\right|$。对于不同的 x 可以在

反射系数平面上画出相应的电抗圆[20]，如图 4.6(b) 所示。

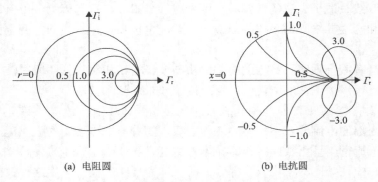

(a) 电阻圆　　　　　　　　　　　　　(b) 电抗圆

图 4.6　反射系数平面上的电阻圆和电抗圆

在反射系数平面上将电阻圆和电抗圆合并在一起即成为 Smith 阻抗圆图[21]，如图 4.7 所示。

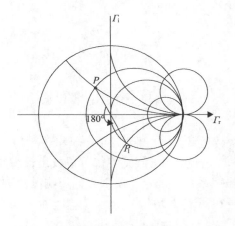

图 4.7　Smith 阻抗圆图

阻抗圆图的上半部分 x 为正数，表示感性；阻抗圆图的下半部分 x 为负数，表示容性。例如，归一化阻抗为 $z=0.2-j0.2$，表示电抗为容性，若归一化的参考电阻为 $Z_0=50\Omega$，则得实际阻抗 $Z_0 \cdot z = (10 - j10)\Omega$。

阻抗圆图上的任何一点 P 对应着一个反射系数 Γ 和一个归一化阻抗 z，满足关系式 $z = \dfrac{1+\Gamma}{1-\Gamma}$。若将 P 点绕着反射系数平面原点旋转 $180°$ 所得到的点记为 P_1 点，则该点的反射系数 Γ_1 和归一化阻抗 Z_1 分别为

$$\Gamma_1 = \Gamma\, e^{j\pi} \tag{4-22}$$

$$z = \frac{1+\Gamma_1}{1-\Gamma_1} = \frac{1+\Gamma e^{j\pi}}{1-\Gamma e^{j\pi}} = \frac{1+\Gamma}{1-\Gamma} = \frac{1}{z} = y \tag{4-23}$$

　　上述结果表明，P_1 点的阻抗等于原阻抗 Z 的导纳[22]。因此，阻抗到导纳的转换，等效为将该阻抗点在反射系数平面上旋转 180°，旋转后的点为导纳点，即导纳点是阻抗点关于原点的对称点。

　　Smith 圆图的另一个重要用途是传输线的阻抗变换[23]。终端接负载阻抗 Z_L、特征阻抗为 Z_0 的无损耗传输线，由传输线理论得其归一化输入阻抗为

$$z_{in} = \frac{1 + \Gamma\, e^{-2j\beta l}}{1 - \Gamma\, e^{-2j\beta l}}$$

式中，l 为传输线的长度；$\beta = \dfrac{2\pi}{\lambda}$，$\lambda$ 为波长；Γ 为 Z_L 端的反射系数。

参 考 文 献

[1] 王肖莹.单片集成射频微波功率放大器及开关的设计研究. 杭州: 浙江大学博士学位论文, 2012.

[2] 林为干. 微波理论与技术. 北京: 科学出版社, 1979.

[3] 段宝岩,王从思.电子装备机电耦合理论、方法及应用. 北京: 科学出版社, 2011.

[4] 傅文斌. 微波技术与天线. 北京: 机械工业出版社, 2007.

[5] 陈邦媛. 射频通信电路. 北京: 科学出版社, 2002.

[6] 梁昌洪, 谢拥军, 关伯然.简明微波. 北京: 高等教育出版社, 2006.

[7] 赵克玉, 许福永. 微波原理与技术. 北京: 高等教育出版社, 2006.

[8] 李宗谦,佘京兆, 高葆新.微波工程基础. 北京: 清华大学出版社, 2004.

[9] 约翰·克劳斯. 天线. 3 版. 章文勋, 译. 北京: 电子工业出版社, 2004.

[10] Kong J A. 电磁波理论. 吴季, 等, 译. 北京: 电子工业出版社, 2003.

[11] Bertoni H L. Radio Propagation for Modern Wireless Systems. Beijing: Publishing House of Electronics Industry, 2002.

[12] Howe Jr H. Stripline Circuit Design. Dedham, Mass: Artech House, 1974.

[13] Desor C.A, Kuh E S. Basic Circuit Theory.Tokyo: McGraw-Hill, 1969.

[14] Ludwig R, Bretchko P. RF Circuit Design theory and Application. New Jersey: Prentice Hall, 2000.

[15] Pozar D. Microwave Engineering. New Jersey: John Wiley & Sons, 1998.

[16] Dorf R C.Electrical Engineering Handbook. Boca Raton, FL: CRC Press, 1993.

[17] Elliott R S.Waveguide Handbook. New York: McGraw-Hill Book Co, 1951.

[18] Moore T M, Mckenna R G. Characterization of Integrated Circuit Packaging Materials. Boston: Butterworth-Heinemann, 1993.

[19] Pozar D M. Microwave Engineering. New Jersey: Addison-Wesley Publishing Company Inc, 1990.

[20] 廖承恩. 微波理论和技术基础. 西安: 西安电子科技大学出版社, 1990.

[21] Chang K. Handbook of Microwave and Optical Components. New Jersey: John Wiley & Sons, 1987.

[22] 阮家善. 微波原理. 北京: 高等教育出版社, 1985.

[23] Brown W C. The history of power transmission by radio waves. IEEE Transactions on Microwave Theory and Techniques,1984: 1230-1242.

第 5 章　天线散热设计与测试方法

5.1　概　　述

任何微波天线均在一定的环境条件下存储或工作，其中气候因素中的温度对微波天线的影响尤为重要。高、低温及温度循环对大多数电子元器件产生严重的影响，会导致电子元器件失效，进而使整个设备失效。这一点在大功率雷达发射机上的表现最为突出。据统计，电子设备的失效有 55%是由温度超过电子元器件的规定值而引起的，电子器件工作的可靠性对温度十分敏感。随着温度的升高，电子设备的失效率呈指数增长。温度循环变化超过规定值时，会大大降低元器件的寿命和可靠性，此时失效率可以增加到 8 倍[1, 2]。

随着电子元器件的小型化、微小型化，集成电路的高集成化和微组装等，元器件、组件的热流密度不断提高，热设计也正面临着严峻的挑战[3]。现代微波天线热设计的任务就是以传热学和流体力学为基础，结合微波天线的具体结构，辅以先进的软件仿真研究和热测试手段，通过选择合适的冷却形式(风冷、液冷或者其他冷却形式)，为微波天线创造出一个良好的工作环境，确保发热元器件、整机或者系统在允许的温度下能够稳定可靠的工作[4, 5]。

5.2　散热设计的关键技术

5.2.1　散热设计原则

热设计的基本任务就是设计出适合微波天线需求的冷却系统，在热源至最终散热环境之间提供一条低热阻通道，把热量迅速传递出去，以便满足微波天线可靠性的要求。为了保证天线的可靠性，热设计一直作为天线整个设计过程中的重要步骤。在进行天线热设计时，应结合天线本身的实际情况，从以下几个方面加以考虑。

(1)冷却系统具有良好的冷却功能,保证天线内需要进行热控设计的电子元器件能够在规定环境(尤其是高温环境)中正常工作。

(2)冷却系统本身需要具备高可靠性,甚至冷却系统还应考虑在某些部分遇到破坏或不工作的情况下, 应具有继续工作的能力。

(3)冷却系统本身应具有良好的环境适应性,冷却系统的冷却能力在设计中必须有一定的裕量，以适应工程上的变化和长期使用后由于积灰、污垢引起的流体阻力的增加而造成的散热能的下降等情况。

(4)冷却系统应具有良好的维修性，操作、维护方便。

(5)冷却系统应具有良好的安全设计，冷却系统在加强电器安全设计的同时应考虑转动部件及冷却介质等对操作人员无危害。此外，冷却介质与接触的元器件表面必须相容。

(6)设计出来的冷却系统必须具有良好的性价比。成本核算包括初次的投资成本、日常运行及长期维护的费用[6-8]。

5.2.2　冷却方式的选择

微波天线的冷却方式主要是根据电子元器件、微波天线的发热密度(即单位面积耗散功率)数值来选择的。其次是根据元器件的工作状态(直流工作状态还是脉冲工作状态，以及脉冲工作状态时的占空比)、设备复杂性、空间或功耗大小、环境条件(气温、海拔等)及经济性。综合考虑各方面的因素，使其既能满足热设计的要求，又能达到电气性能指标，所用的代价最小，结构紧凑，工作可靠。目前广泛使用的冷却方式有以下几种，下面分别简述。

1)自然冷却

这种冷却是导热、自然对流和辐射单独作用或两种以上换热形式的组合。其优点是成本低、可靠性高。它不需要任何辅助设备，只需要合理的设计或选择必要的散热器和一些强化自然冷却的措施。因此，自然冷却是最简单的。

2)强迫风冷

强迫风冷与自然冷却相比较为复杂。它可分为开式强迫风冷和闭式循环强迫风冷。开式强迫风冷主要增加了通风机、通风管道、滤尘器和保护作用的风压开关等装置，常用于中小功率电子设备、干旱缺水地区。对于耗散功率大于 20kW的电子设备，或在发热密度和环境温度高的场合，则不宜采用，因为过大风量、风压会产生令人难以忍受的噪声。并且开式强迫风冷"三防"能力差。闭式循环强迫风冷除了具有开式强迫风冷的设备外，还增加了具有制冷散热功能的冷却风柜。因此，闭式循环既保证了空气的清洁，又能保证合适的供风温度和湿度，常用于高温、高湿和盐雾场合的微波天线。

3)液体冷却

液体冷却可分为直接浸没冷却和直接强迫液冷。例如，变压器、电感等高发热密度的元器件常采用浸没冷却，而对功率电子管、微波固态功放组件等常采用强迫液冷方式。液体冷却有比较高的冷却效率，比较适合于高温环境条件、发热密度较高的电子元器件或部件。它的结构比风冷结构复杂，冷却系统中需要有水泵、膨胀箱、热交换器、流量分配管网等，并且需要相应的控制保护，同时必须考虑冷却液的防冻、金属的防腐等技术问题。

　　4）其他冷却形式

　　对于发热密度很高的电子元器件，当常规的冷却形式无法满足要求时，可以采用诸如蒸发冷却、热管、射流甚至热电制冷等方式进行冷却。随着技术的不断发展，很多高发热密度的电子设备(如某些大功率速调管、大规模集成计算机、微波集成功率组件、某些机载电子设备等)采用热管、沸腾蒸发、微通道冷却或者喷射冷却方式进行热控设计[9]。1990 年，美国 ASME 就有对大规模集成块阵列采用 FC-72 喷射技术进行冷却的工程实例的报道。

5.3　热测试方法

5.3.1　热测试基础

　　微波天线中的热测试主要是指对温度、压力、流量、流速等热工参数进行的测量。准确、可靠的热测试技术是进行科学、合理的热设计的保证。测量的基本组成框图如图 5.1 所示。

图 5.1　测量的基本组成框图

　　由于测量的具体要求、具体工况、使用环境和其他条件等的不同，各种测量系统的构成会有很大差别，但归根结底都包含以上基本环节。在进行测量时，应明确测量精度、测量范围、测量环境等要求，对测量仪表进行合理选型，合理安装，正确调试、维护和校准。

5.3.2　温度测试

　　温度计可根据传感器是否与被测介质接触分为接触式和非接触式两类。测量时，检测部分直接与被测介质相接触的为接触式温度计，检测部分不与被测介质直接接触的为非接触式温度计[10]。非接触式温度计可用于运动物体的温度测试及不能直接测温的高温场合。常用的光学高温计、辐射温度计和比色温度计，都是利用物体发射的热辐射能随温度变化的原理制成的辐射式温度计。对于常见的温度范围，则适合使用接触式温度计，主要有膨胀式、压力表式、热电阻式、热电耦式等多种[11]。

5.3.3　压力测试

压力也是热设计过程中冷却系统的重要参数之一。在一定的条件下，测试压力还可间接得出温度、流量和液位等参数。压力计可以指示、记录压力值，并可附加报警或控制装置。在压力测试中，测试参数有表压力、绝对压力、负压(习惯上称真空)和差压之分，工程技术上所测试的多为表压力。

5.3.4　流量测试

流量是指单位时间内流经管道有效截面的流体数量。流体数量用体积表示时称为体积流量，此时一定要知道流体的压力和温度参数才能完全确定。流体数量用质量表示时称为质量流量。流量可利用各种物理现象来间接测试，所以流量计种类繁多。各种类型的流量测试原理、结构不同，既有独特之处又存在局限性。为达到较好的测试效果，需要针对不同的测试领域、不同的测试介质、不同的工作范围，选择不同种类、不同型号的流量计。

5.3.5　流速测试

常用的流速仪表有直接测试流速的热电风速仪，以及间接测试风速的毕托管仪表。热电风速仪中最常用的是热球风速仪，它由热球式传感器和测试仪表两部分组成。热电风速仪反应灵敏，使用方便，但它的探头是在变温变阻状态下工作的，容易老化，性能不稳定，而且在热交换时探头的热惯性对测试也有一定的影响。在使用毕托管测试流速时，应注意：①流速较低时，二次仪表很难准确指示测试的动压值，因此一般不宜测试小于 3m/s 的流速；②毕托管直径与被测管道内径之比不超过 0.02，最大不超过 0.04，管道内壁相对粗糙度不大于 0.01，管道内径一般应大于 100mm；③尽量使总压孔轴线与流体流动方向保持一致，以免产生压差的测试误差；④防止气流中颗粒物质堵塞静压孔。

5.4　天线冷板设计方法

冷板是一种单流体(气体、水或其他冷却剂)的热交换器。由于冷板具有一组扩展表面的结构、较小当量直径的冷却通道和有利于增强对流换热的肋表面几何形状等特点，其换热系数较高。一般空气冷却式冷板的热流密度为 $15.5 \times 10^3 \text{W/m}^2$，而液冷式冷板的热流密度可达 $45 \times 10^3 \text{W/m}^2$。冷板可以有效地冷却功率器件、印制板组装件及电子机箱所耗散的热量。因此，冷板在天线热控制技术中的应用得到了广泛的重视[12-13]。

5.4.1 冷板的结构类型

冷板根据其冷却介质的不同，分为气冷式冷板、液冷式冷板、储热式冷板和热管式冷板四类。气冷式冷板以空气为介质，液冷式冷板以液体(水或其他冷却剂)为介质，储热式冷板的冷却剂在相变过程中吸收仍熔解热，热管冷板采取热管与冷板相结合的方式。冷板的选用可根据设备与元件的热流密度、热源分布、许用温度、压降及工作环境而定。

1)气冷式冷板

气冷式冷板结构如图 5.2 所示，它由上下盖板、左右封条和肋片组成。其中，肋片是冷板的主要零件，肋片的几何参数如下：厚度为 0.2～0.6mm，肋间距为 0.5～5.0mm，肋高为 2.5～20mm，其材料为导热系数较大的铝或铜。肋片的结构形式有平直形、锯齿形和多孔形等[14]，如图 5.3 所示。表 5.1 与表 5.2 为几种国内外的肋片结构参数。

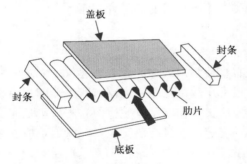

图 5.2　气冷式冷板结构

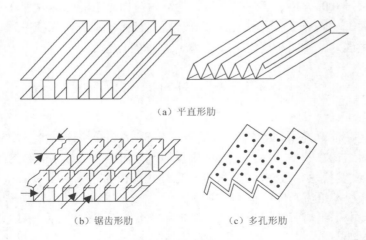

（a）平直形肋

（b）锯齿形肋　　　　　　（c）多孔形肋

图 5.3　肋片结构形式

表 5.1　国内部分肋片的结构参数

形式	肋高 l/mm	肋厚 δ_f/mm	肋距 b/mm	单位宽度通道截面积 S_2/(m²/m)	单位面积通道截面积 S_1/(m²/m²)	当量直径 d_c/mm	肋面积与传热面积比 A_f/A	单位面积肋片的质量 /(kg/m²)
平直形	4.7	0.3	2	$3.74×10^{-3}$	6.1	2.45	0.722	2.498
	6.5	0.2	1.4	$5.4×10^{-3}$	10.714	2.02	—	2.93
	6.5	0.3	2.0	$5.27×10^{-3}$	7.9	2.67	0.785	3.24
	9.5	0.6	2.0	$8.37×10^{-3}$	11.10	3.02	—	3.03
	9.5	0.6	4.2	$7.63×10^{-3}$	5.952	5.13	—	4.88
锯齿形	4.7	0.3	2.0	$3.74×10^{-3}$	6.1	2.45	0.722	2.50
	6.5	0.2	1.4	$5.4×10^{-3}$	10.714	2.02	0.833	2.93
	9.5	0.2	1.4	$7.97×10^{-3}$	15.0	2.13	0.885	4.10
	9.5	0.2	1.7	$8.21×10^{-3}$	12.706	2.58	0.861	3.47
多孔形	4.7	0.3	2.0	$3.47×10^{-3}$	6.10	2.45	0.65	2.50
	6.5	0.2	1.4	$5.4×10^{-3}$	10.714	2.02	0.833	2.93
	6.5	0.2	1.7	$5.56×10^{-3}$	9.176	2.42	0.800	2.51
	6.5	0.3	0.2	$5.27×10^{-3}$	7.9	2.67	0.766	3.24

表 5.2　国外部分肋片的结构参数

形式	肋高 l/mm	肋厚 δ_f/mm	肋距 b/mm	单位宽度通道截面积 S_2/(m²/m)	单位面积通道截面积 S_1/(m²/m²)	当量直径 d_c/mm	肋面积与传热面积比 A_f/A	用途
平直形	9.5	0.2	1.4	$7.97×10^{-3}$	15.0	2.12	0.885	气
	9.5	0.2	1.7	$8.21×10^{-3}$	12.7	2.58	0.861	
	9.5	0.2	2.0	$8.37×10^{-3}$	11.1	3.016	0.838	
	6.5	0.3	2.0	$5.24×10^{-3}$	7.9	2.688	0.785	液、蒸发
	4.7	0.3	2.0	$3.74×10^{-3}$	6.1	2.45	0.722	液
锯齿形	9.5	0.2	1.4	$7.97×10^{-3}$	15.0	2.12	0.885	气
	9.5	0.2	1.7	$8.21×10^{-3}$	12.7	2.58	0.861	
	4.7	0.3	2.0	$3.74×10^{-3}$	6.1	2.45	0.722	液
多孔形	6.5	0.3	2.0	$5.27×10^{-3}$	7.28	2.668	0.766	液、蒸发
	6.5	0.2	1.4	$5.4×10^{-3}$	10.26	2.016	0.833	
	6.5	0.2	1.7	$5.56×10^{-3}$	8.806	2.42	0.800	
	4.7	0.3	2.0	$3.74×10^{-3}$	5.1	2.45	0.647	

续表

形式	肋高 l/mm	肋厚 δ_{f}/mm	肋距 b/mm	单位宽度通道截面积 S_2/(m²/m)	单位面积通道截面积 S_1/(m²/m²)	当量直径 d_{c}/mm	肋面积与传热面积比 A_{f}/A	用途
备注								

$$S_2=\frac{(b-\delta_{\mathrm{f}})(l-\delta_{\mathrm{f}})B}{b};\ S_1=\frac{2(x+y)BL}{b};\ d=\frac{4xy}{2(x+y)}$$

在对肋片的几何参数进行选择时，应考虑的因素如下。①根据冷板的工作环境条件(湿度、气压、温度和污染度等)，选择肋片的形状、肋间距、肋高和肋厚。②冷板的工作压力一般应低于 2MPa。③当换热系数大时，选厚而高度低的肋片；反之，则选高而薄的肋片，可增大热换面积。④当冷板表面与环境之间的温差较大时，宜选用平直形肋片(如三角肋、矩形肋)；温差小时，则选用锯齿形肋。

冷板的盖板及多层冷板用的隔板材料一般用铝板(如 LT3Y2)，采用真空焊接工艺，将肋片、封条固定，组成冷板的通道[15]。盖板、底板的厚度一般为 5～6mm，隔板的厚度为 1～2mm。

2) 液冷式冷板

液冷式冷板的典型结构如图 5.4 所示。液冷式冷板的基材，通常选用导热性能好的铜、铝等板材。板的厚度可根据空间尺寸条件而定。液体冷却剂流道的孔形，一般可选用圆形、方形[16, 17]。其当量直径可根据冷却剂的流量来确定。

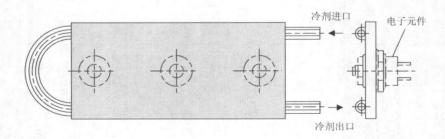

图 5.4　液冷式冷板结构

液冷式冷板常用冷却剂的物理性质如表 5.3 所示。

表 5.3　常用冷却剂的物理性质

名称	冰点 /℃	沸点 /℃	密度 ρ/(kg/m^3)	比热容 C_p/[kJ/(kg·K)]	导热系数 λ/[W/(m·K)]	汽化热 r/(kJ/kg)	动力黏度 $\mu \times 10^5$/(Pa·s)
水	0	100	999	4.102	0.602	2454	100.15
甲醇	−97.8	64.8	790	2.495	0.20	1150	55.0
乙醇	−114.5	78.3	800	2.395	0.179	1030	119.8
防冻水	−65	75	934	—	—	1658	—
氟利昂	−111	23.7	1490	0.546	0.09	183.2	44.0
丙酮	−94.15	56.7	790	2.160	0.163	554	33.5

3) 储热式冷板

储热式冷板用相变材料,一般应保证其发生相变的温度大于冷板的初始温度,熔解温度应小于冷板的许用温度。表 5.4 为微波天线适用的相变材料的物理性能。储热式冷板的结构如图 5.5 所示。

表 5.4　相变材料物理性质

名称	熔点 /℃	溶解热 r/(kJ/kg)	密度 ρ/(kg/m^3)	导热系数 $\lambda \times 10^2$/[W/(m·K)]	比热容 C_P/[kJ/(kg·K)]
十四烷 $C_{14}H_{30}$	5.5	226	固: 825 液: 771	15.0	2.07
十六烷 $C_{16}H_{34}$	16.7	237	固: 835 液: 776	15.1	2.11
十八烷 $C_{18}H_{38}$	28	243	固: 814 液: 778	15.1	2.16
二十烷 $C_{20}H_{42}$	36.7	247	固: 856 液: 778	15.1	2.2 2.0
二十二烷 $C_{22}H_{46}$	44.4	249	液: 780	15.1	2.12
二十四烷 $C_{24}H_{50}$	51.5	253	液: 780	15.1	2.12
二十六烷 $C_{26}H_{54}$	56.1	256	液: 780	15.1	2.12
二十八烷 $C_{28}H_{58}$	61.1	253	液: 780	15.1	2.12
三十烷 $C_{30}H_{62}$	65.5	251	液: 780	15.1	2.12
三水化硝酸锂 $LiNO_3 \cdot 3H_2O$	29.9	296	固: 1550 液: 1430	80.6 54.1	1.8 2.68
水 H_2O	0	334	固: 917 液: 1000	226 58.6	2.04 4.19

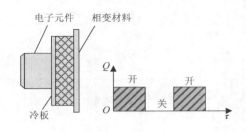

图 5.5　储热式冷板结构

4）热管式冷板

热管式冷板的结构如图 5.6 所示。它是将高效传热的热管与冷板相结合所组成的装置[18]。

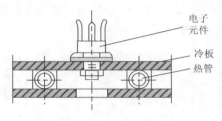

图 5.6　热管式冷板的结构

5.4.2　冷板的性能指标

1）冷板表面最高温度

冷板表面最高温度是在使用冷板过程中需要控制的最主要性能指标，它表征冷板的制冷性能。元件工作温度主要指电子元件的节点温度，元件节点至冷却流体的总热阻由三部分组成：内部热阻、外部热阻和系统热阻[19, 20]。内部热阻是指元件发热区到元件安装面之间的热阻；外部热阻是指元件安装面到基板的接触热阻；系统热阻是指基板与冷却流体之间的热阻。冷板表面最高温度与系统热阻有关，系统热阻越小越有利于降低冷板表面最高温度。电子元件的节点温度限制了冷板表面最高温度。

2）冷却液流动压降

冷却液流动压降决定了冷板运行功耗。若不考虑其他因素，冷却液流动压降越小越好。冷板内部流道的结构直接影响冷板的制冷效果及冷却液流动压降。流道的长度越长，拐角越多，其冷却液流动压降损失就越明显，但是与冷板的换热更充分，制冷效果越明显。反之，流道越短、拐角越少，其冷却液流动压降越小，但其与冷板换热制冷效果不明显。

3）单位温差传热功率

在用冷板对电子设备进行冷却时，主要是控制冷板安装表面的最高温度，使之低于技术指标要求。在此定义一个与之有关的目标函数。在稳态时，冷板上的热载荷与冷板面上最高温度和流体进口温度之差的比值是衡量冷板散热性能的指标之一，称为单位温差传热功率。

4）单位传热功率引起的重量增加

单位传热功率引起的重量增加也是冷板设计中的一个重要优选判据，尤其在航空工业领域。结构紧凑、重量轻是衡量冷板性能的重要指标。

5.4.3　冷板的理论设计

冷板的设计分为校核计算和设计计算两类问题。校核计算是在已知冷板的结构尺寸、冷却剂流量及工作环境条件下，校核其是否满足所要求的传热量和压降。设计计算是在已知热负荷（功耗）、冷却剂流量、压降和工作环境条件下，设计一个满足要求的冷却装置。

1）均温冷板的校核计算

根据已知冷板的结构尺寸、肋片参数、冷却剂流量、通道当量直径 d_c 和通道截面积 A_c 及总换热面积 A 等，分别进行计算[21-24]。

（1）温升为

$$\Delta t = \frac{\Phi}{q_m C_P} \tag{5-1}$$

（2）由定性温度 $t_f = 0.25(2t_s + t_1 + t_2)$ 确定冷却剂的物性参数（C_p、μ、Pr 等），计算雷诺数

$$\mathrm{Re} = \frac{d_c G}{\mu} \tag{5-2}$$

式中，G 为通道中的冷却剂单位质量流量。

（3）换热系数 h。

（4）肋片效率及总效率 $\eta_f = \dfrac{th(ml)}{ml}$

$$A \leq [A] \tag{5-3}$$

式中，l 为肋片高度（m）；k 为肋片材料的导热系数（W/(m²℃)）。

总效率（略去盖板和底板的效率）为

$$\eta_0 = 1 - (1 - \eta_f)\frac{A_f}{A} \tag{5-4}$$

式中，A_f / A 由肋片结构形式决定；A_f 为肋片面积。

(5) 热传单元数 NTU。

(6) 冷板的表面温度 t_s。

(7) 压力损失

$$\Delta P \le [\Delta P] \tag{5-5}$$

(8) 比较 $t_s \le |t_s|$ 和 $\Delta P \le [\Delta P]$。若不满足，则需要改变冷却剂的流量重复计算，直至达到要求为止。

2) 均温冷板的设计计算

确定一个满足设备温升控制要求的冷板，设计时应先确定下列参数：冷板的流通形式（顺流、逆流或交叉流）；根据流体的温度及腐蚀电位，选择合适的冷板材料；根据工作压力和使用环境，选择肋片参数，如肋高、肋厚、肋距等。根据微波天线的结构布置形式，预选一个冷板的结构尺寸[25, 26]。

具体步骤如下。

(1) 根据预选的冷板结构尺寸，选取肋片的参数和其他参数（重量、体积、强度等）、当量直径（d_c）、单位面积冷板的传热面积（A_1）和单位宽度冷板通道的横截面积（A_2）等参数。

(2) 温度为 t_2 时冷却剂的物理性质参数。

(3) 冷却剂的温差 $\Delta t = \dfrac{\Phi}{q_m C_P}$。

(4) 冷却剂的出口温度 $t_2 = t_1 + \Delta t$。

(5) 定性温度 $t_f = 0.25(2t_s + t_1 + t_2)$。

(6) 设冷板的宽度为 b_1，则通道的截面积为 $A_c = b_1 A_2$。

(7) 单位面积冷却剂的质量流量 $G = \dfrac{q_m}{A_c}$。

(8) 肋片效率及总效率 $\eta_f = \dfrac{th(ml)}{ml}$，$\eta_0 = 1 - (1 - \eta_f)\dfrac{A_f}{A}$。

(9) 有效度 $\varepsilon = \dfrac{t_2 - t_1}{t_s - t_1}$。

(10) 传热单元数 $e^{\text{NTU}} = \dfrac{1}{1 - \varepsilon}$。

(11) 总面积 $A = \dfrac{\text{NTU}\, q_m C_p}{h \eta_0}$。

(12) 冷板的深度 $D_1 = \dfrac{A}{A_1 b_1}$。

(13) 压降 $\Delta P \le [\Delta P]$。

(14) 比较 $A \le [A]$、$\Delta P \le [\Delta P]$，若不满足，则重新设定 b_1 值，计算 (6) ～ (13) 步，直至符合要求为止。

参 考 文 献

[1] Vectors A R. Tensors and the basic equations of fluid mechanics. Courier Dover Publications, 2012: 291-294.

[2] 陈世峰. 机载有源相控阵天线冷板设计与流热耦合分析.西安: 西安电子科技大学硕士学位论文, 2012.

[3] Garimella S V, Fleischer A S. Thermal challenges in next generation electronic systems. IEEE Transactions on Components and Packaging Technologies, 2008, 31(4): 801-815.

[4] 王延. 液冷冷板流动及传热特性的数值研究. 西安: 西安电子科技大学, 2012.

[5] Zhang Y P, Yu X L, Feng Q K . Thermal performance study of integrated cold plate with power module. Applied Thermal Engineering, 2009, 2(29): 3568-3573.

[6] 平丽浩. 雷达热控技术现状及发展方向. 现代雷达, 2009 (5): 1-6.

[7] 赵惇殳.电子设备热设计.北京: 电子工业出版社, 2009.

[8] Kurnia J C, Sasmito A P, Mujumdar A S. Numerical investigation of laminar heat transfer performance of various cooling channel designs. Applied Thermal Engineering, 2011, 31(6): 1293-1304.

[9] Shevade S S, Rahman M M. Heat transfer in rectangular microchannels during volumetric heating of the substrat. Int Commun Heat Mass Transfer, 2007, 34(5): 661-672.

[10] Jeong H, Jeong J. Extended greaze problem including stream wise conduction and viscous dissipation in microchannel. International Journal of Heat and Mass Transfer, 2006, 49(13/14): 2151-2517.

[11] Gamrat G, Favre-Marinet M, Asendrych D. Conduction and entrance effects on laminar liquid and heat transfer in rectangular microchannels. International Journal of Heat and Mass Transfer, 2005, 48(14): 2943-2954.

[12] 邱成悌, 赵惇殳. 电子设备结构设计原理.南京:东南大学出版社, 2005.

[13] 王从思, 段宝岩, 仇原鹰. 电子设备的现代防护技术. 电子机械工程, 2005, 21(3): 1-4.

[14] Lage J L, Narasimhan A, Porneala D C, et al. Experimental study of forced convection through microporous enhanced heat sinks. Emerging Technologies and Techniques in Porous Media. Springer Netherlands, 2004: 433-452.

[15] Li J, Peterson G P, Cheng P. Three-dimensional analysis of heat transfer in a micro-heat sink with single phase flow. Int J Heat Mass Transfer, 2004, 47(12): 4215-4231.

[16] Price D C. A review of selected thermal management solutions for military electronic systems. IEEE Transactions on Components and Packaging Technologies, 2003, 26(1): 26-39.

[17] Nakagawa M, Morikawa E. Development of thermal control for phased array antenna. 21st International Communications Satellite Systems Conference and Exhibit, 2003: 68-70.

[18] Chu R C. The perpetual challenges of electronic cooling technology for computer product applications-from laptop to supercomputers. Taibei: Taiwan University Presentation, 2003.

[19] 魏忠良. 相控阵天线阵面的热设计. 电子机械工程, 2003, 19(04): 15-18.

[20] 余建祖. 电子设备热设计及分析技术. 北京: 高等教育出版社, 2002.

[21] 顾学歧. 冷板的优化设计及强度计算. 北京工业大学学报, 1998, 24(1): 24-32.

[22] Copeland D, Takahira H, Nakayama W. Manifold microchannel heat sink: theory and experiments. Therm Sci Eng, 1995, 3(2): 9-15.

[23] Peterson G P. An introduction to heat pipes modeling, testing, and applications. Wiley Series in Thermal Management of Microelectronic and Electronic Systems, 1994, 21(4):45-47.

[24] 丁莲芬, 蔡金涛. 电子设备可靠性热设计手册. 北京: 电子工业出版社, 1989: 121-125.

[25] Philips R J, Thesis M S. Forced convection, liquid cooled, microchannel heatsinks. Cambridge: Department of Mechanical Engineering, Masse-chussetts Institute of Technology, 1987.

[26] Rohsenow W M, Hartnett J P, Ganic E N. Handbook of Heat transfer Applications. New York: McGraw-Hill Book Co, 1985: 973.

第6章　反射面天线机电场耦合

6.1　研究背景

反射面天线被广泛应用于测控、通信、导航、射电天文、遥感遥测等领域。随着科学技术的发展，反射面天线的显著发展趋势为大口径和高频段，同时对天线增益、波束宽度、天线效率等电性能指标提出了越来越高的要求。大口径反射面天线结构自重导致结构变形较大；而高频段天线对反射面精度的要求较高，环境载荷又将对其产生影响，导致反射面精度无法满足。因此，定量分析反射面天线结构误差对电性能的影响机理，有助于天线的电磁设计和结构设计。这里，天线结构变形误差可分为结构随机误差和系统变形误差。随机误差主要有安装、制造误差，属于一种幅度小、变化快的误差；而系统误差来源于自重、温度、惯性、风、雪等载荷作用在天线结构上所引起的结构变形。对于电磁场边界条件，天线结构误差又可分为反射面(主面和副面)误差和馈源位置指向误差。

6.2　大口径全可动面天线的发展现状

6.2.1　国外主要大天线

当前，世界上已建成许多大口径的射电望远镜[1-3]，即大口径反射面天线，如表 6.1 所示。

表 6.1　国外主要的大口径反射面天线

名称	口径/m	频率/GHz	总质量/t	表面精度/mm	指向精度/(″)	国家
LMT	50	75～350	800	0.075	1.08	墨西哥
GBT	100×110	0.1～116	7856	0.39	盲扫精度 5 补偿精度 2	美国
Effelsberg	100	0.395～95	3200	1	盲扫精度 10	德国
SRT	64	0.3～115	3000	0.15	5	意大利
HUSIR	37	230	340	0.1	3.6	美国

图 6.1 所示位于墨西哥的 50m 口径大型毫米波射电望远镜(large millimeter telescope，LMT)是由 MT Mechatronics 公司设计，艾摩斯特市的马萨诸塞大学与

墨西哥的 INAOE 大学联合建设的。该反射面天线主要工作在 75～350GHz 频段，可绕方位及俯仰轴旋转。天线位于普埃布拉火山顶——海拔 4640m 的赛拉涅哥拉之上。它在天线设计史上具有重大意义：采用主动反射面技术，主面精度达到 0.075mm，在稳态温度和低速风扰下，该天线指向精度达到 1.08″(3mdeg)，频率达到其工作频段的最大值。

图 6.1　墨西哥 50m 口径射电望远镜天线

美国国立射电天文观测台(NARO)在西弗吉尼亚 Green Bank 建成的射电望远镜 Green Bank Telescope(GBT)，是目前服役的世界上最大的单口径反射面天线之一，如图 6.2 所示。该天线反射面是从口径 208m、焦距 60m 的旋转抛物面上截取下 100m×110m 的一部分。天线高 146m，总质量 7856t，其中反射体约 5000t。整个反射面是由 2004 片铝板拼接而成，由 2209 个制动器驱动，单块反射面精度为 0.068mm，整体面精度为 0.39mm。天线工作频率范围为 0.1～116GHz，指向精度补偿后可达 2″。

图 6.2　美国 GBT 100m 口径射电望远镜天线

采用了结构保型设计的德国 100m 口径射电望远镜 Effelsberg 是世界上最大的全可动望远镜之一，如图 6.3 所示。它由 Krupp 和 MAN(现在的 MT

Mechatronics)两家公司合作建设，工作频段是 0.395~95GHz，反射面半径 65m 以内采用蜂窝夹层结构，单块面板精度达到 0.25mm，表面精度要求 1mm，最大变形为 76mm，指向精度小于 10″。该望远镜可用于脉冲星观测、宇宙暗物质、恒星形成位置的研究，黑洞发射的物质射流，以及对遥远的银河系中心的研究。它的钢架结构达 3200t，其方位运动速度为 0.5°/s，俯仰速度为 0.25°/s，指向精度一般为 3″[4-7]。

图 6.3　德国 Effelsberg 100m 口径射电望远镜天线

意大利国家射电物理研究所管理的 The Sardinia Radio Telescope (SRT) 64m 口径射电望远镜如图 6.4 所示，其副面口径为 7.9m。在 2001 年，VertexRSI 完成天线设计，2003 年与 MAN Technologie 设计 (现在的 MT Mechatronics) 签订了天线架设合同，2012 年完成了测试和验收。它采用格里高利配置，赋形表面，总重量近 3000t，工作频率范围为 0.3~115GHz，指向精度为 5″。

图 6.4　意大利 SRT 64m 口径射电望远镜天线

美国麻省理工学院林肯实验室的 Haystack Ultrawideband Satellite Imaging

Radar（HUSIR）是军事成像雷达，也可用于天文观测，如图 6.5 所示。HUSIR 的前身是 Haystack 37m 天线，建于 1964 年，最初表面精度为 885μm，经过多次升级，其等效表面精度达到了 200μm，其中最主要的升级就是使用了可变形副面。为了进一步提高天线性能，从 2010 年开始，对整个俯仰部分进行了更换，2013 年完工。结构设计方案由 Simpson Gum 精度提高到 0.1mm，指向精度 3.6″，跟踪精度 1.8″。HUSIR 能同时工作在 X 和 W 频段，表面效率 85%（96 GHz），用于天文观测时工作频率可达 230GHz。

图 6.5　美国 HUSIR 37m 口径射电望远镜天线

6.2.2　国内主要大天线

与国外相比，我国的大口径射电望远镜起步虽晚，但发展迅猛。为了满足我国卫星通信和射电天文等科学技术领域的需求，国内已相继建造了许多大中型天线，其中的一些主要反射面天线如表 6.2 所示。

表 6.2　我国主要的反射面天线及其性能指标

地址	口径/m	频率/GHz	总质量/t	表面精度/mm	指向精度/(″)
上海天马	65	1.25～43	2700	0.53	≤ 3
北京密云	50	2.3～8.4	680	1	≤ 19
云南昆明凤凰山	40	2.2～9	380	1.2	≤ 30
乌鲁木齐南山	25	0.3～23	280	0.4	≤ 15

上海天马 65m 口径射电望远镜是目前亚洲最大的俯仰、方位全可动大型天线，如图 6.6 所示[8]。该射电望远镜由中电集团第 54 研究所承建，高度 70m，总质量约 2700t，主动面调整前后的面精度分别为 0.6mm 和 0.3mm，指向精度最好可达 3″，可用于我国探月二、三期工程、火星探测及其他深空探测工程。它已成为亚洲甚长基线干涉测量（VLBI）的组成部分，犹如一只巨大的耳朵能清楚地听到来自宇宙深处微弱的信号。

图 6.6　上海天马 65m 口径射电望远镜天线

由北京密云天文台和中电集团第 54 研究所联合研制的图 6.7 所示的 50m 口径射电望远镜，历时 4 年建成，现已成为我国射电天文科学技术研究及深空探测的主要设备[9]。该天线 680t，其反射面共有七环 452 块反射面板，其中 30m 之内为实板，之外为丝网面板，天线整体高达 56m，工作频率范围为 2.3～8.4GHz，其指向精度最好达 19″。在嫦娥工程中，该天线曾承担着 VLBI 精密测轨和科学数据接收两项重要任务，并成功接收到第一张月球照片，标志着嫦娥工程圆满成功。

图 6.7　北京密云 50m 口径射电望远镜天线

由中国科学院和中电集团第 39 研究所联合研制的 40m 口径射电望远镜于 2006 年在云南省昆明市建成，如图 6.8 所示。该天线直径 26m 内由 208 块实体单块面板构成，反射面精度优于 0.6mm，直径 26～40m 内侧由 256 块网状单块面板构成，精度达到 1.6mm。天线采用卡塞格伦形式，总质量约 360t，并采用后馈卡焦方式，工作于 S 和 X 波段，其指向精度最好达到 30″。2007 年，该天线成功地完成了与嫦娥一号卫星间的信息传输任务。

图 6.8　云南凤凰山 40m 口径射电望远镜天线

　　图 6.9 为中国科学院乌鲁木齐南山天文站于 1994 年建成的 25m 口径射电望远镜，其建立之初的目的就是参加甚长基线干涉的观测[10]。历时几年，该站就成为国际 VLBI 服务(IVS)标准站和 VLBI 网(VBN)的成员，同时该天线也可以实现单天线的脉冲星观测和 6cm 波段的巡天等天文观测任务，其工作频率范围为 0.3～23GHz，指向跟踪精度最好可达到 15″，目前正在改造升级中。

图 6.9　乌鲁木齐南山 25m 口径射电望远镜天线

　　另外，我国有两部口径分别为 66m 和 35m 的反射面天线已开始服役。

6.3 面天线电磁分析基本方法

6.3.1 面电流法

面电流法(surface current method,SCM)就是利用馈源辐射的电磁波照射天线,在面天线内表面上产生感应面电流,并根据物理光学(physical optics,PO)近似的方法求出其密度,然后利用电流密度分布在反射面上进行积分,以求得远区场任一点的天线辐射电场[11-15]。反射面上的感应电流由馈源辐射场在反射面上磁场的切向分量确定。同时假设反射面为无限大平面,可以用镜像电流代替反射面,从而反射面的辐射场可以由两倍感应电流在自由空间的辐射场计算。

与后面的口径场法一样,需要进行如下假设:①反射面位置处于馈源场的远区;②忽略了反射器边缘的绕射效应;③不考虑反射面背面电流分布影响;④反射面对馈源的影响忽略不计;⑤不考虑馈源的直接辐射,以及馈源对反射场的绕射等。在计算天线辐射场过程中,有时会利用抛物面的一些结构特点,从而简化公式推导。

建立如图 6.10 所示的天线物理坐标系,反射面的电流密度矢量为 $J_s^e = 2\hat{\boldsymbol{n}} \times \boldsymbol{H}_i$。由于反射面位于馈源远区,所以馈源入射于反射面上的磁场为

$$H_i = \sqrt{\frac{\varepsilon_0}{\mu_0}} \left(\hat{\boldsymbol{\rho}} \times \boldsymbol{E}_i \right) \tag{6-1}$$

取馈源相位中心作为相位参考点,则入射电场为

$$\boldsymbol{E}_i = \left[\sqrt{\frac{\mu_0}{\varepsilon_0}} \cdot \frac{P_t}{4\pi} \right]^{\frac{1}{2}} \sqrt{G_f\left(\xi, \phi'\right)} \cdot \frac{\mathrm{e}^{-\mathrm{j}k\rho}}{\rho} \hat{\boldsymbol{e}}_i \tag{6-2}$$

式中,P_t 是馈源总辐射功率;$G_f\left(\xi, \phi'\right)$ 为馈源功率方向函数;$\hat{\boldsymbol{e}}_i$ 为馈源辐射电场的极化方向单位矢量;k 是相移常数(也叫波数),它表明了电磁波在单位距离内引起的相位角的变化量,其大小为

$$k = \omega^2 \mu\varepsilon - \mathrm{j}\omega\mu\sigma$$

式中,$\omega = 2\pi f$。对于非导电媒质有

$$k = \omega^2 \mu\varepsilon = \frac{2\pi}{\lambda}$$

式中,f 与 λ 分别为电磁波的频率和波长。

所以抛物面上任意一点处的面电流密度为

$$J_s^e = \left[4\sqrt{\frac{\varepsilon_0}{\mu_0}} \cdot \frac{P_t}{4\pi} \right]^{\frac{1}{2}} \left[\hat{\boldsymbol{n}} \times (\hat{\boldsymbol{\rho}} \times \hat{\boldsymbol{e}}_i) \right] \sqrt{G_f(\xi, \phi')} \cdot \frac{\mathrm{e}^{-\mathrm{j}k\rho}}{\rho}$$

$$= C \cdot \left[\hat{\boldsymbol{n}} \times (\hat{\boldsymbol{\rho}} \times \hat{\boldsymbol{e}}_i) \right] \sqrt{G_f(\xi, \phi')} \cdot \frac{\mathrm{e}^{-\mathrm{j}k\rho}}{\rho} \tag{6-3}$$

式中，$C = \left[4\sqrt{\dfrac{\varepsilon_0}{\mu_0}} \cdot \dfrac{P_t}{4\pi} \right]^{\frac{1}{2}}$ 是与馈源功率相关的常数。

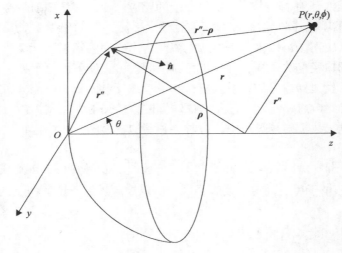

图 6.10　天线物理坐标系

通过推导，可得空间任意一点 P 处的场强为

$$E = -\frac{\mathrm{j}60\pi}{\lambda r} \mathrm{e}^{-\mathrm{j}kr''} \int_s J_{xs}^e \, \mathrm{e}^{\mathrm{j}k\rho \cdot \hat{r_0}'} \, \mathrm{d}s$$

$$= -\frac{\mathrm{j}60\pi}{\lambda r} \mathrm{e}^{-\mathrm{j}kr''} \cdot C \cdot 2 \int_0^{2\pi} \int_0^{\pi} \sqrt{G_f(\xi, \phi')} \cdot \frac{\mathrm{e}^{-\mathrm{j}k\rho}}{\rho} \cdot \left(\cos\frac{\xi}{2} - \sin\frac{\xi}{2}\sin\xi\cos^2\phi' \right) \tag{6-4}$$

$$\cdot \mathrm{e}^{\mathrm{j}k[\rho\sin\xi\sin\theta\cos(\phi-\phi') - \rho\cos\xi\cdot(\cos\theta - f)]} \cdot \rho^2 \sin\frac{\xi}{2} \mathrm{d}\xi \, \mathrm{d}\phi'$$

因此，天线远区场强的方向函数为

$$f(\theta, \phi) = \int_0^{2\pi} \int_0^{\pi} \sqrt{G_f(\xi, \phi')} \cdot \mathrm{e}^{-\mathrm{j}k\rho[1 - \sin\xi\sin\theta\cos(\phi-\phi') + \cos\xi(\cos\theta - f)]}$$

$$\cdot \rho \sin\frac{\xi}{2} \left(\cos\frac{\xi}{2} - \sin\frac{\xi}{2}\sin\xi\cos^2\phi' \right) \mathrm{d}\xi \, \mathrm{d}\phi' \tag{6-5}$$

归一化方向函数为

$$F(\theta, \phi) = \frac{E(\theta, \phi)}{E_{\max}} = \frac{f(\theta, \phi)}{f_{\max}} \tag{6-6}$$

6.3.2 口径场法

相对于面电流法，口径场法(aperture integration，AI)可以在简单的口径面上作积分求出天线的辐射场，而不是在相对复杂的反射面上作积分，因此，这种方法也被称为矢量积分法。口径场法先根据几何光学(geometric optics，GO)定律，由馈源辐射场求出反射面的口径场，再利用能量守恒定律和等效原理求出抛物面口径的辐射场[16, 17]。首先，要确定作积分的口径面。为了得到一定的精度，口径面不是任意选取的，而是紧贴着面天线的张口面选取的。抛物面天线方向图的计算中，口径积分面一般取为通过焦点或者抛物反射面的张口面。然后，根据几何光学法(射线求迹)，计算出从馈源入射到口径面上的场值，在这个面上形成等效场源。通常假定口径平面上除口径以外的区域等效场源为零。利用这个口径面上的积分，就可计算出等效源的辐射场。

口径场法也可从另一个角度来理解：已知口径面上的电磁场分布，在作口径积分时把每一微分面元看成惠更斯源，口径场的辐射问题就是微分面元的辐射场叠加。口径场法的推导过程中涉及的极化方向矢量、法向矢量等的计算，与面电流法的类似，这里只给出主要公式[18-25]。

这里只考虑方向图主瓣和近副瓣区域，且仅计口径场主极化分量，所以抛物面天线的辐射电场为

$$E = -\frac{j\omega\mu_0}{2\pi r} e^{-jkr} \left(\sqrt{\frac{\varepsilon_0}{\mu_0}} \cdot \frac{P_t}{4\pi} \right)^{\frac{1}{2}} \int_0^{2\pi} \int_0^a \frac{\sqrt{G_f(\xi, \phi')}}{r'} e^{jk\rho\sin\theta\cos(\phi-\phi')} \rho\,d\rho\,d\phi' \tag{6-7}$$

式中各变量含义参见图 6.11。

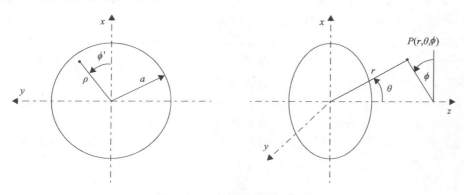

图 6.11 口径场法所用坐标系

利用插值法把馈源功率方向函数表示成如下抛物面口径场分布函数：

$$\sqrt{G_f(\rho,\phi')} = \frac{\sqrt{G_f^h(\rho)} + \sqrt{G_f^e(\rho)}}{2} - \frac{\sqrt{G_f^h(\rho)} - \sqrt{G_f^e(\rho)}}{2}\cos(2\phi') \tag{6-8}$$

综上，可得天线的辐射电场 $E(\phi=0)$ 与辐射磁场 $H(\phi=\pi/2)$ 分别为

$$\begin{aligned} E_e = -\frac{\mathrm{j}\omega\mu_0}{r}\left(\sqrt{\frac{\varepsilon_0}{\mu_0}}\frac{P_t}{4\pi}\right)^{\frac{1}{2}} \mathrm{e}^{-\mathrm{j}kr}\int_0^a \frac{1}{2r'}\cdot\left\{\left[\sqrt{G_f^h(\rho)} + \sqrt{G_f^e(\rho)}\right]J_0(k\rho\sin\theta)\right. \\ \left. + \left[\sqrt{G_f^h(\rho)} - \sqrt{G_f^e(\rho)}\right]J_2(k\rho\sin\theta)\right\}\rho\,\mathrm{d}\rho \end{aligned} \tag{6-9}$$

$$\begin{aligned} E_h = -\frac{\mathrm{j}\omega\mu_0}{r}\left(\sqrt{\frac{\varepsilon_0}{\mu_0}}\frac{P_t}{4\pi}\right)^{\frac{1}{2}} \mathrm{e}^{-\mathrm{j}kr}\int_0^a \frac{1}{2r'}\cdot\left\{\left[\sqrt{G_f^h(\rho)} + \sqrt{G_f^e(\rho)}\right]J_0(k\rho\sin\theta)\right. \\ \left. - \left[\sqrt{G_f^h(\rho)} - \sqrt{G_f^e(\rho)}\right]J_2(k\rho\sin\theta)\right\}\rho\,\mathrm{d}\rho \end{aligned} \tag{6-10}$$

6.4　反射面天线补偿方法

在过去只要通过 Ruze 公式，由可容忍的增益误差简单地计算出可接受的表面均方根误差，但是随着天线电性能要求的增高，可接受的表面均方根误差越来越难以实现。而且随着多波束等天线类型的应用，这类天线不仅增益高，并且要满足交叉极化、副瓣电平和整体辐射特性的要求。因此，仅仅满足表面均方根指标很难满足天线性能的要求。另外，即使满足了均方根要求，由于结构设计和安装，在工程中天线的性能也难以保证，这就需要进行补偿。

反射面天线随机误差主要是加工装配误差，系统误差主要是由热、重力和其他动态载荷引起的，是可以预测的，可以通过合理的设计来减少或者消除。补偿主要针对系统误差。其次，误差的分布、量级和类型，F/D 比等其他因素也对天线性能有影响的，主要是主反射面误差引起口径面相位误差，以致口径面不再是等相位面，天线在轴线方向上的辐射场将不再彼此相同，合成场强减弱。因而天线增益下降，旁瓣电平抬高，远场方向图就会恶化。总之，由于系统误差的存在，当合理的天线设计还不能满足天线性能要求时，就需要应用一定的补偿方法来提高天线的电性能[26-28]。反射面天线的补偿方法有很多种类，主要的方法如图 6.12 所示。下面分别对这几种补偿方法进行讨论。

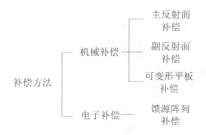

图 6.12　反射面天线补偿方法

6.4.1　机械补偿方法

机械补偿方法大致可以分为主反射面补偿、副反射面补偿和可变形平板补偿三种。其原理就是通过改变主反射面、副反射面形状或者在电磁波传播路径上安装一个可变形的反射装置来消除由主反射面变形引起的电磁相位差。

1) 主反射面补偿

主反射面补偿方法首先对主面的误差进行测量分析，然后通过调整主面背面的作动器来调整主面的形状，从而减小误差，达到天线性能提高的目标。根据不同天线的运行环境，选择不同的主面误差测量方法，有光学、摄影测量、微波全息、近场测量或者其他度量学的测量技术，再通过主控计算机计算出表面误差，控制作动器来调整反射面位置，从而减小反射面的变形误差，提高天线性能。图 6.13 为主/副反射面补偿流程图。

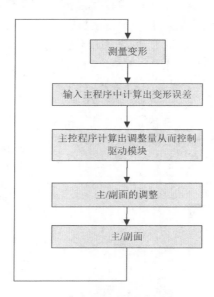

图 6.13　主/副反射面补偿流程

2）副反射面补偿

副反射面补偿采用一个可变形的副反射面，使入射电波经过主面和副反射面的反射后，汇集于副反射面虚焦点，反之发射电波经过副反射面和主面反射后到达主面口径面上时为等相位面。简而言之就是用变形的副反射面来消除波程差。应用副反射面补偿必须满足三个条件：①斯涅耳反射定律；②流入以光线轨迹为边界的立体角的能量守恒；③在反射前后，等相位面垂直于光线轨迹。其中，第一个条件和第三个条件在本质是一样的，第二个条件的意思就是光线经主面反射到达副反射面之前不能进行交叉，这个条件适用于卡塞格伦天线的设计，但是相反的情况，对于格林高利天线的设计是可行的，即每束光线在达到副反射面之前必须与相邻的光线交叉一次。

副反射面补偿一开始针对仰角固定的天线，以口径面为等相位面为目标，从而得到副反射面的形状。如果主面变形是随着仰角变化的，则通过机械的挤压副反射面从而达到对主面的补偿。在对卡塞格伦天线进行补偿时，通过控制副反射面背面的四个点来调整副反射面，从而达到对随仰角变化的主面变形的补偿。此时的副反射面还是一个整体[29-31]。当主面的变形较为复杂时，就采用分片可调的副反射面进行补偿。

3）可变形平板补偿

可变形平板（DFP）补偿就是在电磁波传播路径上安装一个可变形的平板，来消除主面变形带来的误差，其流程如图 6.14 所示。通常是先测主面误差，再加工所需要的平板，但是由于天线服役的时间较长，天线的老化及机械结构的变化，就要通过移动平板背面的制动器来调整平板[32, 33]。NASA 在 34m 波束波导天线DSS-13 上进行了这样的实验，在固定仰角的情况下，通过微波全息术测得主面变形，然后计算出修正值来调节 DFP，使 RMS 值从 0.5mm 下降到 0.36mm，相应地在 32GHz 频率时，增益提高了约 2dB。

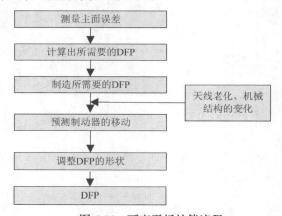

图 6.14　可变平板补偿流程

以上就是三种机械补偿方法的基本原理，当用机械的补偿方法还不能满足天线性能精的要求时，应结合电子补偿方法。

6.4.2　电子补偿方法

对于反射面天线，电子补偿方法主要是馈源阵列补偿，其补偿流程如图 6.15 所示。就是在焦平面放置一个馈源阵列来捕获入射能量，然后计算出阵列元素的激励系数，以达到对反射面变形的补偿。对于一般的馈源阵列补偿系统，首先通过测得反射面表面变形和其他天线参数(焦距和直径)，再确定馈源阵列的位置和几何尺寸，然后通过一种算法来计算出馈源阵列的激励系数(幅度和相位)。在这个过程中，最核心的内容就是馈源单元激励系数的计算。

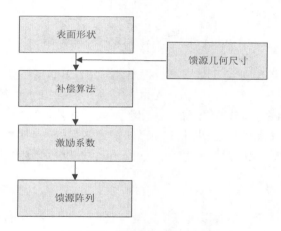

图 6.15　馈源阵列补偿流程

1) 馈源尺寸的计算

在计算馈源阵列激励系数之前，首先要估算出阵列馈源的尺寸与位置等参数。馈源阵列的大小与反射面的变形有关。当反射面的变形呈正弦函数变化时，馈源阵列的尺寸与反射面的变化有以下近似关系：

$$d = \frac{e \pi N \beta}{\sin \theta_{max}} \left(1 + \cos \theta_{off}\right) \tag{6-11}$$

式中，θ_{off} 为反射面的偏置角；θ_{max} 为反射面的最大半张角；β 为以馈源为原点计量的反射面径向变形幅度；N 为反射面变形的周期数，一般 N 与天线结构支撑点有关。图 6.16 为变形反射面天线的参数示意图。

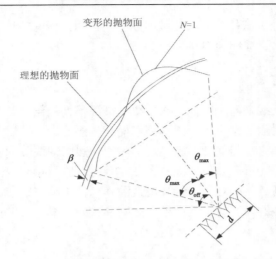

图 6.16　变形反射面天线的参数示意图

这里，β 和 N 可由测量或结构分析得出。若变形不能用正弦函数较好地近似，则可将其展开成正弦级数，用级数中最大的 $N\beta$ 作为确定馈源阵列尺寸的依据。可见，当变形的幅度和周期数增加时，馈源阵列的几何尺寸也将增加。馈源单元间距可由反射面的焦距和直径确定。在已知馈源阵列的几何尺寸后，另一个问题就是确定馈源阵列单元的激励系数。下面介绍几种激励系数的计算方法。

2) 馈源激励系数的计算

在计算激励系数时，主要以远场实际方向图与理想方向图的误差最小为目标。对于半径为 R、圆锥角为 $\theta_{\max}$ 的球面反射器，馈源阵列中心位于 z 轴的 $z = aR$ 处，反射器的坐标为 (ρ, γ, ϕ)，馈源为圆形对称的等边三角形分布。对于位于 $(0,0,aR)$ 的点源，入射到口径面 $z = 0$ 上的场分布相差 $\Phi(r)$，相差函数 $\Phi(r)$ 直接与不同光线长度 Δ 的差异有关。

对于大型球面反射面，$\Phi(r)$ 可能获得较高的值，导致增益的下降和高的副瓣电平，可以通过合成的 $\{A_{lm}\}$ 来补偿这个影响，但 $\{A_{lm}\}$ 需要满足一定的条件。接下来最小化理想辐射与实际辐射的均方根误差，建立理想辐射值与实际辐射差值积分函数，进行偏导计算，然后利用阵列的特殊性和 $\{h_{lm}\}$ 的正交性计算出复数激励。

当反射面变形较大或变形的波动周期数较多时，由于馈源阵列的几何尺寸太大，阵列馈源补偿法很难实用。另外，对于前馈反射面天线，由于遮挡及反射到馈源中能量引起的驻波等问题，也限制了阵列馈源补偿法的应用。为更好地补偿天线的性能，就需要先进行机械补偿减少反射面变形，然后进行电子补偿，两种方法结合使用来实现天线的性能最优。

6.4.3　其他补偿方法

当然还有其他补偿方法，它们都是在机械补偿技术和电子补偿技术的基础上发展起来的，因为它们都应用了新的技术。例如，将压电材料应用在天线补偿中，把压电材料置于副反射面表面，形成压电可调，通过材料的特性改变副反射面表面来补偿主面变形。与可变移相器和幅度的馈源阵列相比，具有低射频损失、低重量、低成本等优点。又如，将微带反射阵当作副反射面，然后用一个馈源来照射，通过适当调整副反射阵来产生额外的相移，使口径面相位误差得到补偿，大大提高了天线的性能。微带副反射阵具有型面高度不大、轻型和高性价比等优点。这些都是大型反射面天线补偿技术的发展方向。

6.5　基于最小二乘的变形反射面拟合方法

大型天线变形反射面的精确分析，是建立面天线机电场耦合模型的重要基础，令天线变形反射面的拟合抛物面相对于原设计抛物面的坐标系 $O\text{-}xyz$，有 6 个几何变形参数：Δx、Δy、Δz、ϕ_x、ϕ_y 及 Δf。其中 Δx、Δy、Δz 分别为拟合抛物面顶点在原坐标系中的位移，ϕ_x、ϕ_y 分别为拟合抛物面的焦轴绕原坐标轴 x、y 的转角（逆为正，微量），Δf 为焦距变化量（见图 6.17）。将实际变形轮廓曲面对理论设计抛物面的偏差减去拟合抛物面对理论设计抛物面的偏差就可以得到实际变形曲面对拟合抛物面的偏差，令这个偏差最小即可确定拟合抛物面的 6 个几何变形参数，从而得到拟合抛物面的方程[34]。然后在此拟合抛物面的基础之上，对变形反射面进行精确分析。

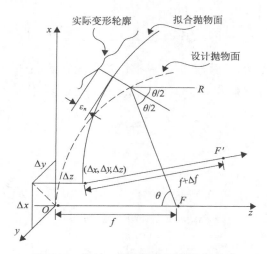

图 6.17　设计、拟合抛物面的几何关系

令设计抛物面上一点 $P\left(x_p, y_p, z_p\right)$ 在拟合抛物面上对应点 $P_0\left(x_p, y_p, z_0\right)$，在实际变形曲面上对应点 $P_1\left(x_p, y_p, z_{.1}\right)$。

拟合抛物面的方程为

$$z_0 \approx \frac{\left(x_p - \Delta x\right)^2 + \left(y_p - \Delta y\right)^2}{4(f + \Delta f)} + \Delta z + y_p \phi_x - x_p \phi_y \tag{6-12}$$

式中，f 为天线焦距。

采用变形曲面的实测点 P_1 与拟合面对应点 P_0 的轴向误差来构造条件方程。根据微最小二乘原理和积分极值定理，可得到如下正则方程组：

$$\boldsymbol{A} \cdot \boldsymbol{\beta} = \boldsymbol{H} \tag{6-13}$$

式中

$$\boldsymbol{A} = \begin{bmatrix} \sum_{i=1}^{n} \dfrac{x_i^2}{2f} & \sum \dfrac{x_i y_i}{2f} & -\sum x_i & -\sum x_i y_i & \sum x_i^2 & \sum \dfrac{x_i z_i}{f} \\[3mm] \sum_{i=1}^{n} \dfrac{x_i y_i}{2f} & \sum \dfrac{y_i^2}{2f} & -\sum y_i & -\sum y_i^2 & \sum x_i y_i & \sum \dfrac{y_i z_i}{f} \\[3mm] \sum_{i=1}^{n} \dfrac{x_i z_i}{2f} & \sum \dfrac{y_i z_i}{2f} & -\sum z_i & -\sum y_i z_i & \sum x_i z_i & \sum \dfrac{z_i^2}{f} \\[3mm] \sum_{i=1}^{n} \dfrac{x_i}{2f} & \sum \dfrac{y_i}{2f} & -n & -\sum y_i & \sum x_i & \sum \dfrac{z_i}{f} \end{bmatrix}$$

$$\boldsymbol{\beta} = \left(\Delta x, \Delta y, \Delta z, \phi_x, \phi_y, \Delta f\right)^{\mathrm{T}}$$

$$\boldsymbol{H} = \left(\sum_{i=1}^{n}\left(z_i - z_i{}'\right)x_i, \sum_{i=1}^{n}\left(z_i - z_i{}'\right)y_i, \sum_{i=1}^{n}\left(z_i - z_i{}'\right)z_i, \sum_{i=1}^{n}\left(z_i - z_i{}'\right)\right)^{\mathrm{T}}$$

在计算采样节点的偏移误差时，可根据各采样节点数据在拟合中的可靠性不同，权衡轻重而引进权系数 $d_i > 0 \left(i = 1, 2, \cdots, n\right)$（$n$ 为采样节点个数）：

$$d_i = \frac{n q_i a_i}{\sum\limits_{j=1}^{n} q_j a_j} \tag{6-14}$$

式中，a_i 为反射面内第 i 个节点影响的反射面区域面积；$q_i = 1 - Cr_i^2 / R_0^2$ 为该区域的照射系数，r_i 为该节点 $\left(x_i, y_i, z_i\right)$ 到初始焦轴的距离，R_0 为口面半径，C 为焦径比。

6.6　变形反射面精度的可靠度分析方法

在天线工程中，影响天线表面精度的因素有许多是不确定的：①作用在天线结构系统上的随机风荷；②与天线指向位置有关的自重载荷分布；③结构制造加工、工艺、装配等公差造成的节点位置偏移；④零部件、构件的尺寸公差，以及材料机械性质的差异等[35-37]。若在结构分析中考虑这些随机因素，则变形天线反射面的精度可用相应的精度可靠度来表达，从而对结构设计给予指导。

天线反射面精度的可靠度 R_ε 指在给定条件下的变形反射面精度 ε 达到和好于规定值 ε_0 的概率大小，其公式为 $R_\varepsilon = P(\varepsilon \le \varepsilon_0)$。

6.6.1　反射面精度关系

为分析精度可靠度的大小，必须首先分析天线在不同仰角工况下的反射面精度相互之间的关系。易知，反射面节点位移存在如下关系：

$$\delta(\alpha) = \delta_v \sin\alpha + \delta_h \cos\alpha \tag{6-15}$$

式中，α 为天线的俯仰角；δ_v 为天线处于仰天位置时，节点 P 的位移；δ_h 为天线处于指平位置时，节点 P 的位移。此处的位移可以是节点的轴向位移，或者径向位移，或者法向位移[3, 9, 38]。

仰天状态与指平状态天线的反射面均方根误差分别为（n 为反射面采样节点总数）

$$\varepsilon_v = \sqrt{\sum_{i=1}^{n}\left(\delta_i^v\right)^2 \Big/ n}\,, \qquad \varepsilon_h = \sqrt{\sum_{i=1}^{n}\left(\delta_i^h\right)^2 \Big/ n}$$

因此，处于仰角 α 的天线表面 RMS 误差为

$$\varepsilon_\alpha = \sqrt{\sum_{i=1}^{n}\left(\delta_i^\alpha\right)^2 \Big/ n} = \sqrt{\sum_{i=1}^{n}\left(\delta_i^v \sin\alpha + \delta_i^h \cos\alpha\right)^2 \Big/ n} \tag{6-16}$$

整理得

$$\varepsilon_\alpha^2 = \varepsilon_v^2\left(\sin^2\alpha - \frac{1}{2}\sin(2\alpha)\right) + \varepsilon_h^2\left(\cos^2\alpha - \frac{1}{2}\sin(2\alpha)\right) + \varepsilon^2\left(\frac{\pi}{4}\right)\sin(2\alpha) \tag{6-17}$$

同理，利用仰角 $30°$、$60°$ 时的天线表面精度，也可得到反射面精度关系：

$$\varepsilon_\alpha^2 = \varepsilon_v^2\left(\sin^2\alpha - \frac{\sqrt{3}}{6}\sin(2\alpha)\right) + \varepsilon_h^2\left(\cos^2\alpha - \frac{\sqrt{3}}{2}\sin(2\alpha)\right) + \frac{2\sqrt{3}}{3}\varepsilon^2\left(\frac{\pi}{6}\right)\sin(2\alpha)$$

$$\tag{6-18}$$

$$\varepsilon_\alpha^2 = \varepsilon_v^2 \left(\sin^2 \alpha - \frac{\sqrt{3}}{2} \sin(2\alpha) \right) + \varepsilon_h^2 \left(\cos^2 \alpha - \frac{\sqrt{3}}{6} \sin(2\alpha) \right) + \frac{2\sqrt{3}}{3} \varepsilon^2 \left(\frac{\pi}{3} \right) \sin(2\alpha)$$

$$(6\text{-}19)$$

从反射面精度之间的关系公式，可以得到一个概念就是，处于任一仰角 α 的天线反射面表面均方根误差都可以由仰天状态与指平状态的天线 RMS 误差，以及某一固定仰角的天线 RMS 误差三者来表示。

6.6.2　精度可靠度分析模型

相对于天线结构而言，其自重的分布随仰角 ϕ 的变化而差异。这里假定 ϕ 在某一范围 (ϕ_l, ϕ_u) 内均匀分布，所以概率密度为

$$f(\phi) = \begin{cases} \dfrac{1}{\phi_u - \phi_l}, & \phi_l < \phi < \phi_u \\ 0, & \phi < \phi_l \text{或} \phi > \phi_u \end{cases}$$

$$(6\text{-}20)$$

同时假设杆件横截面积、反射面节点坐标、面板重量为随机变量，且符合最常用的正态分布，并取公差的三分之一作为正态分布的标准偏差[39-41]。因变形反射面的精度 ε 是各随机变量的函数，故记作 $\varepsilon(R)$，其中随机变量 R 包括天线仰角 ϕ、杆件横截面积 A、节点坐标 C 及面板重量 W 等。为此，定义功能函数 $F(R)$：

$$F(R) = \varepsilon_0 - \varepsilon(R) \tag{6-21}$$

功能函数 $F(R)$ 的取值可严格地把结构设计分为三种不同的状态：

$$F(R) \begin{cases} > 0, & \text{可靠} \\ = 0 \\ < 0, & \text{失效} \end{cases} \tag{6-22}$$

把 $F(R)$ 在平均点 $\bar{R}$ 处进行泰勒级数展开，并略去二阶及更高的展开项，则有

$$F(R) = F(\bar{R}) + \sum_{i=1}^{N} \left(\frac{\partial F(R)}{\partial R_i} \right)_0 (R_i - \bar{R}_i) \tag{6-23}$$

因此，功能函数的平均值和标准偏差分别为

$$
\left\{
\begin{aligned}
&\overline{F(R)} = F(\bar{R}) \\
&\quad = \varepsilon_0 - \sqrt{\varepsilon_v^2\left(\sin^2\phi - \frac{1}{2}\sin(2\phi)\right) + \varepsilon_h^2\left(\cos^2\phi - \frac{1}{2}\sin(2\phi)\right) + \varepsilon^2\left(\frac{\pi}{4}\right)\sin(2\phi)} \\
&\sigma_F^2 = \sum_{i=1}^N \left(\frac{\partial F(R)}{\partial R_i}\right)_0^2 \sigma_{R_i}^2 = \sum_{i=1}^N \left(\frac{\partial \varepsilon(R)}{\partial R_i}\right)_0^2 \sigma_{R_i}^2
\end{aligned}
\right.
$$

$$(6\text{-}24)$$

式中，N 为随机变量总数。各随机变量的 $\partial\varepsilon(R)/\partial R_i$ 的详细计算可参考后面内容。

综上可得，反射面精度的可靠度 R_ε 为

$$
R_\varepsilon = P\left(\varepsilon(R) \le \varepsilon_0\right) = P\left(F(R) \ge 0\right) = 1 - \varPhi(\beta) \tag{6-25}
$$

式中，$\varPhi$ 为正态分布函数；β 为可靠度指标，具体计算公式如下：

$$
\beta = \frac{\overline{F(R)}}{\sigma_F} = \frac{\varepsilon_0 - \varepsilon(\bar{R})}{\sigma_F} \tag{6-26}
$$

当假定 $F(R)$ 服从对数正态分布时，式(6-26)变为

$$
\beta = \frac{\ln\varepsilon_0 - \ln\varepsilon(\bar{R})}{\sqrt{\ln\left[1 + \dfrac{\sigma_F}{\varepsilon(\bar{R})}\right]^2}} \tag{6-27}
$$

图 6.18 给出了临界曲面 $F(R)=0$，用泰勒级数展开并略去高阶项后的两个近似临界平面 $F_1(R)=0$、$F_2(R)=0$，以及相应的可靠度指标 β_1 和 β_2 的几何意义。但严格地讲，β 应是在常化空间中原点与临界平面的距离。

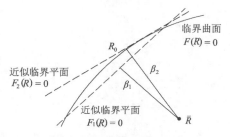

图 6.18　精度可靠度的几何含义

通过公式分析与工程经验可知，随着反射面节点误差的增大，精度的可靠度下降；对于每一种随机误差，都存在一个临界值，当大于此数值时，精度可靠度

显著下降；反射面节点位移是所有随机误差中，对天线反射面精度可靠度影响最大的。

6.7　耦合建模中的坐标转换

为了建立面天线机电场耦合模型，需要把全局坐标系下的天线有限元模型转化为局部坐标系下的天线模型。这就要对已知方位、俯仰的天线模型进行坐标转化。同时，工程师总是要求各种位姿下的天线有限元模型（有时天线会长时间工作于某一特定方位俯仰），而不关心天线是如何由初始位置转动到要求位置的，这也需要建立天线转角与天线方位、俯仰的关系[38]。

天线整体结构分别绕 x、y 与 z 轴转动的角度为 θ、ϕ 和 φ 时的几何示意图如图 6.19 所示。这里的转角在两个模型坐标的计算中应转换成以弧度单位，转角正负号由右手原则判定。令天线方位角与俯仰角分别用 az 和 el 表示（见图 6.20），其取值范围分别是 $al \in [0°, 360°]$，$el \in [0°, 90°]$。模型中的方位角以相对于 x 轴逆时针为正，俯仰角为天线焦轴相对于 Oxy 平面的夹角。

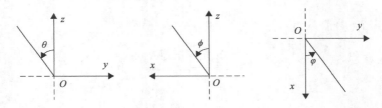

图 6.19　三个转角的几何示意图

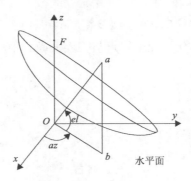

图 6.20　处于 az、el 的天线位姿

通常设计天线时，多是假设天线处于指平或仰天位置，所以下面分别对天线初始位姿为指平和仰天两种情况进行分析。

1)初始指平的天线

假定天线初始位置为指平状态，其几何形状示意图如图 6.21 所示。

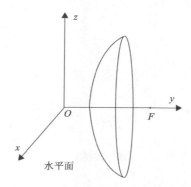

图 6.21　处于指平位置的抛物面天线

当空间点 $M(x, y, z)$（或物体）绕固定的坐标轴 x、y、z 依次旋转 θ、ϕ、φ 后（见图 6.22），新的空间点 $M^*(x^*, y^*, z^*)$ 在原坐标系中的新坐标为

$$(x^*, y^*, z^*, 1) = (x, y, z, 1) \boldsymbol{R}_x(\theta) \boldsymbol{R}_y(\phi) \boldsymbol{R}_z(\varphi) \tag{6-28}$$

式中，坐标转化矩阵分别为

$$\boldsymbol{R}_x(\theta) = \begin{bmatrix} 1 & 0 & 0 & 0 \\ 0 & \cos\theta & \sin\theta & 0 \\ 0 & -\sin\theta & \cos\theta & 1 \\ 0 & 0 & 0 & 1 \end{bmatrix}$$

$$\boldsymbol{R}_y(\phi) = \begin{bmatrix} \cos\phi & 0 & -\sin\phi & 0 \\ 0 & 1 & 0 & 0 \\ \sin\phi & 0 & \cos\phi & 0 \\ 0 & 0 & 0 & 1 \end{bmatrix}$$

$$\boldsymbol{R}_z(\varphi) = \begin{bmatrix} \cos\varphi & \sin\varphi & 0 & 0 \\ -\sin\varphi & \cos\varphi & 0 & 0 \\ 0 & 0 & 1 & 0 \\ 0 & 0 & 0 & 1 \end{bmatrix}$$

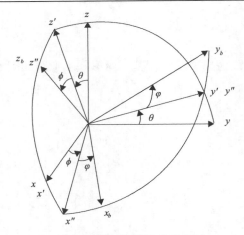

图 6.22　绕坐标轴转动示意图

当空间点 $M(x,y,z)$（或物体）沿各坐标轴 x、y、z 的平移分量分别为 x_T、y_T、z_T 时，移至新的空间点 $M^*(x^*,y^*,z^*)$，则其在原坐标系中的坐标为

$$(x^*,y^*,z^*,1) = (x \ \ y \ \ z \ \ 1)\boldsymbol{T} \tag{6-29}$$

式中，$\boldsymbol{T} = \begin{bmatrix} 1 & 0 & 0 & 0 \\ 0 & 1 & 0 & 0 \\ 0 & 0 & 1 & 0 \\ x_T & y_T & z_T & 1 \end{bmatrix}$

建立天线结构有限元模型时，由于 ANSYS 软件默认天线初始位置是仰天的，所以这里要预先把天线绕 x 轴转动$-90°$，使天线成为指平状态（见图 6.23）。所以，处于指平位置的天线在全局坐标系 O-xyz 中的坐标为

$$(x,y,z,1) = (x_{仰天}, y_{仰天}, z_{仰天}, 1)R_x(-90°) \tag{6-30}$$

式中，$(x_{仰天}, y_{仰天}, z_{仰天})$ 为处于仰天位置的天线在 O-xyz 中的坐标。

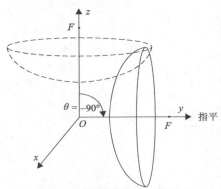

图 6.23　指平位置的初始天线

为使天线达到预定的方位角度 az ，应使天线绕 z 轴右手转动 φ ，如图 6.24 所示，所以 $\varphi = za - 90°$ 。

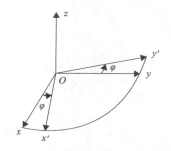

图 6.24 指平天线绕 z 轴右手转动 φ

再使天线绕 x 轴（即 x' 轴）转动 θ ，达到预定位置（见图 6.25），即确定天线俯仰角 el ，所以 $\theta = el$ 。

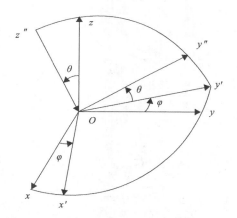

图 6.25 天线绕 x 轴右手转动 θ

因此，工程师指定位置 (az, el) 的天线在大地坐标系 $O\text{-}xyz$ 中的坐标为

$$\left(x^{*}, y^{*}, z^{*}, 1\right) = (x, y, z, 1) R_{z}(\varphi) R_{x}(\theta)$$

式中， $\varphi = az - 90°$ ； $\theta = el$ ； (x, y, z) 为指平天线在坐标系 $O\text{-}xyz$ 中的坐标。

2）初始仰天的天线

假定天线初始位置为仰天状态，其几何形状示意图如图 6.26 所示。

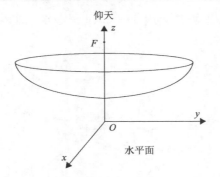

图 6.26　处于仰天位置的抛物面天线

由前面初始指平天线的模型坐标转化过程可知，为使天线达到预定的位置，首先应使天线绕 x 轴转动 $-90°$（见图 6.27），达到指平状态。

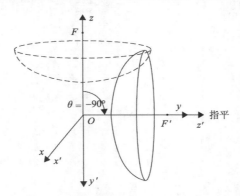

图 6.27　仰天天线绕 x 轴转动至指平状态

然后再使局部坐标系 $O\text{-}x'y'z'$ 中的天线绕 y' 轴转动 ϕ（见图 6.28），达到预定天线方位 az，则 $\phi = 90° - az$。

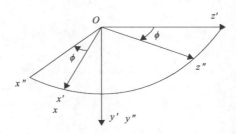

图 6.28　天线绕 y'' 轴右手转动 ϕ

再使天线绕 x 轴（即 x'' 轴）转动 θ''（见图 6.29），达到预定天线俯仰 el，则 $\theta'' = el$。

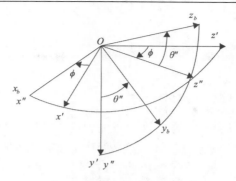

图 6.29　天线绕 x'' 轴右手转动 θ''

此时，处于 (az,el) 的天线在 $O\text{-}x'y'z'$ 中的坐标为

$$\left(x'^{*},y'^{*},z'^{*},1\right)=\left(x',y',z',1\right)R_{y}\left(\phi\right)R_{x}\left(\theta''\right) \tag{6-31}$$

假设空间一点 P 在大地（全局、绝对）坐标系 $O\text{-}xyz$ 中的坐标为 (x,y,z)，在坐标系 $O\text{-}x'y'z'$ 中的坐标为 (x',y',z')，而坐标系 $O\text{-}x'y'z'$ 是坐标系 $O\text{-}xyz$ 绕 x 轴转动 α 后的坐标系，则有

$$\left(x',y',z',1\right)=\left(x,y,z,1\right)\begin{bmatrix}1&0&0&0\\0&\cos\alpha&-\sin\alpha&0\\0&\sin\alpha&\cos\alpha&0\\0&0&0&1\end{bmatrix}=\left(x,y,z,1\right)A_{x}\left(\alpha\right) \tag{6-32}$$

综上所述，可得

$$\left(x^{*},y^{*},z^{*},1\right)A_{x}\left(-90°\right)=\left(x',y',z',1\right)R_{y}\left(\phi\right)R_{x}\left(\theta''\right) \tag{6-33}$$

因为天线随坐标系一起转动，所以天线在绕 x 轴转动 $-90°$ 处于指平位置的坐标系 $O\text{-}x'y'z'$ 中的坐标与仰天位置时在原全局坐标系中的坐标在数值上是完全相等的，即 $(x',y',z')=(x,y,z)$。所以处于指定位置 (az,el) 的天线在大地坐标系 $O\text{-}xyz$ 中的坐标为

$$\left(x^{*},y^{*},z^{*},1\right)=\left(x,y,z,1\right)R_{y}\left(90°-az\right)R_{x}\left(el\right)R_{x}\left(-90°\right) \tag{6-34}$$

这里有几个坐标表示方法需要特别注意其含义：①$\left(x'^{*},y'^{*},z'^{*}\right)$ 为处于工程师指定位置 (az,el) 的天线在局部坐标系 $O\text{-}x'y'z'$ 中的坐标；②(x',y',z') 为处于指平位置的天线在坐标系 $O\text{-}x'y'z'$ 中的坐标；③$\left(x^{*},y^{*},z^{*}\right)$ 为处于用户指定位置 (az,el) 的天线在坐标系 $O\text{-}xyz$ 中的坐标；④(x,y,z) 为处于仰天位置的天线在坐标系 $O\text{-}xyz$ 中的坐标。

6.8　反射面天线机电场耦合模型

6.8.1　理想抛物面天线的远场方向图

为分析抛物面天线的电磁特性，首先说明旋转抛物面的几何特性。如图6.30所示，曲线MOK代表一条抛物线，它是抛物面过轴OF的任意平面的截线，点F为其焦点，$M'O'K'$是准线，O是抛物面顶点。抛物线的特性之一是：通过其上任意一点M作与焦点的连线FM，同时作直线MM''平行于OO''，则通过M点所作的抛物线切线的垂线（抛物线在M点的法线）与MF的夹角等于它与MM''的夹角。因此，抛物面为金属面时，从焦点F发出的任意方向入射的电磁波，经它反射后都将平行于OF轴。使馈源相位中心与焦点重合，从馈源发出的球面电磁波，经抛物面反射后便变为平面波，形成平行波束。抛物线的另一特性是：其上任意一点到焦点的距离与它到准线的距离相等。在抛物面口径上，任一直线$M''O''K''$与$M'O'K'$平行。从图6.30可得

$$FM + MM'' = f + z_{10} \tag{6-35}$$

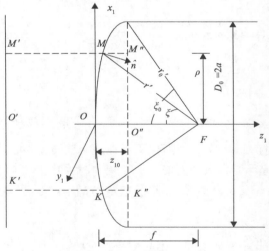

图 6.30　抛物面的几何关系

所以从焦点发射的各条电磁波经抛物面反射后到达抛物面口径面上的路程为一常数。等相位面为垂直于OF轴的平面，理想抛物面口径场为同相场，反射波为平行于OF轴的平面波。

在直角坐标系(x_1, y_1, z_1)中，抛物面方程为

$$x_1^2 + y_1^2 = 4fz_1 \tag{6-36}$$

在极坐标系 (r', ξ) 中，抛物面的方程为

$$r' = \frac{2f}{1 + \cos\xi} = f\sec^2(\xi/2) \tag{6-37}$$

式中，r' 为从焦点 F 到抛物面上任意一点 M 的距离；ξ 为 r' 与抛物面轴线 OF 的夹角；$D_0 = 2a$ 为抛物面口径直径；ξ_0 为抛物面口径半张角；$f\sec^2(\xi_0/2) = r_0'$ 为从焦点到抛物面边缘的距离。

D_0 与 ξ_0 的关系为

$$\frac{D_0/2}{r_0'} = \sin\xi_0 \tag{6-38}$$

于是

$$\frac{D_0}{4f} = \tan\frac{\xi_0}{2} \tag{6-39}$$

最后得到

$$\cos\xi = \frac{p^2 - \rho^2}{p^2 + \rho^2} \tag{6-40}$$

$$\sin\xi = \frac{2p\rho}{p^2 + \rho^2} \tag{6-41}$$

$$r' = \frac{p^2 + \rho^2}{2p\rho} \tag{6-42}$$

式中，$p = 2f$，ρ 为 x_1Oy_1 平面内的极坐标半径，如图 6.30 所示。抛物面的形状，可用焦距与口径直径比 f/D_0 或口径半张角 ξ_0 的大小表征。

对于图 6.31 所示的理想前馈式反射面天线，其中 xOy 为天线口径面，f 为焦距，反射面的直径为 $2a$，可得到由馈源发出的电磁波经反射面反射后到达口径面的电磁场矢量分布，进而由口径场的幅相分布，经傅里叶变换得到理想抛物面天线的远场辐射方向图公式

$$\boldsymbol{E}(\theta, \phi) = \iint\limits_A \boldsymbol{E}_0(\rho', \phi') \exp\left\{ \mathrm{j}\left[k\rho'\sin\theta\cos(\phi - \phi') \right] \right\} \rho'\,\mathrm{d}\rho'\,\mathrm{d}\phi' \tag{6-43}$$

$$\boldsymbol{E}_0(\rho', \phi') = \frac{\boldsymbol{f}_0(\xi, \phi')}{r_0} \tag{6-44}$$

式中，(θ, ϕ) 为远区观察方向；A 为反射面投影到 xOy 面上的口径面面积；$\boldsymbol{f}_0(\xi, \phi')$

为馈源初级方向图。对于工程中经常应用的双反射面天线，可由等效馈源法，将馈源和副面等效为一个在副面虚焦点上的馈源[42-45]。

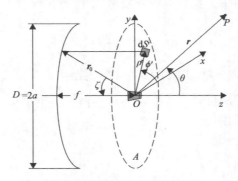

图 6.31　反射面天线几何关系

　　经分析可知，影响电性能的主要结构因素包括反射面误差、馈源位置等，而外部载荷作用会引起主副反射面变形、馈源位置偏移和姿态偏转等结构位移场变化。由此，下面分别研究各种误差与口径面电磁场幅相分布之间的关系，旨在给出反射面天线存在各种误差情况下的位移场与电磁场的场耦合模型。

6.8.2　主反射面变形的影响

　　主反射面误差由两部分构成，即随机误差和系统误差。随机误差主要是在面板、背架及中心体的制造、装配等过程中产生的误差[41]。随机误差有三种描述方法。第一，根据具体的加工工艺手段，从众多测量数据中统计出随机误差的均值与方差，假定一种合理的分布，可得出其具体的分布函数。第二，基于均值与方差，由计算机随机产生出反映在面板上的误差分布。第三，应用分形函数直接描述加工造成的幅度、频度和粗糙度，进而产生相应的分布函数。无论通过哪一种办法，都可将产生的分布函数(不妨记为 Δz_r)叠加到系统误差(不妨记为 Δz_s)所对应的反射面变形面上，作为统一误差参与到电性能的计算中去。

　　系统误差是天线在外部载荷作用下引起的天线反射面变形，为确定性误差[39]。系统误差可通过对天线结构进行有限元分析获得。

　　由于反射面位于馈源的远区，在主反射面误差较小的情况下，主反射面误差对口径面电磁场幅度的影响可忽略不计，而认为只引起口径面相位误差。主反射面误差可采用轴向误差、径向误差或法向误差来表示，下面的讨论中采用轴向误差。当反射面上某处存在轴向误差 Δz 时，依据图 6.32 中的反射面误差几何关系，波程差为

$$\tilde{\Delta} = \Delta z \left(1 + \cos \xi\right) = 2\Delta z \cos^2\left(\xi / 2\right) \tag{6-45}$$

由此可得主反射面误差影响下的口径面相位误差为

$$\varphi = k\tilde{\Delta} = \frac{4\pi}{\lambda}\Delta z \cos^2\left(\xi/2\right) \tag{6-46}$$

式中，k 为传播常数；λ 为工作波长；Δz 为主反射面误差。主反射面误差包含随机误差和系统误差，即

$$\Delta z = \Delta z_r\left(\gamma\right) + \Delta z_s\left(\boldsymbol{\delta}\left(\boldsymbol{\beta}\right)\right) \tag{6-47}$$

式中，γ 为制造、装配等过程中产生的随机误差；$\boldsymbol{\delta}\left(\boldsymbol{\beta}\right)$ 为天线结构位移，$\boldsymbol{\beta}$ 为天线结构设计变量，包括结构尺寸、形状、拓扑、类型等参数。

于是，可得

$$\varphi = \frac{4\pi}{\lambda}\left(\Delta z_r\left(\gamma\right) + \Delta z_s\left(\boldsymbol{\delta}\left(\boldsymbol{\beta}\right)\right)\right)\cos^2\left(\xi/2\right) = \varphi_r\left(\gamma\right) + \varphi_s\left(\boldsymbol{\delta}\left(\boldsymbol{\beta}\right)\right) \tag{6-48}$$

$$\varphi_r\left(\gamma\right) = \frac{4\pi}{\lambda}\Delta z_r\left(\gamma\right)\cos^2\left(\xi/2\right), \quad \varphi_s\left(\boldsymbol{\delta}\left(\boldsymbol{\beta}\right)\right) = \frac{4\pi}{\lambda}\Delta z_s\left(\boldsymbol{\delta}\left(\boldsymbol{\beta}\right)\right)\cos^2\left(\xi/2\right) \tag{6-49}$$

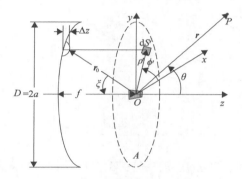

图 6.32　反射面误差示意图

当有主反射面误差时，口径面不再是等相位面，天线在轴线方向上的辐射场将不再彼此同相，导致合成场强减弱，因此天线增益会下降。根据能量守恒原理，包含在主瓣上的能量会减少，而其他方向的能量则相应增加，因而副瓣电平就会升高。这里给出了随机误差和系统误差同时存在时，主反射面误差与口径面相位误差的函数关系。将此相位误差信息引入电磁场的分析模型中，便可得到主反射面误差对反射面天线电性能影响的数学模型为

$$\begin{aligned}\boldsymbol{E}\left(\theta,\phi\right) = \iint\limits_{A} \boldsymbol{E}_0\left(\rho',\phi'\right) \cdot \exp\left\{\mathrm{j}\left[k\rho'\sin\theta\cos\left(\phi-\phi'\right)\right]\right\} \\ \cdot \exp\left\{\mathrm{j}\left[\varphi_s\left(\boldsymbol{\delta}\left(\boldsymbol{\beta}\right)\right) + \varphi_r\left(\gamma\right)\right]\right\}\rho'\mathrm{d}\rho'\mathrm{d}\phi'\end{aligned} \tag{6-50}$$

6.8.3　馈源位置误差的影响

反射面天线在外部载荷的影响下，除主反射面变形外，还会引起馈源的位置

偏移和姿态偏转。因此，馈源的位置和指向误差对天线电性能的影响也需考虑。

馈源位置误差，即馈源相位中心位置发生改变。在馈源相位中心位置误差较小的情况下，位置误差对口径面电磁场幅度的影响可忽略不计，而认为只引起口径面相位误差。设馈源位置误差为 $\boldsymbol{d}$，观察图 6.33，则有

$$\boldsymbol{r}_0' = \boldsymbol{r}_0 - \boldsymbol{d}\big(\delta(\beta)\big) \approx \boldsymbol{r}_0 - \hat{\boldsymbol{r}}_0 \cdot \boldsymbol{d}\big(\delta(\beta)\big) \tag{6-51}$$

式中，$\hat{\boldsymbol{r}}_0$ 为 $\boldsymbol{r}_0$ 方向的单位矢量。

由此可得馈源位置误差影响下的口径面相位误差为

$$\varphi_f\big(\delta(\beta)\big) = k\,\hat{\boldsymbol{r}}_0 \cdot \boldsymbol{d}\big(\delta(\beta)\big) \tag{6-52}$$

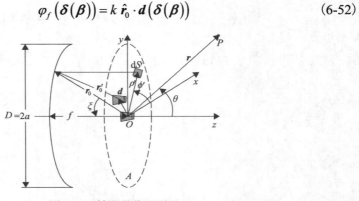

图 6.33　馈源的位置误差

当馈源存在沿轴线方向的误差(纵向偏移)时，馈源位置误差引起的口径面相位误差是对称的，类似于出现平方相位偏差，则远场的最大辐射方向不变，增益降低，旁瓣电平升高，主瓣宽度增加。当馈源沿垂直于轴线方向移动(横向偏移)时，口径面相位误差接近于线性相位偏差，天线方向图主瓣最大辐射方向将偏离轴线一定角度，这时方向图变得不对称，靠近轴线一边的旁瓣电平将明显升高，而另一边旁瓣电平将减小，主瓣宽度变化不大，增益损失较小。将此相位误差信息引入电磁场的分析模型中，便得到馈源位置误差对反射面天线电性能影响的数学模型为

$$\begin{aligned}
\boldsymbol{E}(\theta,\phi) &= \iint_A \boldsymbol{E}_0(\rho',\phi') \cdot \exp\big\{\mathrm{j}\big[k\rho'\sin\theta\cos(\phi-\phi')\big]\big\} \\
&\quad \cdot \exp\big\{\mathrm{j}\big[\varphi_f\big(\delta(\beta)\big)\big]\big\}\rho'\,\mathrm{d}\rho'\,\mathrm{d}\phi'
\end{aligned} \tag{6-53}$$

6.8.4　馈源指向误差的影响

馈源指向误差，可理解为馈源的初级方向图发生偏移。当馈源与负 z 轴方向存在指向误差 $\Delta\xi$ 时，依据图 6.34 中的馈源指向误差几何关系，可知新的指向角

度为

$$\xi' = \xi - \Delta\xi\big(\boldsymbol{\delta}(\boldsymbol{\beta})\big) \tag{6-54}$$

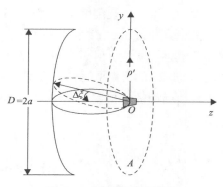

图 6.34　馈源的指向误差

受天线结构位移场的影响，馈源方向图 $f(\xi,\phi')$ 在 ϕ' 方向同样也将存在指向误差 $\Delta\phi'$，即

$$\tilde{\phi}' = \phi' - \Delta\phi'\big(\boldsymbol{\delta}(\boldsymbol{\beta})\big) \tag{6-55}$$

可得到受馈源指向误差影响下的馈源方向图为

$$\boldsymbol{f}_0\big(\xi',\tilde{\phi}'\big) = \boldsymbol{f}_0\big(\xi - \Delta\xi\big(\boldsymbol{\delta}(\boldsymbol{\beta})\big),\phi' - \Delta\phi'\big(\boldsymbol{\delta}(\boldsymbol{\beta})\big)\big) \tag{6-56}$$

馈源角度误差将带来口径面的幅度误差，天线的最大辐射方向不会改变，反而旁瓣电平将升高。可以看出，馈源位置误差会带来口径面场分布的相位误差，而馈源角度误差将会引起口径面场分布的幅度误差。由于馈源的两种误差对电磁场的影响关系不同，可叠加起来得到馈源误差与电磁场的关系模型，即在馈源误差的影响下，口径面上的归一化场分布为

$$E_0 = \frac{\boldsymbol{f}_0\big(\xi - \Delta\xi\big(\boldsymbol{\delta}(\boldsymbol{\beta})\big),\phi' - \Delta\phi'\big(\boldsymbol{\delta}(\boldsymbol{\beta})\big)\big)}{r_0}\exp\Big\{\mathrm{j}\big[\varphi_f\big(\boldsymbol{\delta}(\boldsymbol{\beta})\big)\big]\Big\} \tag{6-57}$$

将此馈源误差信息引入电磁场的分析模型中，便可得到馈源误差对反射面天线电性能影响的数学模型为

$$E(\theta,\phi) = \iint_A \frac{\boldsymbol{f}_0\big(\xi - \Delta\xi\big(\boldsymbol{\delta}(\boldsymbol{\beta})\big),\phi' - \Delta\phi'\big(\boldsymbol{\delta}(\boldsymbol{\beta})\big)\big)}{r_0} \cdot \exp\Big\{\mathrm{j}\big[k\rho'\sin\theta\cos(\phi-\phi')\big]\Big\}$$
$$\cdot \exp\Big\{\mathrm{j}\big[\varphi_f\big(\boldsymbol{\delta}(\boldsymbol{\beta})\big)\big]\Big\}\rho'\,\mathrm{d}\rho'\,\mathrm{d}\phi' \tag{6-58}$$

6.8.5　机电两场耦合模型

在天线实际工程应用中，自重、风及温度等外部载荷，将使主反射面发生变形 Δz_s、馈源位置偏移 d 和姿态偏转 $(\Delta\xi,\Delta\phi')$，这些最终将导致天线电性能下降。为反映这些误差的影响，可建立如下主反射面误差(包括系统和随机误差)、馈源位置误差和指向误差对电磁场影响的机电两场耦合模型，其中系统误差来自结构的系统变形，同时考虑主反射面板的随机误差 Δz_r，从而可得到如下所示的反射面天线机电两场耦合模型：

$$
\boldsymbol{E}(\theta,\phi)=\iint_A \frac{\boldsymbol{f}_0\big(\xi-\Delta\xi(\boldsymbol{\delta}(\boldsymbol{\beta})),\phi'-\Delta\phi'(\boldsymbol{\delta}(\boldsymbol{\beta}))\big)}{r_0}\cdot\exp\big\{j\big[k\rho'\sin\theta\cos(\phi-\phi')\big]\big\}
$$
$$
\cdot\exp\big\{j\big[\varphi_f(\boldsymbol{\delta}(\boldsymbol{\beta}))+\varphi_s(\boldsymbol{\delta}(\boldsymbol{\beta}))+\varphi_r(\gamma)\big]\big\}\rho'\mathrm{d}\rho'\mathrm{d}\phi' \tag{6-59}
$$

式中，$\boldsymbol{f}_0\big(\xi-\Delta\xi(\boldsymbol{\delta}(\boldsymbol{\beta})),\phi'-\Delta\phi'(\boldsymbol{\delta}(\boldsymbol{\beta}))\big)$ 为反射面结构位移场引起的馈源指向误差对口径场幅度的影响项；$\varphi_f(\boldsymbol{\delta}(\boldsymbol{\beta}))$ 为馈源位置误差对口径场相位的影响项；$\varphi_s(\boldsymbol{\delta}(\boldsymbol{\beta}))$ 为主反射面表面变形对口径场相位的影响项；$\varphi_r(\gamma)$ 为主反射面面板随机误差对口径场相位的影响项[46-48]。

该场耦合模型将结构位移场的参数(主反射面的结构变形、馈源位置的偏移量和馈源指向变化的角度)和面板加工误差，引入到了天线远场方向图的计算公式中。而结构位移场又是结构参数(背架、馈源支撑结构的形状、尺寸、拓扑、类型等参数)的函数，从而将天线结构参数与电性能联系起来了。

反射面天线场耦合模型的特点可归纳为：①系统误差通过结构有限元分析准确得到，而以往的研究中一般假设系统误差以某种形式存在；②随机误差由实际面板的测量数据统计得到误差的均值和方差，耦合分析中可按照均值和方差产生一组随机误差，叠加到系统误差上模拟天线反射面，实现两种误差的综合；③该模型建立了天线结构参数与主要电性能之间的关系，为天线的机电耦合设计奠定了理论基础。

6.8.6　双反射面天线

前面讨论的是前馈式单反射面天线的机电场耦合模型，对于同样有着广泛应用的卡塞格伦双反射面天线，其机电场耦合建模过程类似，主要的区别是要确定双反射面天线的等效相位中心[49]。为此，在图 6.35 中，将馈源与副反射面视为等效到 O 点的辐射源。

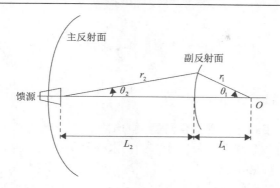

图 6.35　双反射面天线

假设馈源的辐射方向图为 $f(\theta_2)$，等效后的辐射方向图为 $f(\theta_1)$，由功率守恒条件可得

$$\left|f_E(\theta_1)\right| = \frac{L_2}{L_1}\sqrt{\frac{\sin\theta_2\,\mathrm{d}\theta_2}{\sin\theta_1\,\mathrm{d}\theta_1}} \cdot \left|f_E(\theta_2)\right|, \quad 0 \le \theta_1 \le \theta_m \tag{6-60}$$

$$\left|f_H(\theta_1)\right| = \frac{L_2}{L_1}\sqrt{\frac{\sin\theta_2\,\mathrm{d}\theta_2}{\sin\theta_1\,\mathrm{d}\theta_1}} \cdot \left|f_H(\theta_2)\right|, \quad 0 \le \theta_1 \le \theta_m \tag{6-61}$$

因为

$$\begin{cases} \mathrm{d}s = r_1^2 \sin\theta_1\,\mathrm{d}\theta_1\,\mathrm{d}\varphi = r_2^2 \sin\theta_2\,\mathrm{d}\theta_2\,\mathrm{d}\varphi \\ r_1 \sin\theta_1 = r_2 \sin\theta_2 \end{cases} \tag{6-62}$$

故

$$\left|f_E(\theta_1)\right| = \frac{L_2 r_1(\theta_1)}{L_1 r_2(\theta_2)} \cdot \left|f_E(\theta_2)\right| \tag{6-63}$$

$$\left|f_H(\theta_1)\right| = \frac{L_2 r_1(\theta_1)}{L_1 r_2(\theta_2)} \cdot \left|f_H(\theta_2)\right| \tag{6-64}$$

当副面位于馈源的远场时，并设初级馈源的辐射场为球面波，则等效到 O 点的相位方向图为

$$\exp\left[-\mathrm{j}kr_2(\theta_2) + \mathrm{j}kr_1(\theta_1)\right] \tag{6-65}$$

上述等效方法对双曲副面或修正型副面的机电场耦合模型都是适用的。

6.9　机电场耦合模型的求解

6.9.1　场耦合模型的求解流程

由于反射面天线的机电场耦合模型中的结构变形来自有限元分析，反射面面板的随机误差来自数据统计。随机误差的引入一般是按照某种反射面板加工误差的均值和方差，实际应用时产生一组相同均值和方差的随机误差，叠加到天线结构变形中反射面板的系统误差上去，得到天线主反射面的误差数据。由于这些误差数据具有非轴对称性和空间离散的特点，无法直接引入理想反射面天线计算时使用的 Bessel 函数，以简化场耦合模型的双重积分表达式。因此，需要将天线口径面划分为 N 个单元，用数值积分方法计算反射面天线的场耦合模型，其中每个单元的误差信息来自天线结构分析的变形信息（主反射面变形、馈源位置和指向误差）和反射面板的随机误差。

另外，在天线结构分析时，需要将天线模型进行有限元网格划分，单元类型和网格形式由结构分析要求确定。反射面天线场耦合模型的数值积分，即电磁分析通常要求将天线口径面 N 个单元的网格尽量均匀化，且要求单元网格的边长为天线工作波长的三分之一左右。可见，这两套网格是独立的，不但网格形式不同，而且网格数量差异较大，造成结构和电磁网格严重不匹配的问题。针对两套网格不匹配的问题，目前主要有两种处理方法。①以电磁分析网格为主，从结构网格直接拟合出反射面的新曲面，然后在新曲面上划分电磁网格，进行电磁分析。其优点是电磁分析的单元网格生成便利，有利于电磁计算。其缺点是拟合方法将引入新的拟合误差，导致结构误差与实际不符，使电磁分析结果精度降低。②以结构分析网格为主，将结构网格直接进行处理，得到电磁分析软件（如 FEKO）能够识别的节点数据文件，将此数据文件导入电磁场分析软件中，进行电性能分析。其优点是结构分析得到的结构变形细节信息得到保留，有利于电磁分析的准确性。其缺点是结构网格往往不能满足电磁分析的要求，尤其高频段大口径天线，需要进一步处理结构网格，以保证计算的精度。处理过程主要包括网格的细化、均匀化和三角化，过程复杂烦琐。而且细化网格时，将结构网格单元作为平面处理，忽视了实际结构变形引起的单元曲率变化，在高频计算时会引入较大误差。其中网格为三角形是 FEKO 软件电磁分析时所要求的网格形式。这两种处理方法的共同缺点是不能引入天线反射面板的随机误差信息，导致与实际情况不符，天线工作在较高频率时将引入较大的计算误差[50-54]。其中，应用 FEKO 软件求解的具体流程如图 6.36 所示。

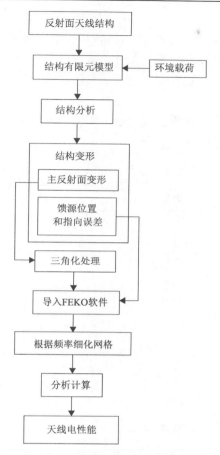

图 6.36 应用 FEKO 软件的分析流程

6.9.2 场耦合模型的计算方法

针对场耦合模型求解中存在的问题，为避免烦琐的网格处理过程，加快计算速度，提高计算精度，这里给出图 6.37 所示的计算流程，具体步骤如下。

(1) 根据天线结构的特点，建立天线结构的有限元模型，根据天线服役的工况，施加载荷，进行结构分析，得到天线结构的变形信息。

(2) 对天线反射面板进行型面精度测量，得到面板的均值和方差，获得面板的随机误差。

(3) 提取结构变形信息中主反射面的结构网格和馈源 (副面) 的位置和指向变化。

(4) 应用网格转换矩阵，通过结构网格得到电磁网格和内部计算点，其中内部计算点的位移通过有限元形函数插值计算，并叠加上相应的面板随机误差，得到内部计算点在天线口径面上的相位误差；根据馈源的位置和指向误差计算相应的天线口径面幅相误差。

(5)根据结构有限元分析时的单元具体形式(主反射面网格可为三角形、四边形、六边形等),可选择相应的高斯积分公式。

(6)按照天线主瓣波束宽度确定远场的离散精度,设置馈源的初级方向图函数或口径场分布函数。

(7)利用场耦合模型,计算天线远场方向图,并提取主要的电性能指标。

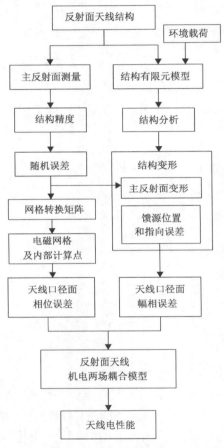

图 6.37　反射面天线场耦合模型计算流程

6.10　偏置抛物面天线机电场耦合模型

6.10.1　偏置天线的特点

在各种反射面天线中,应用最广泛的是传统的前馈式旋转对称反射面天线,它在面天线发展史上起了奠基作用。但是,这种天线有其固有的不足,不能满足某些领域电子信息系统对天线的高增益、低副瓣、低交叉极化的指标要求。随着寄生辐射标准的严格化，以及频率复用带来的极化隔离要求的提升，口径遮挡导致的问题日益显著。其次，反射面的反射作用导致馈源喇叭驻波特性的恶化。偏置反射面天线是选取对称反射面的一部分而避开馈源及其支杆的遮挡，如图 6.38 所示，这样可以消除由于遮挡造成的副瓣电平上升，同时又改善馈源的电压驻波比，可以获得较好的电性能。并且，偏置结构可采用较大的焦径比，不仅可有效降低阵列馈源相邻单元间的直接互耦，还能更好地抑制交叉极化。

图 6.38　偏置反射面天线

除了卫星通信等方面，偏置反射面天线的另一项重要应用是高功率微波应用。在进攻性电子战装备体系中，电子硬摧毁武器扮演着越来越重要的角色。电子硬摧毁武器可分为两大类，即反辐射导弹（ARM）和高功率微波武器（HPMW）。HPMW是一种区域性的定向能（DEW）武器，只需要把目标置于天线波瓣宽度内，对系统中关键而又敏感易损的电子电路达成永久性功能毁伤，从而使目标系统完全失效。高功率微波武器要作为防空武器应用，频率一般为1～300GHz，脉冲功率在吉瓦（GW）级，需要突破以下三项关键技术：①高功率微波源技术；②超宽带和超短脉冲技术；③高增益天线技术。在众多天线系统之中，最适于高功率微波应用的天线系统当属偏置反射面天线[55-57]。

6.10.2　偏置天线的几何特性

偏置反射面是在对称抛物反射面上截取一部分做成的，因此仍满足抛物面的几何特性。图 6.39 给出了常见偏置反射面天线的几何关系，f 为抛物面的焦距，D 为单偏置抛物面在 xOy 平面上的投影直径，又称偏置抛物面天线的口径。H 为偏置抛物面的下边缘偏置高度。抛物面上一点 $P(x, y, z)$ 的抛物面方程为

$$\rho^2 = x^2 + y^2, \quad \rho^2 = 4fz \tag{6-66}$$

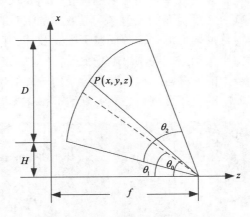

图 6.39　偏置抛物面天线的几何示意图

θ_1 是图 6.39 中抛物面上下边缘夹角的角平分线与 z 轴的夹角，为

$$\theta_1 = \arctan\left[\frac{2f(D+2H)}{4f^2 - H(D+H)}\right] \tag{6-67}$$

半张角 θ_2 为

$$\theta_2 = \arctan\left[\frac{2fD}{4f^2 + H(D+H)}\right] \tag{6-68}$$

馈源轴指向反射面的中心，与 z 轴的夹角 θ_0 为

$$\theta_0 = \arctan\left[\frac{H+D/2}{2f}\right] \tag{6-69}$$

用 f、θ_1 和 θ_2 表示 D 和 H 得

$$D = 4f \sin\theta_2 / (\cos\theta_1 + \cos\theta_2) \tag{6-70}$$

$$H = 2f \tan\left[(\theta_1 - \theta_2)\right]/2 \tag{6-71}$$

6.10.3　偏置天线的馈源

馈源是偏置反射面天线分析中的关键部分，馈源的辐射特性直接影响偏置反射面天线的性能。由于馈源的设计十分复杂，不在本书的研究范围之内，所以这里只作简单介绍。

　　偏置抛物面天线的馈源通常应满足馈源方向图和偏置反射面张角配合，使天线增益最大，同时尽可能减少越过抛物面边缘的能量损失，使口径照射均匀。对于馈源，相位中心是一个很重要的参数，用于确定馈源与抛物面焦点的相对位置，这样才能保证使相位中心与焦点重合时，偏置抛物面的口径场为同相场，否则将引起天线的方向图畸变。

　　馈源的类型很多。根据天线的工作频段和特定用途可选择不同的馈源。偏置反射面天线通常工作在微波频段，馈源多采用波导辐射器和喇叭。

6.10.4　机电场耦合模型

　　与圆抛物面天线类似，在偏置反射面天线的实际工程应用中，温度、风及自重等外部载荷与天线制造装配误差将使反射面发生变形 Δz、馈源发生位置偏移 $\boldsymbol{d}$ 和姿态偏转 $\Delta\theta_0$、$\Delta\phi_0$，影响天线口径场的幅度和相位分布，最终将导致天线电性能的下降。综合考虑这些结构误差，为反映这些结构误差对偏置反射面天线辐射场的影响，建立如下反射面误差、馈源误差对天线辐射场影响的机电两场耦合模型[58-61]。

$$E(\theta,\phi)=\iint_A \frac{f_{\mathrm{err}}(\theta_0,\Delta\theta_0,\phi_0,\Delta\phi_0)}{r_0}\cdot\exp\left[jk\sin\theta(x\cos\phi+y\sin\phi)\right]$$
$$\cdot\exp j\left[\psi_s(\boldsymbol{\delta}(\boldsymbol{\beta}))+\psi_r(\gamma)+\psi_f\right]\mathrm{d}x\mathrm{d}y \tag{6-72}$$

式中

$$f_{\mathrm{err}}(\theta_0,\phi_0)=f\left\{\arccos(-\sin\theta_0\cos\phi_0\sin\alpha'+\cos\theta_0\cos\alpha'),\right.$$
$$\left.\arcsin\frac{\sin\theta_0\cos\phi_0\cos\alpha'\sin\phi'+\sin\theta_0\sin\phi_0\cos\phi'+\cos\theta_0\sin\alpha'\sin\phi'}{\sqrt{w^2+u^2}}\right\}$$

$$\tag{6-73}$$

式中，$\alpha'=\alpha+\Delta\theta_0$；$\phi_0=\Delta\phi_0$；$\Delta\theta_0$、$\Delta\phi_0$ 为馈源指向误差；$f_{\mathrm{err}}(\theta_0,\Delta\theta_0,\phi_0,\Delta\phi_0)$ 为馈源指向误差对口径场分布的影响项；$\psi_s(\boldsymbol{\delta}(\boldsymbol{\beta}))=\dfrac{4\pi}{\lambda}\Delta z_s(\boldsymbol{\delta}(\boldsymbol{\beta}))\cos^2(\theta_0/2)$ 为反射面系统误差对口径场相位的影响项；$\psi_r(\gamma)=\dfrac{4\pi}{\lambda}\Delta z_r(\gamma)\cos^2(\theta_0/2)$ 为反射面随机误差对口径场相位的影响项；$\psi_f=\dfrac{2\pi}{\lambda}\left[\Delta\rho_0\sin\theta_0\cos(\phi_0-\phi_0')+\Delta z_0\cos\theta_0\right]$ 为馈源位置误差对口径场相位的影响项。其中，$\Delta z_s(\boldsymbol{\delta}(\boldsymbol{\beta}))$ 为反射面轴向系统误差；$\Delta z_r(\gamma)$ 为反射面轴向随机误差；γ 为天线制造、装配等过程中的随机误差，$\boldsymbol{\delta}(\boldsymbol{\beta})$ 为天线结构位移；$\boldsymbol{\beta}$ 为天线结构设计变量。

6.10.5　星载偏置天线的机电耦合分析方法

　　星载偏置抛物面天线的热分析贯穿于卫星的研制和运行的全过程，对其运行阶段的温度场变化进行准确计算是非常必要的。原因有以下几个方面：首先，热分析要为热设计提供基本依据，如外热流的大小、天线结构各部分受阳光照射的角度和照射时间等；第二，热设计过程中需要通过热分析来确定各种热控措施的效果，进行热优化设计；第三，为热环境模拟实验提供环境变化的依据；第四，预测天线偏离设计运行工况时可能产生的温度偏差[62, 63]。

　　星载偏置抛物面天线热分析的基本步骤如图 6.40 所示。首先在天线的总体设计之后，了解其结构功能及特点，并在此基础上构造工程分析有限元模型（FEM）；其次根据轨道条件、天线结构形式及热物性参数，进行角系数、辐射交换因子、空间外热流的计算；再在建立的有限元模型上求解天线结构在空间热环境作用下的温度场、应力场和变形场；最后应用机电场耦合模型计算热变形时天线的电性能，并分析热变形对天线电性能的影响。

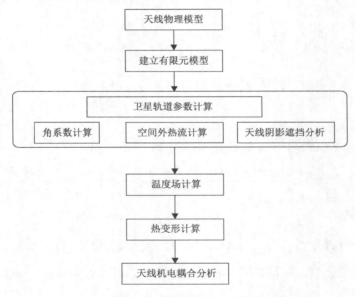

图 6.40　热分析技术流程图

　　由星载偏置抛物面天线热分析的基本步骤可知，其热分析主要是包括轨道计算、外热流计算、温度计算、热应力和变形计算四个方面。热分析的目的是根据天线在轨运行时的受热状况得到天线在轨的温度分布，计算天线的热变形，进而对星载天线进行机电耦合分析，以在给定的运行条件下预测天线的电性能。

　　按上述步骤，星载偏置天线分析的主要工作如下。

　　（1）卫星轨道参数计算分析：确定在轨道运行的任何时刻，卫星、地球和太阳之间的相对几何关系，以用于卫星外热流的计算。

(2)空间外热流计算分析:计算在轨道各个时刻卫星表面各部分所经受的太阳直接辐射、地球反射太阳辐射和地球红外辐射的辐射密度。

(3)天线结构自身阴影计算分析:主要计算不同天线结构在空间不同位置和不同运动状态下照射阳面面积和阴面面积，为后续热分析提供对应的边界条件。

(4)温度场计算和应力变形场计算:通过模拟仿真，计算在空间热环境作用下天线结构的温度分布、变形分布。

(5)天线电性能影响分析:应用偏置抛物面天线机电耦合模型对热变形后的星载天线进行电性能计算，分析天线型面精度和电性能的变化情况。

这里用 I_DEAS TMG 模块对地球同步轨道上工作的偏置抛物面天线在轨温度进行求解(见图 6.41)。由于 I-DEAS 有与 ANSYS 文件的接口，故可将 ANSYS 中建立的偏置抛物面天线结构有限元模型直接导入 I_DEAS 中，作为天线进行在轨温度分析的有限元模型，天线 z 轴指向地心。TMG 模块中还需要定义天线结构的材料属性。

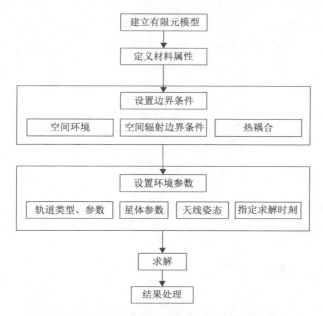

图 6.41　星载偏置抛物面天线在轨温度分析流程

天线的温度变化过程可按以下原则确定:在发射升空前，偏置抛物面天线被放置在容器内，所处的环境为地面环境。升空后，太空环境温度约为–269℃，为了研究方便，忽略星体等其他环境热对天线的影响，以太空环境温度作为天线起始温度进行分析。天线的轨道参数为 I_DEAS 中默认的地球同步轨道参数，天线的空间环境参数如下所述。

太阳是天线在地球同步轨道上运行时所遇到的最大的外热源。根据测量表明，在太阳至地球的平均距离处，其热辐射密度为 1300～1400W/m² 。一般采用伽利

略的 $1353\text{W}/\text{m}^2$ 这个数据，即太阳在单位时间内投射到距太阳一个天文单位处并垂直于射线方向的单位面积上的全部辐射能，称为太阳常数。太阳常数是指平均日地距离处的数值，即地球绕太阳运行轨道的平均半径处的数值。实际上，地球与太阳的距离在一年之中不断变化，在远地点(夏至日)，到达地球的太阳辐射值比上述平均值小 3.27%，在近日点(冬至日)，到达地球的太阳辐射值比上述平均值大 3.42%。因此，对天线结构进行温度分析时取得的太阳常数数值如表 6.3 所示。另外，考虑地球的红外辐射，将其当作 254K 绝对黑体；考虑地球反射，地球对太阳的反射率为 $\rho = 0.3$；忽略卫星体对天线的辐射和导热，不计其他行星的热辐射；外层空间为绝对黑体。

表 6.3　太阳常数取值

节气	春分	夏至	秋分	冬至
太阳常数/(W/ m^2)	1377.2	1323.06	1356.8	1410.94

通过查阅相关资料可知，在春分、夏至、秋分和冬至点上，天线处于正照、侧照时，最高、最低温度变化不大，但在阴影区变化很大。这是由于当太阳在春分和秋分位置上，天线有进出地球的阴影区，而对于同步轨道，夏至和冬至点是全日照。因此，春分点上天线在轨温度分布具有代表性。

6.11　面天线增益损失计算方法

6.11.1　增益损失

多数实用馈源的两主平面方向图差异不大，接近于圆对称。这里假设天线馈源功率方向函数为

$$G_f\left(\xi,\phi'\right) \approx G_f\left(\xi\right) = G_{f0}f^2\left(\xi\right) = \begin{cases} 2(n+1)\cos^n\xi, & 0 \leq \xi \leq \pi/2 \\ 0, & \pi/2 < \xi \leq \pi \end{cases} \tag{6-74}$$

在面天线电磁性能分析中，馈源功率方向函数指数 n 多数取为 4。

天线结构设计中长期沿用著名的 Ruze 公式来计算天线反射面误差对天线增益的影响。这是用统计理论来分析满足高斯定理随机分布的表面误差，估计某一给定表面公差对大量天线平均电性能产生的影响，具体公式如下：

$$G = G_0 k_g = G_0\,\mathrm{e}^{-\left(\frac{4\pi\varepsilon}{\lambda}\right)^2} \tag{6-75}$$

式中，G 为有误差时的实际天线增益；G_0 是无误差时的理论天线增益；k_g 是天线增益损失因子(无量纲)；ε 是天线反射面的半波程差的均方根值。

　　Ruze 公式对分析随机误差对天线增益的影响是非常有用的，它对制定天线加工精度、安装精度是十分有效的，这一点已在半个多世纪的天线工程中得到大家的共识。但是从其推导过程和天线结构机电耦合建模的角度分析，其存在以下不足：①Ruze 公式以 GO 为基础，其模型的近似程度较大；②Ruze 公式只能保证增益指标，但基于表面均方根误差的统计方法计算的辐射方向图和实测方向图之间有非常明显的差别；③Ruze 公式不考虑天线口径相位差，只是给定表面精度，因而不适合进行天线机电一体化设计，同时过高的表面精度会使天线结构笨重、设计、加工成本急剧增大；④Ruze 公式以随机误差为研究对象，而天线结构设计过程主要考虑的是自重变形、温度载荷等，导致的相应误差是系统误差，如随机风荷的风速功率谱确定，也可把风荷引起的反射面变形作为系统误差分析，这些变形量的大小与分布可根据计算结构力学来得到，因此可用天线机电耦合两场耦合模型来进行定量的确定性分析[64-66]。

　　另一种计算天线增益损失的方法是 Christiansen & Hogbom 方法，即通过分析天线口径平面上波前相位变化及口径电场的矢量分析，得到增益损失因子：

$$k_{\mathrm{g}} = \left(\frac{E_0 \cos \Delta \phi}{E_0} \right)^2 = \cos^2 \left(720° \frac{\varepsilon}{\lambda} \right) \tag{6-76}$$

　　图 6.42 同时给出了以上两种方法分析天线增益损失因子随均方根表面误差的波长数而变化的函数曲线。两种方法应用的前提都是假定表面节点误差之间至少有一个波长的相关距离。

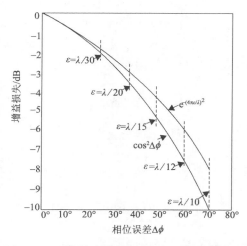

图 6.42　天线增益损失与表面误差的关系曲线

　　理论分析指出，反射面有误差时，其增益的降低只与误差的均方值有关，而和个别点的误差最大值无关。因此相关资料引入天线电磁计算中包含天线焦距和口径的相关因子 k_{f}，并结合天线反射面表面法向误差来计算天线增益损失：

$$\Delta G = 10 \lg \frac{G}{G_0} = 10 \lg e^{-(4\pi k_f \varepsilon_n / \lambda)^2} = -685.810 \left(\frac{k_f \varepsilon_n}{\lambda} \right)^2 \qquad (6\text{-}77)$$

式中，ε_n 为反射面法线方向的表面误差均方根值，相关因子 k_f 的表达式为

$$k_f \approx \frac{4F}{D} \sqrt{\ln \left[1 + \frac{1}{\left(4F/D \right)^2} \right]} \qquad (6\text{-}78)$$

同时假设：①辐射面上各点的误差是随机的，按正态规律分布；②采样节点均匀分布在天线口面上；③节点的间隔为波长的数倍，所以彼此不相关；④有误差的节点数目很大。式(6-77)可作为 Ruze 公式的改进，在面天线结构设计中应用[67]。

若分析天线结构，得到的表面误差是径向误差均方根 ε_ρ 时，可用下式来计算天线增益损失：

$$\Delta G = 10 \lg e^{-(2\pi \varepsilon_\rho / \lambda)^2} \approx 10 \lg \left[1 - \left(2\pi \varepsilon_\rho / \lambda \right)^2 \right] \qquad (6\text{-}79)$$

对于一般瞬态风荷，根据 Ruze 公式，可推导出其相应风速与天线增益的关系[68-72]。首先，因为瞬态风荷在天线反射面引起的风压正比于风速的平方，而反射面结构变形正比于风荷的大小。又由于天线增益损失正比于天线结构变形的平方。所以，可得到瞬态风荷与平均风速下的天线增益损失关系：

$$\Delta G = \Delta G_0 \left(\frac{V}{\bar{V}_0} \right)^4 \qquad (6\text{-}80)$$

式中，$\bar{V}_0$ 是基准平均风速；ΔG_0 为对于 $\bar{V}_0$ 的天线增益损失；V 是瞬态风荷的总速度，大小等于平均风速与脉动风速的和。

增益的变化量主要是热变形和指向误差的函数：

$$\frac{\Delta G}{G} = \frac{\sqrt{\varepsilon^2_{\text{pointing}} + \varepsilon^2_{\text{thermal}}}}{G} \qquad (6\text{-}81)$$

通常误差可以看作增益加上其变化量再与它本身之比：

$$\frac{G + \Delta G}{G} = 1 + \frac{\sqrt{\varepsilon^2_{\text{pointing}} + \varepsilon^2_{\text{thermal}}}}{G} \qquad (6\text{-}82)$$

天线的指向误差和热变形可以通过这些公式求出。

6.11.2　由增益变化量计算效率

天线效率也是天线增益下降系数，其表达式为

$$\eta_s = \frac{G}{G_0} \qquad (6\text{-}83)$$

此处的天线增益 G 和 G_0 是未取对数的。

通过推导，可得两种不同增益对应的天线效率的变化：

$$\frac{\eta_{s1}}{\eta_{s2}} = 10^{\frac{G_1 - G_2}{10}} \tag{6-84}$$

举个例子说明，某 6m 天线（工作频率为 3.6～4.2GHz）的轴向增益由 47.8dB 升至 48.4dB，则天线效率的提高程度 γ 为

$$\gamma = \frac{\eta_{s2} - \eta_{s1}}{\eta_{s1}} \times 100\% = \left(\frac{\eta_{s2}}{\eta_{s1}} - 1\right) \times 100\% = \left(10^{0.06} - 1\right) \times 100\% = 14.82\% \tag{6-85}$$

式(6-85)说明，新的天线效率相对于之前的效率提高了 14.82%。

6.12　基于机电耦合的馈源位置和指向优化设计

反射面变形可通过对其面板进行实时补偿，但由于面板存在加工误差，难以精确调整到理想反射面的情况。而且反射面板为主动可调时，将增加天线结构的重量，造成天线整体性能下降。为此，通过调整馈源补偿反射面变形和馈源误差是行之有效的办法。另外，针对反射面的变形情况，还有应用阵列馈源的补偿方法来补偿反射面变形对电性能的影响[73]。

6.12.1　馈源位置和指向的优化模型

在反射面变形已知的情况下，根据天线电性能指标中，天线增益为较为重要的电参数，构造了天线增益损失 ΔG 最小时，寻求变形反射面天线的馈源位置 $\boldsymbol{d}$ 和指向 $(\Delta\xi, \Delta\phi')$ 的优化模型。

$$\text{Find} \qquad \boldsymbol{d}、\Delta\xi、\Delta\phi' \tag{6-86}$$

$$\text{Min} \quad \Delta G = -20\lg\left(\frac{\max\left(\left|\boldsymbol{E}(\theta,\phi)\right|\right)}{\max\left(\left|\boldsymbol{E}_0(\theta,\phi)\right|\right)}\right) \tag{6-87}$$

$$\text{s.t.} \quad \Delta\xi_{\min} \le \Delta\xi \le \Delta\xi_{\max}$$

$$\Delta\phi'_{\min} \le \Delta\phi' \le \Delta\phi'_{\max} \tag{6-88}$$

$$\left|\boldsymbol{d} - \boldsymbol{d}_1\right| \le d_0$$

式中，$\Delta\xi_{\min}$、$\Delta\xi_{\max}$、$\Delta\phi'_{\min}$、$\Delta\phi'_{\max}$ 分别为馈源指向在 ξ、ϕ' 方向角度偏移量的下、上限值；$\boldsymbol{E}(\theta,\phi)$ 为变形反射面天线的远场表达式；$\boldsymbol{E}_0(\theta,\phi)$ 为理想反射面天线的远场表达式；$\boldsymbol{d}_1$ 为最佳吻合面所确定的新焦点位置，d_0 为以 $\boldsymbol{d}_1$ 为中心的馈源

位置偏移量上限值,可减少馈源位置优化时的搜索空间,使优化模型更快地达到收敛[74-79]。

优化模型给出了在反射面变形已知情况下,增益损失最小时的馈源位置和指向。然而实际中,反射面变形和馈源误差是同时存在的,优化分析确定的馈源位置和指向应去除天线结构变形引起的馈源误差,才是馈源应调整的位置和角度。

6.12.2 馈源位置和指向的优化流程

变形反射面天线馈源位置和指向的优化分析流程如图6.43所示。首先,根据反射面天线的结构、形状、拓扑、类型等参数,建立其有限元模型;其次,考虑天线在实际工况中受到的环境载荷信息,如自重、风、惯性、冰雪等,施加到天线有限元模型上,进行结构有限元分析,给出反射面天线结构(包括主面和副面/馈源)的节点坐标和位移等;再者,由反射面变形计算天线口径面的相位误差,研制反射面天线机电两场耦合模型的分析程序,通过改变馈源的位置和指向计算天线的增益损失;然后,判断电性能指标是否满足增益损失最小的要求,若不满足则修改馈源的位置和指向,进行新的迭代。若满足则完成优化分析,输出馈源的位置和指向。最后,将优化分析得到的馈源位置和指向,去除掉反射面天线结构分析得到的馈源误差,获得馈源所需的位置和指向调整量。根据此调整量改变馈源的位置和指向,便可降低变形反射面对天线电性能的影响。

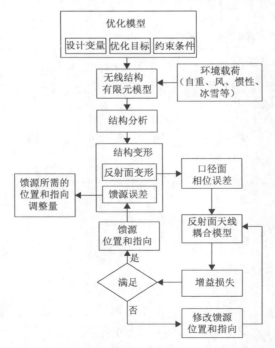

图 6.43　变形反射面天线馈源位置和指向的优化流程

6.13　天线最佳安装角的确定

6.13.1　最佳安装角的由来

大型天线反射面通常由几十至几百块反射面板拼装而成。为获得较好的反射面表面精度，各块面板的安装和调整就显得非常重要。其原则是尽可能使天线反射面在工作仰角处具有最高的表面精度，这样才能满足电气性能的指标要求。理论上，应该在天线的工作仰角处进行天线面板的安装与调整，然而，工程实际中这种情况不易实施，且工作人员安全系数低，特别是在天线口径非常大时尤其如此，因此应当选择在天线仰天姿态进行反射面的安装与调整。另外，有些天线是全可动的，其工作仰角为一区段，若在某一工作仰角将反射面板安装或调整到理论位置，当天线工作在其他工作仰角时，重力作用方向的改变又使反射面板偏离理论位置，导致天线表面精度下降以致电性能降低[80-82]。

天线反射面板的安装调整角是天线在规定俯仰范围内的某一仰角，在此仰角处对天线反射面进行安装、测量与调整，使整个反射面接近标准抛物面形状，这可以作为一种简单的方法来降低重力导致的反射面变形对天线增益等电性能的影响。天线反射面板安装调整时，在仰天状态或者在其他任意仰角 γ 下可以调到一个理想的抛物面形状；当天线工作时，天线会绕俯仰轴转动某个角度 α，天线结构因重力分布变化而产生变形，导致反射面的精度下降。所以选择一个合适的反射面调整角度，对于提高天线在其工作区间的整体性能效率是至关重要的[83, 84]。天线反射面板安装调整角的选择实际上是一种折中的方案，其目的要么是降低各仰角处的最大均方根误差，要么是使天线在整个工作仰角区段内平均误差最小。可通过选择合适的安装调整角使天线仰天变形和指平变形的均方根误差相等，即可达到第一个目的[85]。而对于第二个目的，则要通过设定各仰角处的加权系数来综合优化得到最佳的安装调整角。

6.13.2　最佳安装角的优化模型

当天线位于不同仰角位置时，背架结构与面板的自重不可能使其主反射面形状保持不变。图 6.44 所示为表面均方根误差随俯仰角度的变化情况。当天线反射面在工作仰角为 γ 时进行安装调整，理论上可以认为最佳吻合面为标准的抛物面。当俯仰轴转到 α 角时，反射面相对于最佳吻合面产生了不同程度的误差，以仰天和指平时为甚。这势必会影响天线在各个工作仰角的性能效率。为了使天线效率最佳，必须使天线在整个工作仰角范围内有合适的反射面精度。为此，确定在什么角度安装调整反射面是十分必要的。

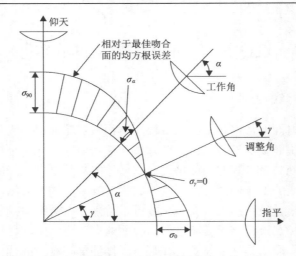

图 6.44　表面均方根误差随俯仰角度的变化

对于经常处于某一工作仰角或某一有限工作仰角区的天线，自然可选择其指向角为最佳调整角，如同步卫星地面站天线就属于这一类。对于全向可动天线，可根据跟踪目标的运动规律，将工作仰角分成若干个区段，求出目标在各个区段出现的概率，作为加权因子，并算出各区段由于自重变形引起的加权半波程差平方和，这样便可得到天线在整个工作仰角区内的半波程差的平方和为

$$E(\gamma) = \sum_a W_a \left[\sigma_0^2 \left(\cos\alpha - \cos\gamma \right)^2 + \sigma_{90}^2 \left(\sin\alpha - \sin\gamma \right)^2 \right] \tag{6-89}$$

式中，W_a 为区段 a 的概率加权因子，且 $\sum W_a = 1$；γ 为所求仰角；a 为区段变量。

于是可建立寻求最佳调整角的数学模型为

Find γ

$$\text{Min}\, E(\gamma) = \sum_a W_a \left[\sigma_0^2 \left(\cos\alpha - \cos\gamma \right)^2 + \sigma_{90}^2 \left(\sin\alpha - \sin\gamma \right)^2 \right] \tag{6-90}$$

s.t. $\underline{\gamma} \leq \gamma \leq \overline{\gamma}$

式中，$\underline{\gamma}$ 和 $\overline{\gamma}$ 分别表示天线工作仰角的下限和上限。

求解式 (6-90) 所示的规划问题便可得最佳调整角 γ^*。

为便于数值仿真计算，对问题进行一定的简化。假设天线的工作仰角范围为 $0 \sim \pi/2$，并且在各个仰角上出现的概率都相同，则式 (6-90) 可转化为

Find γ

$$\operatorname{Min} E(\gamma) = \frac{\pi}{2}\left(A\cos^2\gamma + B\sin^2\gamma\right) - 2\left(A\cos\gamma + B\sin\gamma\right) + \frac{\pi}{4}(A+B) \quad (6\text{-}91)$$

s.t. $0 \leq \gamma \leq \pi\big/2$

式中，$A = \sigma_0^2$；$B = \sigma_{90}^2$。那么，要使式(6-91)有解，必须有 $\dfrac{\partial E}{\partial \gamma} = 0$，即

$$\frac{\pi}{2}(1-g)\sin 2\gamma + 2g\sin\gamma - 2\cos\gamma = 0 \quad (6\text{-}92)$$

求解上述方程，即可得到天线反射面的最佳调整角 γ^*。由于天线结构重力在轴向的分量随俯仰角变化，导致指平时结构变形轴向误差要比仰天时结构变形轴向误差大，因此有 $g > 1$。σ_0 和 σ_{90} 可以通过结构分析软件得到；也可以通过不同俯仰角的测量值计算得到，但精度稍差一些。

6.14　天线面板调整量的计算

天线口径的增大，工作频率的提高，对天线反射面精度的要求也越来越高。提高天线的表面精度要全面考虑其影响因素，针对不同的变形采取不同的调整方法。从设计到制造，从装配到调整，在天线的整个生成过程中都要注意为提高天线的表面精度做工作。

天线反射面板调整技术是指利用特定的面板调整机构，改变天线面板的空间位置，使其上的每个靶标点最大限度地趋于理想反射面上的对应点，趋近程度越高表明反射面精度越高[40]。大型天线反射面一般由很多小块的面板拼装而成，每块面板上有 4～6 个安装点用于支撑机构与反射体的刚性背架连接。支撑机构同时又是调整机构，可以使单块面板的位置改变。当单块面板具有很好的刚度和面精度时，就可通过调整全部单元面板安装点的位置来提高整个反射面的精度[86, 87]。

大型天线反射面板靠调整其边缘处的螺栓来改变位置。调整螺栓时，面板上其他表面节点的位置亦随之改变。有时相邻几块反射面板共享一个调整螺栓，所以调整此螺栓时，这几块面板的相对位置关系都要改变。这样，原来已调整好的表面节点，在调整其他点时可能又偏离了自己的最佳位置，前面的工作就白费了。实际上在调整过程中，虽然可认为面板之间物理上没有干涉，但实际上所有面板的位置精度对口面场相位误差是有影响的，即它们在电性能上是耦合的。为此，根据调整过程中调整点和测量靶标点之间的位置关系，以表面精度为目标，可通过优化计算得出最佳调整量。

6.14.1 调整策略

大型天线反射面一般由很多块面板组装而成，这些面板共同承担着接收并汇聚电波的任务[88]。面板的拼装以中心辐射状的方式形成旋转抛物面。图 6.45 所示为 1/4 个反射面。

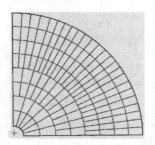

图 6.45　1/4 个反射面的面板构造图

对于构成抛物面的每块四角梯形面板，一般有四个调整机构，分别位于四个角上。面板的调整通过位于其角落的四个调整机构来加以实现，调整沿面板法向单独进行，而且调整量相对于面板的尺寸非常小。以下取出一块面板进行分析。

图 6.46 所示为一块梯形四角面板的空间位置调整示意图。设 A、B、C、D 四点为调整点，选择 A、B、C 三点作为主要调整点，第四点 D 作调整后加固之用。沿 A 点法向调整时，相当于整块面板绕直线 BC 转动，且转动量非常小。因为调整时忽略了面板变形，整个面板作刚体转动，所以面板上所有靶标点相对于直线 BC 都有一个相同的微小转动量。例如，面板上任意点 $P(x,y,z)$ 在 A 点调整后到达 $P'(x,y,z)$ 位置。可以根据 A 点的调整量计算出靶标点新位置的坐标，从而计算出靶标点调整之后相对于设计抛物面的半波程差。这样的方法作用于所有的靶标点，就可得到 A 点的一个调整量使得面板上的所有靶标点的半波程差的均方根值最小，即得到一个最佳的调整量。将这一方法应用于所有面板，就能得到所有面板的最佳调整量。

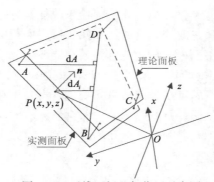

图 6.46　天线面板几何位置示意图

6.14.2 调整量的优化模型

1)相对于最佳吻合面的半波程差

如图 6.47 所示，在坐标系 $Oxyz$ 下，原点 O 为抛物面顶点，Oz 为焦轴，f 为焦距，x、y、z 为理论靶标点 P_0 的坐标，则抛物面方程为：$x^2 + y^2 = 4fz$。设实际靶标点 P_a 偏离对应点 P_0 的位移矢量 $u_a = [u_a, v_a, w_a]$，则 P_a 相对于理论面的半波程差可表示为

$$\delta_a = n_z \left(u_a \cdot n \right) \tag{6-93}$$

式中，$n = \left[n_x, n_y, n_z \right]$ 指理论靶标点 P_0 处的单位法向量。

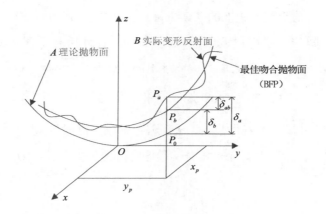

图 6.47 抛物面天线变形图

对于旋转抛物面天线，A 为理论设计面，B 为变形后的反射曲面。对于 B，总能找到一个最佳吻合抛物面 BFP。在 $Oxyz$ 中，设 BFP 对 A 的顶点位移为 u_A、v_A、w_A，按右手螺旋定向的轴线转角为 φ_x、φ_y，焦距 f 的增量为 h。吻合参数 $H = \left[u_A, \ v_A, \ w_A, \ \varphi_x, \ \varphi_y, \ h \right]$ 可利用前面所述的最小二乘法来求得。设最佳吻合抛物面上的靶标点 P_b 偏离对应点 P_0 的位移矢量为 $u_b = [u_b, \ v_b, \ w_b]$，因为反射面变形位移及其吻合参数均为微小量，忽略二阶微量，所以有

$$\begin{cases} u_b = u_A + z\varphi_y \\ v_b = v_A - z\varphi_x \\ w_b = w_A - x\varphi_y + y\varphi_x - hz/f \end{cases} \tag{6-94}$$

同式(6-94)，P_b 相对于理论反射面的半波程差为 $\delta_b = n_z \left(u_b \cdot n \right)$。所以靶标点相对于最佳吻合抛物面的半波程差为

$$\delta_{ab} = \delta_a - \delta_b = n_z \left[\left(\boldsymbol{u}_a - \boldsymbol{u}_b \right) \cdot \boldsymbol{n} \right] \tag{6-95}$$

2) 面板调整量与半波程差的关系

根据前面的推导，面板三个调整点分别调整 a_A、a_B、a_C 后，面板上靶标 $p_i(x,y,z)$ 所对应的新坐标为 $p_i'(x,y,z)$，则

$$\overline{OP_i'} = \overline{OP_i} + \boldsymbol{S}_i^k \boldsymbol{a}^k \tag{6-96}$$

式中，$\overline{OP_i'}$、$\overline{OP_i} \in R^{3\times1}$ 分别为从设计坐标系原点 $O(0,0,0)$ 到面点 $p_i'(x,y,z)$、$p_i(x,y,z)$ 的位置矢量；$\boldsymbol{S}_i^k = \left[\mathrm{sign}_{Ai} \dfrac{d_{Ai}}{d_A} \boldsymbol{n}_A, \mathrm{sign}_{Bi} \dfrac{d_{Bi}}{d_B} \boldsymbol{n}_B, \mathrm{sign}_{Ci} \dfrac{d_{Ci}}{d_C} \boldsymbol{n}_C \right]$ 为调整量对 $p_i(x,y,z)$ 的作用系数；$\boldsymbol{a}^k = [a_A, a_B, a_C]^{\mathrm{T}}$ 为第 k 块面板的调整向量。

若 $p_i(x,y,z)$ 为天线面板上的任意靶标点，则式(6-96)反映了调整点调整量与靶标点位置之间的关系。设调整前靶标点 $p_i(x,y,z)$ 相对于理论面的偏移向量 $\boldsymbol{u}_{ap} = \left[u_{ap}, v_{ap}, w_{ap} \right]$，则调整之后其偏离理论面的位移向量为

$$\boldsymbol{u}_{ap}' = \left[u_{ap}', v_{ap}', w_{ap}' \right] = \left[u_{ap}, v_{ap}, w_{ap} \right] - \boldsymbol{S}_i^k \cdot \boldsymbol{a}^k \tag{6-97}$$

由式(6-97)可知，半波程差等于法向偏差的轴向分量，且 $\overline{\boldsymbol{u}}_{bp} = \left[u_{bp}, v_{bp}, w_{bp} \right]$。因此，调整之后，反射面靶标点相对于最佳吻合面的半波程差为

$$\delta_p = n_z \left[\left(\boldsymbol{u}_{ap}' - \boldsymbol{u}_{bp} \right) \cdot \boldsymbol{n} \right] \tag{6-98}$$

设天线反射面共由 N_p 块面板组成；第 k 块面板上有 N_k 个靶标点，则对于单块面板 N_k 个靶标有

$$\boldsymbol{\delta}^k = \left[\delta_1^k, \delta_2^k, \cdots, \delta_{N_k}^k \right]^{\mathrm{T}} \tag{6-99}$$

$$\tilde{\boldsymbol{S}}^k = \left[\hat{\boldsymbol{S}}_1^k, \hat{\boldsymbol{S}}_2^k, \cdots, \hat{\boldsymbol{S}}_{N_k}^k \right]^{\mathrm{T}} \tag{6-100}$$

则

$$\boldsymbol{\delta}^k = \boldsymbol{\delta}_0^k + \tilde{\boldsymbol{S}}^k \cdot \boldsymbol{a}^k \tag{6-101}$$

对于整个天线反射面的所有面板，反射面上所有靶标点相对于最佳吻合面的半波程差向量为

$$\boldsymbol{\delta} = \left[\boldsymbol{\delta}^1, \boldsymbol{\delta}^2, \cdots, \boldsymbol{\delta}^{N_p} \right]^{\mathrm{T}} \tag{6-102}$$

所有反射面板的调整量为

$$\boldsymbol{a} = \left[\boldsymbol{a}^1, \boldsymbol{a}^2, \cdots, \boldsymbol{a}^{N_P} \right]^{\mathrm{T}} \tag{6-103}$$

联系调整量与表面误差的转换矩阵为

$$\boldsymbol{Q} = \begin{bmatrix} \tilde{\boldsymbol{S}}^1 & 0 & \cdots & 0 \\ 0 & \tilde{\boldsymbol{S}}^2 & \cdots & 0 \\ \vdots & \vdots & & \vdots \\ 0 & 0 & \cdots & \tilde{\boldsymbol{S}}^{N_P} \end{bmatrix} \tag{6-104}$$

则

$$\boldsymbol{\delta} = \boldsymbol{\delta}_0 + \boldsymbol{Q}\boldsymbol{a} \tag{6-105}$$

　　每块反射面板具有独立的一组调整机构，可单独进行调整，各面板之间物理上无耦合，所以 $\boldsymbol{Q}$ 为分块对角阵。对于多块面板共用某个调整机构的情况，面板之间存在物理上的耦合，此时 $\boldsymbol{Q}$ 不再是对角矩阵。

3) 面板调整量优化计算模型

　　天线表面的反射能力并不是处处相同的，这取决于表面点在整个反射面的分布情况。一般来说，越是靠近反射面中心的位置，反射效率越高，反射面边缘处的效率最低。所以，在利用表面采样点计算反射面表面精度时不能把所有不同位置的采样点等同对待，而应该考虑表面点所处的位置，引入相应的权重系数。这样才能真实充分地体现各个表面点对整个反射面效率的贡献。

　　引入表面各节点的加权因子

$$\rho_i = (n_0 q_i s_i) \bigg/ (\sum_{j=1}^{n_0} q_j s_j) \tag{6-106}$$

式中，s_i 为表面点 i 点影响的反射面积，q_i 为照度系数：

$$q_i = 1 - C \frac{r_i^2}{R_0^2} \tag{6-107}$$

其中，r_i 表面点 i 与焦轴的距离，R_0 为口面半径；n_0 为表面靶标点数，C 为由焦径比 f/R_0 决定的常数。

　　于是可得所有靶标点位移引起的对设计抛物面的加权半波程差均方根值为

$$\sigma = \left(\sum_{i=1}^{n_0} \rho_i \delta_i^2 \bigg/ n_0 \right)^{\frac{1}{2}} \tag{6-108}$$

这就是直接影响天线电性能的反射面精度指标。

　　主焦天线需要调整的部分主要是馈源和主反射面，其中馈源的调整就是把它调整到最佳吻合抛物面的焦点处，而主反射面调整的目的是找到调整向量 a 使函数 F 取最小（F 正比于波程差的均方根的平方和），数学描述如下：

$$F = \boldsymbol{\delta}^{\mathrm{T}} \boldsymbol{A}_f \boldsymbol{\delta} \tag{6-109}$$

式中，$\boldsymbol{A}_f$ 指加权系数对角矩阵。整理可得

$$F = \boldsymbol{\delta}_0^{\mathrm{T}} \boldsymbol{A}_f \boldsymbol{\delta}_0 + 2\boldsymbol{\delta}_0^{\mathrm{T}} \boldsymbol{A}_f \boldsymbol{Q}_a + \boldsymbol{a}^{\mathrm{T}} \boldsymbol{Q}^{\mathrm{T}} \boldsymbol{A}_f \boldsymbol{Q}_a \tag{6-110}$$

为求 F 的极小值，就可设计如下式所示的二次规划，故而确定 a

$$\begin{aligned} &\text{Find } \boldsymbol{a} \\ &\text{Min } F = \boldsymbol{\delta}_0^{\mathrm{T}} \boldsymbol{A}_f \boldsymbol{\delta}_0 + 2\boldsymbol{\delta}_0^{\mathrm{T}} \boldsymbol{A}_f \boldsymbol{Q}_a + \boldsymbol{a}^{\mathrm{T}} \boldsymbol{Q}^{\mathrm{T}} \boldsymbol{A}_f \boldsymbol{Q}_a \\ &\text{s.t. } -L \le a_j \le L \end{aligned} \tag{6-111}$$

这就转化为一个优化问题。选择共轭梯度法求解该优化问题，即可得出所有面板调整点的调整量。

参 考 文 献

[1] 王从思, 李兆, 康明魁, 等. 偏置反射面天线的机电耦合建模与分析. 系统工程与电子技术, 2014, 36(2): 214-219.

[2] 王从思, 李江江, 朱敏波. 大型反射面天线的变形补偿技术与研究进展. 电子机械工程, 2013, 29(2): 5-10.

[3] Imbriale W A. Large Antennas of Deep Space Network. New Jersey: John Wiley & Sons, 2015.

[4] 王从思, 刘鑫, 王伟. 大型反射面天线温度分布规律及变形影响分析. 宇航学报, 2013, 34(11): 1523-1528.

[5] 刘鑫, 王从思, 王伟锋, 等. 基于 I-Deas 对大型反射面天线的热变形分析. 中国电子学会第十八届青年学术年会(CIE-YC2012). 北京, 2012.

[6] 余涛, 王从思, 王伟. 基于离散点温度的天线反射面温度场插值算法及精度分析. 中国电子学会第十八届青年学术年会(CIE-YC2012). 北京, 2012.

[7] 王从思, 段宝岩. 反射面天线机电场耦合关系式及其应用. 电子学报, 2011, 39(6): 1431-1435.

[8] 沈志强. 上海 65 米射电望远镜概况. 2010 年射电天文前沿与技术研讨会. 贵阳, 2010.

[9] 郑元鹏. 50m 口径射电望远镜反射面精度分析. 无线电通信技术, 2002, (5): 17-18.

[10] 张晋, 王娜. 乌鲁木齐 25m 射电望远镜的单天线观察研究. 天文学进展, 2000, 18(4): 271-282.

[11] 王从思, 徐慧娟, 陈世锋, 等. 一种网状抛物面天线丝网结构的等效分析方法. 第十一届全国雷达学术年会. 长沙, 2010.

[12] 李鹏, 郑飞, 季祥. 大型宽带反射面天线的机电耦合分析. 西安电子科技大学学报, 2009, 38(3): 473-479.

[13] Cheng J Q. The Principles of Astronomical Telescope Design. Germany: Springer, 2009.

[14] 马洪波, 段宝岩, 王从思. 随机参数反射面天线机电集成稳健优化设计. 电波科学学报,

2009, 24（6）: 1065-1070.

[15] 宋立伟, 段宝岩. 表面误差对反射面天线电性能的影响. 电子学报, 2009, 37（3）: 552-556.

[16] Xu S, Rahmat-Samii Y, Imbriale W A. Surreflectarrays for reflector surface distortion compensation. IEEE Transactions on Antennas and Propagation, 2009, 57（2）: 364-372.

[17] 王伟, 李鹏, 宋立伟. 面板位置误差对反射面天线功率方向图的影响机理. 西安电子科技大学学报, 2009, 36（4）: 708-713.

[18] Rahmat-Samii Y, Densmore A. A history of reflector antenna development: past, present and future. IEEE MTT-S International Microwave and Optoelectronics Conference. Belem, 2009.

[19] 王从思, 段宝岩, 仇原鹰. Coons 曲面结合 B 样条拟合大型面天线变形反射面. 电子与信息学报, 2008, 30（1）: 233-237.

[20] 王从思, 段宝岩, 仇原鹰, 等. 面向大型反射面天线结构的机电综合设计与分析系统. 宇航学报, 2008, 29（6）: 2041-2049.

[21] 王从思, 段宝岩, 郑飞, 等. 大型空间桁架面天线的结构——电磁耦合优化设计. 电子学报, 2008, 36（9）: 1776-1781.

[22] 王锦清, 余宏. 全息法测量天线表面精度. 中国科学院上海天文台年刊, 2007, 28: 109-118.

[23] 王从思, 段宝岩, 仇原鹰, 等. 大型面天线 CAE 分析与电性能计算的集成. 电波科学学报, 2007, 22（2）: 292-298.

[24] 张巨勇, 施浒立, 张洪波, 等. 40m 射电望远镜副面和馈源偏移误差分析. 天文研究与技术, 2007, 4（1）: 42-47.

[25] Pino A G, Lorenzo J A M, Jose A, et al. A dual reflector antenna with adjustable subreflector for hybrid mechanical-electronic scanning. Proc EuCAP2006. Nice, 2006.

[26] 王从思,段宝岩.天线表面误差的精确计算方法及其电性能分析.电波科学学报, 2006, 21（3）: 403-409.

[27] 张巨勇, 施浒立. 大口径射电望远镜主面误差分析与修正. 天文学进展, 2006, 24（4）: 373-379.

[28] Zocchi F E. Estimation of the accuracy of a reflector surface from the measured rms error. IEEE Transactions on Antennas and Propagation, 2005, 54（5）:2124-2129.

[29] Mikoshiba K N, Hirota H. Wind effects on the nobeyama 45m telescope. URSI-APS Proceedings. Washington DC, 2005.

[30] 刘少东, 焦永昌, 张福顺. 表面误差对侧馈偏置卡赛格伦天线辐射场的影响. 西安电子科技大学学报, 2005, 32（6）: 865-868.

[31] Subrahmanyan R. Photogrammetric Measurements of the Gravity Deformation in a Cassegrain Antenna. IEEE Transactions on Antennas and Propagation, 2005, 53（8）:2590-2596.

[32] 刘彦, 张庆明, 黄风雷. 反射面变形对天线辐射特性的影响. 北京理工大学学报, 2004, 24（6）: 541-544.

[33] Legg T H, Avery L W, Matthews H E, et al. Gravitational deformation of a reflector antenna measured with single-receiver holography. IEEE Transaction on Antennas and Propagation, 2004, 52（1）:20-25.

[34] 王从思, 段宝岩, 仇原鹰. 基于最小二乘法的天线变形反射面的拟合. 现代雷达, 2004, 26（10）: 52-55.

[35] 李宗春, 李广云, 吴晓平. 天线反射面精度测量技术述评. 测绘通报, 2003,（6）:16-19.

[36] Sinton S, Rahmat-Samii Y. Random surface error effects on offset cylindrical reflector antennas. IEEE Transaction on Antennas and Propagation, 2003, 51（6）:1331-1337.

[37] Lee S S, Byun D Y. Surface adjustment of the SRAO 6m antenna based on near-field radio holography at 86GHz. International Journal of Infrared and Millimeter Waves, 2003, 24(10) :1687-1696.

[38]李广云，李宗春. TC2002 极坐标测量系统在大型天线检测中的应用. 测绘工程, 1999, 8(4): 35-39.

[39] Imbriale W A, Britcliffe M J, Brenner M. Gravitational deformation measurements of NASA's deep space network 70m reflector antennas. IEEE Auteunas & Propagation Magzine, 2002, 44(6): 187-192.

[40] 李广云，李宗春. 经纬仪工业测量系统用于大型多波束天线的安装与调整. 测绘通报, 2000, (8) : 41-42.

[41] Boonsalee S. Effects of random surface errors on the performance of paraboloidal reflectors. Massachusetts: Institute of Technology, 2001.

[42] Baars J W M, Karcher H J. Design features of the large millimeter telescope (LMT) . Proceedings of the IEEE, 1999: 1544-1547.

[43] Srikanth S, Norrod R. An overview of the green bank telescope. IEEE Antennas and Propagation Society International Symposium, 1999, 3: 1548-1551.

[44] Nobuharu U. Thermal effects on the pointing of the nobeyama 45m telescope. Publ Natl Astron Obs, 1999, 5: 139-147.

[45] Neri G R, Sievers A. The gain elevation correction of the IRAM 30m telescope. Astronomy & Astrophysics Supplements Series, 1998,132: 413-416.

[46] 周生怀.大型天线结构的预调及实践.通信与测控,1998,(2) :47-59.

[47] Thomas B M, Schafer J T, Sinclair M W. The Parkes radio telescope modified for rapid reeiver changes. IEEE Antennas and Propagation Magazine, 1997, 39(2) :54-63.

[48] Hall R, Goldman M A. Measurement program for the green bank telescope. NRAO GBT Memo Series No186, 1997: 265-276.

[49] Kim J W, Kim B S. Computation of the average power pattern of a reflector antenna with random surface errors and misalignment errors. IEEE Transactions on Antenna and Propagation, 1996, 44(7) : 996-999.

[50] Levy R. Structural Engineering of Microwave Antennas. Piscataway: IEEE Press, 1996.

[51] Duan B Y, Qi Y H, Xu G H, et al. Study on optimization of mechanical and electronic synthesis for the antenna structural system. Mechatronics, 1994, 4(8) :553-564.

[52] Cortes-Medellin G. Analysis of segmented reflector antenna for a large millimeter wave radio telescope. Amherst, M A, USA: University of Massachusetts, 1993.

[53] Olver A D. Tolerances on millimeter wave reflector antennas. IEE Colloquium on Reflector Antennas for The 90's, 1992: 1-4.

[54] Dan G M, Penalver J. Thermal behavior of millimeter wavelength radio telescopes. IEEE Transactions on Antennas and Propagation, 1992, 40(11) : 1375-1388.

[55] 漆一宏. 变形反射面天线的效率. 中国空间科学技术, 1992, 4(2) : 1-4.

[56] Rochbaltt D J, Rahmat-Samii Y. Effects of measurement errors on microwave antenna holography. IEEE Transaction on Antennas and Propagation, 1991, 39(7) : 933-942.

[57] 漆一宏，李映红，徐国华. 大型反射面天线的系统误差补偿法综述. 中国空间科学技术, 1991, (6): 27-31.

[58] Rahmat-Samii Y. Novel array-feed distortion compensation techniques for reflector antennas. IEEE Aerospace and Electronic Systems Magazine, 1991, 6(6): 12-17.

[59] Wang H S C. A comparison of the performance of reflector and phased-array antennas under error conditions. IEEE Aerospace Applications Conference, 1991: 41-44.

[60] Wu S C, Rahmat-Samii Y. Average pattern and beam efficiency characterization of reflector antennas with random surface errors. Journal of Electromagnetic Waves and Applications, 1991, 5(10): 1069-1087.

[61] Rahmat-Samii Y. Array feeds for reflector surface distortion compensation: concepts and implementation. IEEE Antennas and Propagation Magazine, 1990, 32(4): 20-26.

[62] 徐国华, 漆一宏, 段宝岩. 变形反射面天线效率与馈源相位中心的研究. 西安电子科技大学学报, 1990, 17(4): 63-70.

[63] Ling H. Tolerance study of reflector antenna systems. Urbana-Champaign: University of Illinois at Urbana-Champaign, 1986.

[64] Ling H, Lo Y T. Reflector sidelobe degradaion due to random surface errors. IEEE Transaction on Antennas and Propagation, 1986, 34(2): 164-172.

[65] Phntoppidan K. Reflector surface tolerance effects. IEEE Antennas and Propagation Society International Symposium, 1986: 413-416.

[66] Rahmat-Samii Y. Effects of derterministis surface distortion on reflector antenna performance. Annals of Telecommunications, 1985, 40 (7/8): 350-360.

[67] Shu S F, Chang M H. Integrated thermal distortion analysis for satellite antenna reflectors. 22nd AIAA Aerospace Sciences Meeting. Reno, 1984.

[68] Tripp V K. A new approach to the analysis of random errors in aperture antennas. IEEE Transaction on Antennas and Propagation, 1984, 32(8): 857-863.

[69] Rahmat-Samii Y. An efficient computational method for characterizing the effects of random surface errors on the average power pattern of reflectors. IEEE Transactions on Antenna and Propagation, 1983, 31(1): 92-98.

[70] Clark S C, Allen G E. Thermo-mechanical design and analysis system for the Hughes 76-Inch parabolic antenna. AIAA ASME 3rd Joint Thermophysics, Fluids, Plasma and Heat Transfer Conference. St. Louis, MO, 1982.

[71] Rysch W. Surface tolerance loss for dual-reflector antenna. IEEE Transaction on Antennas and Propagation, 1982, 32(4): 784-785.

[72] von Hoerner S. Internal twist and least-squares adjustment of four-cornered surface plates for reflector antennas. IEEE Transactions on Antennas and Propagation, 1981, 29(6): 953-958.

[73] 叶尚辉. 修正曲面天线的保型设计. 西北电讯工程学院学报, 1981, 1: 1-9.

[74] von Hoerner S, Wong W Y. Improved efficiency with a mechanically deformable subreflector. IEEE Transactions on Antennas and Propagation, 1979, 27(5):720-723.

[75] von Hoerner S. Measuring of the gravitational astigmatism of a radio telescope. IEEE Transactions on Antennas and Propagation, 1978, 26(2): 315-318.

[76] Thomas B M. Effect of surface distortion on the cross polarization performance of parabolic reflectors. Electronic Letter, 1977, 13(6): 478-480.

[77] von Hoerner S, Wong W Y. Gravitational deformation and astigmatism of tiltable radio telescopes. IEEE Transactions on Antennas and Propagation, 1975, 23(5): 689-695.

[78] Levy R. Antenna rigging angle optimization within structural member size design optimization. NASA JPL Technical Report, TR32-1526, 1970: 81-87.

[79] Ruze J. Antenna tolerance theory-areview. IEEE Proc, 1966, 54(4): 633-640.

[80] Vu T B. The effect of aperutre errors on the antenna radiation pattern. IEEE Proc, 1969, 116: 195-202.

[81] von Hoerner S. Homologous deformations of tiltable telescopes. J Structural Division Proc ASCE, 1967, 93: 461-486.

[82] Anderson L J, Groth L H. Reflector surface deviations in large parabolic antennas. IEEE Transactions on Antennas and Propagation, 1963: 148-152.

[83] Ruze J. The effect of aperture errors on the antenna radiation pattern. Suppl Al Nuovo Cimento, 1952, 9(3): 364-380.

[84] Spencer R C. A least square analysis of the effect of phase errors on antenna gain. Air Force Cambridge Research Center, AFCRC Rept E5025, 1949.

[85] 澳大利亚国家射电天文台. http://www.atnf.csiro.au/.

[86] Green Bank Telescopes.NRAO Home.http://www.gb.nrao.edu/.

[87] Max Planck Institute for Radio Astronomy. http://www.mpifr.de/.

[88] 英国曼彻斯特焦德雷尔班克天文台. http://www.jb.man.ac.uk/.

第7章　裂缝阵列天线机电场耦合

7.1　研　究　背　景

在许多场合，由单个天线(或称为辐射器)可以很好地完成发射和接收电磁能量的任务，如常用的反射面天线，其本身就可以独立工作。但这些天线形式一旦选定，其辐射特性便是相对固定的，如波瓣指向、波束宽度、增益等，这就造成在某些特殊应用场合，单个天线往往不能达到要求。这时就需要多个天线联合起来工作，共同实现一个预定的指标，这种组合造就了阵列天线。若干个天线(辐射器)按照一定的方式排列和激励，利用电磁波的干涉原理和叠加原理来产生特殊的辐射特性，这种多辐射器的结构就称为天线阵。构造成阵列排列的多个天线可以看作一个独立的天线，称为阵列天线，构成阵列天线的单个辐射器称为单元。

阵列天线的辐射部分主要是振子和反射体。相对来说，阵列天线要比面天线复杂得多，但在波束形成和控制方面要灵活得多。阵列天线一般按照单元的排列方式进行分类。各单元中心沿直线排列的阵列天线为线阵，单元间距可以相等或不等。若按照辐射能量集中的方向又可分为侧射阵和端射阵。若各单元中心排列在一个平面内，则称为平面阵。若平面阵所有单元按矩形栅格排列，则称为矩形阵；若所有单元中心位于同心圆环或椭圆环上，则称为圆阵。平面阵也可以有等间距和不等间距排列。还有一类称为共形阵，其单元的位置与某些非平面的表面(如飞行器的表面)共形[1]。

阵列天线采用的单元形式很多，可以是简单的偶极子或环天线，可以是喇叭天线或微带贴片天线，甚至可以是复杂的抛物反射面天线。在大多数实际应用中，天线阵列的各单元不但形式相同、规格相同，而且其排列取向也相同，称为相似元。由某种单元组成的天线阵中通常有4个参数是可变的，这4个参数是单元总数、各单元的空间位置分布、各单元的激励幅度和激励相位。若上述4个参数给定，根据这些参数确定阵列天线辐射特性，包括方向图、方向性系数、增益和阻抗等，则称为阵列天线的分析；反之，根据需求的辐射特性去确定上述4个参数的过程，称为阵列天线的综合。对于机电耦合，目前的研究主要集中于前者，即结合机械结构参数与环境参数，分析阵列天线的辐射特性，甚至散射特性。

7.2　波导裂缝阵列天线的分类

　　波导裂缝阵列天线是指在波导宽壁或窄壁上开有裂缝(切断壁上电流)的天线。常用的波导裂缝阵列天线单元有波导宽边偏置缝、波导宽边倾斜缝和波导窄边倾斜缝3种。由于波导裂缝阵列天线拥有结构紧凑、重量轻、易加工、成本低的优势，所以它获得了广泛的应用。特别是波导裂缝阵列天线具有的增益高、口径分布容易控制的优势，使其可以成功用于超低副瓣天线的设计，更增添了它在许多雷达方案中被选择的吸引力[2]。一根波导上规则排列的多个裂缝可构成线阵天线，如图7.1所示。该图中给出的3种波导裂缝线阵(两种在宽边，一种在窄边)，是通过控制裂缝的偏置或倾角实现所要求的口径幅相分布的。

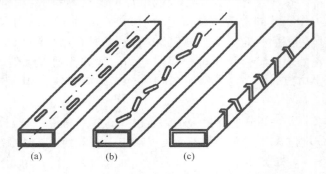

图 7.1　3 种波导裂缝线阵示意图

　　在平面上将波导裂缝线阵按一定的间距排列就形成面阵，如图 7.2 所示。通过对每根波导的激励和裂缝倾角或偏置的控制，就可以得到一个可控的二维口径分布，从而产生期望的辐射方向图。

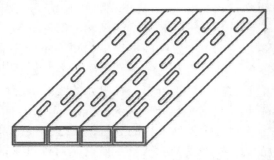

图 7.2　波导裂缝面阵示意图

　　根据裂缝单元间距和馈电方式的选择,波导裂缝阵列天线可分为谐振阵(驻波阵)和非谐振阵(行波阵)两种。下面分别介绍这两种形式的阵列天线。

7.2.1　驻波阵

对于采用端馈或中馈且终端短路的波导裂缝线阵，当裂缝间距 d_p 为 $\lambda_g / 2$ 时，波导腔内电场分布呈驻波状态，叫做驻波阵。对于并联裂缝，即偏置缝，如短路板距末端缝中心为 $\lambda_g / 4$，则裂缝是位于驻波电压的波峰点，如图 7.3 所示。对于串联倾斜缝，即耦合缝，如短路板距末端缝中心为 $\lambda_g / 2$，则裂缝是位于驻波电流的波峰点，如图 7.4 所示。由于每隔 $\lambda_g / 2$，波导壁表面电流的相位反相，因此相邻纵向偏置缝应位于波导宽边中心线的两侧，而相邻倾斜缝的角度应反号。

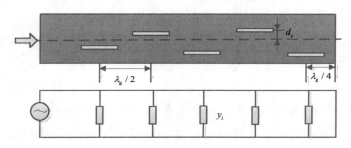

图 7.3　宽边纵向并联裂缝驻波阵及等效电路

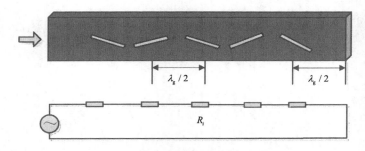

图 7.4　宽边倾斜串联裂缝驻波阵及等效图

驻波阵是一种窄带天线。为保证天线所需的带宽，每根辐射波导上的缝数受到限制。在进行面阵设计时，需要根据带宽要求划分适当数目的子阵。子阵是几根并排在一起的辐射波导，由背面一根耦合波导进行激励。一根波导上的单元数越多，带宽越窄。偏离中心频率时，输入端的驻波和天线口径场分布都会恶化，即输入端的驻波比和天线口径场的幅相误差增大，进而导致天线的副瓣电平抬高、增益下降。

工程应用中，驻波阵最常见的形式为波导宽边裂缝阵，即平板裂缝天线，这也是本章讨论的主要对象。这类天线在生产时采用高精度数控机床加工波导腔体和辐射裂缝，然后整体焊接成型。其所有辐射缝共面，且天线的结构紧凑、重量轻、机械强度大、加工精度高。图 7.5 所示为一平板裂缝天线的实物照片。

图 7.5　平板裂缝天线的实物照片

7.2.2　行波阵

行波阵是指波导的一端注入激励信号，另一端接负载以吸收剩余功率的裂缝阵列天线。这种阵列裂缝单元间距不等于 $\lambda_g / 2$，各辐射裂缝的反射波不会因同相叠加而产生大的输入驻波。如图 7.6 所示，相邻裂缝位于距波导中心线为 d_c 的两侧，能量从一端馈入，沿途边辐射边向前传输，通过控制裂缝的参数可控制辐射能量，由此实现加权分布。

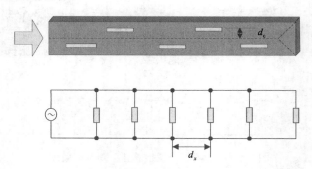

图 7.6　宽边纵向并联裂缝行波阵及等效

这种形式的天线每根波导上的裂缝数目一般较多，每个裂缝的辐射较小，因此对波导内传输场的影响不大。波导内的传输场仍然接近行波传输规律，因此称为行波阵。由于裂缝间距不等于 $\lambda_g / 2$，相邻裂缝辐射相位存在一个固定的相差，所以天线方向图最大值偏离阵面法线方向，并随频率而改变。行波阵常采用波导窄边裂缝形式。这种形式的天线加工简单、精度高，并且一般采用成型波导，因此成本适当。图 7.7 为一种波导窄边裂缝行波阵天线。

图 7.7　波导窄边裂缝行波阵天线

7.3　平板裂缝天线的特点及工作原理

平板裂缝天线具有辐射效率高、口径分布精确、副瓣低、波束指向稳定、功率容量大的优异电气性能，并有较好的刚度和强度、结构紧凑、厚度薄、重量轻、可靠性高等优良的结构性能，因此广泛应用于机载、弹载等雷达系统和微波通信系统中[3]。特别是最近二十年来，随着对雷达抗干扰要求的提高及脉冲多普勒雷达的发展，要求天线具有低副瓣或极低副瓣的性能，使平板裂缝天线成为满足此项要求的优选形式。例如，俄罗斯米格 29 和美国 F18 战斗机上都搭载了这种形式的雷达天线，如图 7.8 和图 7.9 所示。

图 7.8　俄罗斯米格 29 上的雷达天线

图 7.9　美国 F18 上的雷达天线

7.3.1　结构特点

平板裂缝天线通常由激励层、耦合层和辐射层等主要构件整体拼焊构成，为多层、空腔和薄壁结构。其主要由两部分组成，一是天线的辐射部分，二是天线的馈电部分。天线的辐射部分由阵面上辐射单元(辐射缝)组成的阵列构成，天线的馈电部分由波导馈电网络构成，通常包括辐射波导、耦合波导和激励波导及在各波导上开的辐射缝、耦合缝和激励缝等[4]。波导馈电网络通过控制各波导和缝隙的尺寸信息，进行电磁信号的传输及分配，馈电给天线阵面上的辐射缝，实现预期的口径场分布，以满足增益、副瓣电平、波束宽度等电性能指标的要求。从天线电磁信号辐射方式来看，平板裂缝天线与一般的阵列天线一样，都是靠阵列单元形成口径场的幅相分布，实现预期的电性能指标。但从结构上来看，又不同于一般的阵列天线，平板裂缝天线是辐射和馈电部分的组合体，很难将两部分分割开来，使其各自独立存在。而一般的阵列天线，天线辐射单元和馈电网络是可分的，可选择不同的辐射单元和馈电网络进行组合，实现不同的天线电性能。因此，这类天线的辐射和馈电等结构尺寸基本由一体加工实现，实验调整性较差，特别是各类缝隙尺寸不易修改。由于具有这样的特点，平板裂缝天线不仅需要有较准确的天线设计方法，还需要对加工、装配及工作环境等各环节引起的结构误差影响天线电性能的程度进行准确的定量评价。

7.3.2　工作原理

平板裂缝天线一般由和差器、功率分配网络、波导裂缝辐射阵面等 3 个部分组成，其机械结构位移场在电磁波辐射、接收、传输过程中存在显著的机电两场耦合特性。图 7.10 给出了一种典型平板裂缝天线的结构组成示意图。从图中可以看出，天线阵面是由若干波导窄边紧靠拼装形成的。波导宽边开有纵向偏置裂缝，这些波导称为辐射波导。形成辐射口径的裂缝称为辐射裂缝，为补偿相邻辐射裂缝的 180° 馈电相位差，相邻辐射裂缝偏置方向相反。在辐射波导的背面还有一些垂直交叉放置的波导段，称为耦合波导。在耦合波导和辐射波导的公共宽边上开有中心倾斜裂缝，这些裂缝称为耦合裂缝。在平板裂缝天线的工程设计加工中，波导腔、缝槽尺寸、辐射缝偏心尺寸总是存在精度超差的现象，它会直接影响天线的副瓣电平、带宽等电性能指标。另外，天线辐射面平面度（均方根）时常超差，而平面度又直接影响着天线增益、副瓣电平等电性能指标。平板裂缝天线制造过程极其复杂、工艺难度大、产品周期长、合格率较低、成本昂贵，其电性能指标影响雷达整机的性能指标，加工周期直接制约雷达的研制周期。某研究所初期的机载火控雷达上的馈电网络结构非常复杂，调试一部需要几个月的时间。后来从国外引进了新技术，进行了重新设计，简化了网络，在机械结构设计时充分考虑了减少插损的优化设计，实现了馈电网络和辐射板的机电集成设计制造，不仅使性能提高了约 1.5dB，而且基本不用调试。既显著缩短了研制周期，又降低了成本。可见，平板裂缝天线的机电耦合问题已在国外得到了一定的解决。

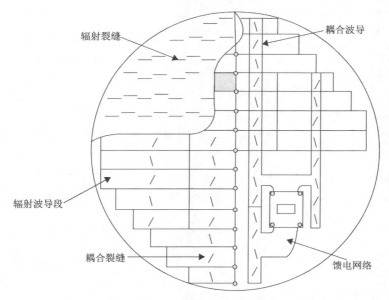

图 7.10　典型平板裂缝天线的结构组成示意图

7.4　平板裂缝天线机电场耦合模型

7.4.1　理想平板裂缝天线的远场方向图

如图 7.11 所示，天线的辐射阵面位于 xOy 平面内，z 轴正方向为阵面法线方向，

原点 O 为阵面的几何中心[5]。辐射阵面是开有大量辐射缝的平板，通过辐射缝将电磁能量辐射到外部空间。为了清晰描述天线的坐标关系，图中只显示了第 n 个辐射缝，缝隙的中心坐标为 $r_n = (x_n, y_n, 0)(n = 1, 2, \cdots, N)$，$N$ 为阵面缝隙的总数。根据阵列天线场叠加原理，在观察方向 $P(\theta, \phi)$，平板裂缝天线的远场方向图为

$$E(\theta, \phi) = \sum_{n=1}^{N} V_n \cdot f_n(l_n, \omega_n, \theta, \phi) \cdot \mathrm{e}^{\mathrm{j}\eta_n + \mathrm{j}kr_n \cdot \hat{r}} \tag{7-1}$$

式中，V_n 和 $\eta_n (n = 1, 2, \cdots, N)$ 分别为第 n 个缝隙的缝电压幅度和相位，可通过天线馈电网络的电磁分析获得；$f_n(l_n, \omega_n, \theta, \phi) (n = 1, 2, \cdots, N)$ 为第 n 个缝隙的单元方向图；l_n 和 ω_n 分别为第 n 个缝隙长度和宽度；θ 和 ϕ 为空间 P 点的观察方向；k 为传播常数；$\hat{r} = r / r = (\sin\theta\cos\phi, \sin\theta\sin\phi, \cos\theta)$ 为矢径 r 的单位矢量。$f_n(l_n, \omega_n, \theta, \phi)$ 的具体函数形式为

$$f_n(l_n, \omega_n, \theta, \phi) = \mathrm{j}k\left(H_n(l_n, \omega_n, \theta, \phi)\sin\phi\hat{a}_\theta + H_n(l_n, \omega_n, \theta, \phi)\cos\phi\cos\hat{a}_\phi\right) \tag{7-2}$$

$$H_n(l_n, \omega_n, \theta, \phi) = \frac{\dfrac{2\pi}{l_n}\cos\left(\dfrac{kl_n\sin\theta\cos\phi}{2}\right)}{\left(\dfrac{\pi}{l_n}\right)^2 - (k\sin\theta\cos\phi)^2} \cdot \frac{\sin(k\sin\theta\sin\phi\omega_n / 2)}{k\sin\theta\sin\phi\omega_n / 2} \tag{7-3}$$

式中，$\hat{a}_\theta$ 和 $\hat{a}_\phi$ 分别为在球坐标系下 θ 和 ϕ 方向的单位矢量。缝电压 V_n 将影响 P 点的幅度和相位；$f_n(l_n, \omega_n, \theta, \phi)$ 只影响 P 点的幅度；辐射缝的位置 r_n 只影响 P 点的相位[15]。

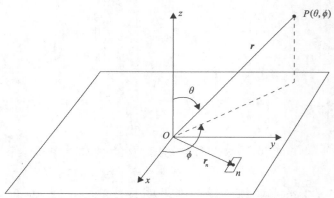

图 7.11　平板裂缝天线几何关系

平板裂缝天线作为一种薄壁、空腔和多层结构，主要用于机载雷达系统中，其工作环境载荷(振动冲击等)极易引起结构变形，从而使阵面辐射缝的位置、指向及互耦效应都发生改变，最终导致天线电性能无法达到设计要求。因此，下面

通过分析环境载荷导致的结构变形所引起的辐射缝位置偏移和指向偏转对电性能的影响，同时考虑馈电网络结构变形对辐射缝电压的影响，来构建平板裂缝天线阵面结构位移场和电磁场的机电两场耦合模型。

7.4.2　辐射缝位置偏移的影响

在实际服役环境中，天线受到振动、冲击、惯性等外部载荷作用，平板将发生变形，即 N 个辐射缝将不在同一平面内。当平板裂缝天线受到环境载荷 F 影响时，对其进行结构分析，可得到阵面辐射缝位置偏移量和指向偏转量，如图 7.12 所示，设第 n 个辐射缝将从原位置移动 Δr_n 且缝的法线也将旋转 $\xi_{\theta n}$ 和 $\xi_{\phi n}$。

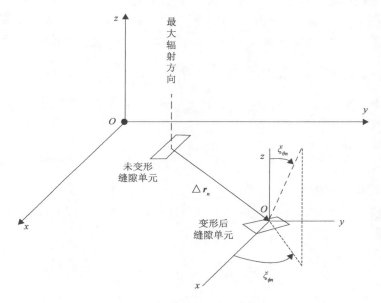

图 7.12　天线变形后的几何关系

在理想情况下，由式 (7-1) 可得第 n 个辐射缝的空间相位信息 φ_n 为

$$\varphi_n = k r_n \cdot \hat{r} \tag{7-4}$$

当受到载荷的影响时，第 n 个辐射缝将从原位置移动 Δr_n，则新的空间相位 φ_n' 即式 (7-4) 可改写为

$$\varphi_n'\big(\delta(\beta)\big) = k\Big(r_n + \Delta r_n\big(\delta(\beta)\big)\Big)\cdot \hat{r} = \varphi_n + \Delta\varphi'\big(\delta(\beta)\big) \tag{7-5}$$

当考虑到天线制造、装配过程中带来的随机误差 γ 时，则第 n 个辐射缝的新的空间相位 φ_n' 又可改写为

$$\varphi_n{'}\big(\boldsymbol{\delta}(\boldsymbol{\beta}),\gamma\big)=\varphi_n+\Delta\varphi_n\big(\boldsymbol{\delta}(\boldsymbol{\beta}),\gamma\big) \tag{7-6}$$

将新的空间相位 $\varphi_n{'}\big(\boldsymbol{\delta}(\boldsymbol{\beta}),\gamma\big)$ 引入到理想天线的电磁分析模型中，便得到受载荷和随机误差影响下，辐射缝位置偏移对天线电性能影响的数学模型为

$$E(\theta,\phi)=\sum_{n=1}^{N}V_n\cdot f_n\big(l_n,\omega_n,\theta,\phi,\boldsymbol{\delta}(\boldsymbol{\beta}),\gamma\big)\cdot\mathrm{e}^{\mathrm{j}\eta_n+\mathrm{j}\varphi_n{'}r_n\cdot\hat{r}} \tag{7-7}$$

7.4.3　辐射缝指向偏转的影响

由于受到阵面变形的影响，辐射缝也会引起指向误差。与反射面天线中的馈源指向误差一样，即辐射缝单元方向图将发生偏移。依据图 7.12 所示的几何关系，第 n 个辐射缝沿坐标轴将旋转 $\xi_{\theta n}$ 与 $\xi_{\phi n}$，则第 n 个辐射缝新的辐射方向图为

$$f_n\big(l_n,\omega_n,\theta,\phi,\boldsymbol{\delta}(\boldsymbol{\beta})\big)=f_n\big(l_n,\omega_n,\theta-\xi_{\theta n}\big(\boldsymbol{\delta}(\boldsymbol{\beta})\big),\phi-\xi_{\phi n}\big(\boldsymbol{\delta}(\boldsymbol{\beta})\big)\big) \tag{7-8}$$

当考虑到天线制造、装配过程中带来的随机误差 γ 时，则第 n 个辐射缝的方向图又可改写为

$$f_n\big(l_n,\omega_n,\theta,\phi,\boldsymbol{\delta}(\boldsymbol{\beta}),\gamma\big)=f_n\big(l_n,\omega_n,\theta-\xi_{\theta n}\big(\boldsymbol{\delta}(\boldsymbol{\beta}),\gamma\big),\phi-\xi_{\phi n}\big(\boldsymbol{\delta}(\boldsymbol{\beta}),\gamma\big)\big) \tag{7-9}$$

将辐射缝方向图 $f_n\big(l_n,\omega_n,\theta,\phi,\boldsymbol{\delta}(\boldsymbol{\beta}),\gamma\big)$ 引入到理想天线的电磁分析模型中，即可得到受载荷和随机误差影响下，辐射缝指向偏转对天线电性能影响的数学模型为

$$E(\theta,\phi)=\sum_{n=1}^{N}V_n\cdot f_n\big(l_n,\omega_n,\theta,\phi,\boldsymbol{\delta}(\boldsymbol{\beta}),\gamma\big)\cdot\mathrm{e}^{\mathrm{j}\eta_n+\mathrm{j}kr_n\cdot\hat{r}} \tag{7-10}$$

7.4.4　馈电网络结构变形对辐射缝电压的影响

受环境载荷的影响，在平板裂缝天线阵面变形的同时，缝隙和波导腔体组成的馈电网络也将产生结构变形，最终导致辐射缝电压的变化。首先，天线馈电网络变形使电磁场导波路径发生改变，引起辐射缝电压的变化。其次，阵面变形又引起辐射缝外部互耦的变化，同样也影响辐射缝电压。当受到馈电网络结构变形的影响时，辐射缝电压幅度和相位可描述为

$$V_n{'}\big(\boldsymbol{\delta}(\boldsymbol{\beta})\big)=V_n+\Delta V_n\big(\boldsymbol{\delta}(\boldsymbol{\beta})\big),\quad n=1,2,\cdots,N \tag{7-11}$$

$$\eta_n{'}\big(\boldsymbol{\delta}(\boldsymbol{\beta})\big)=\eta_n+\Delta\eta_n\big(\boldsymbol{\delta}(\boldsymbol{\beta})\big),\quad n=1,2,\cdots,N \tag{7-12}$$

另外，若考虑到缝腔制造、装配过程中随机误差 γ，则新的辐射缝电压幅度和相位可写为

$$V_n'\big(\boldsymbol{\delta}(\boldsymbol{\beta}),\gamma\big)=V_n+\Delta V_n\big(\boldsymbol{\delta}(\boldsymbol{\beta}),\gamma\big),\quad n=1,2,\cdots,N \tag{7-13}$$

$$\eta_n'\big(\boldsymbol{\delta}(\boldsymbol{\beta})\big)=\eta_n+\Delta \eta_n\big(\boldsymbol{\delta}(\boldsymbol{\beta}),\gamma\big),\quad n=1,2,\cdots,N \tag{7-14}$$

将新的辐射缝电压引入到理想天线的电磁分析模型中，即可得到受载荷和随机误差影响下，辐射缝电压误差对天线电性能影响的数学模型为

$$E\big(\theta,\phi\big)=\sum_{n=1}^{N}V_n'\cdot f_n\big(l_n,\omega_n,\theta,\phi,\boldsymbol{\delta}(\boldsymbol{\beta}),\gamma\big)\cdot \mathrm{e}^{\mathrm{j}\eta_n+\mathrm{j}k\boldsymbol{r}_n\cdot\hat{\boldsymbol{r}}} \tag{7-15}$$

7.4.5　机电两场耦合模型

基于环境载荷对天线结构（辐射缝位置、指向及馈电网络）的影响，通过上述分析得到结构变形会导致辐射缝位置、指向和缝电压产生误差，这些误差又带来天线口径场的幅相误差。利用场叠加原理，便可建立如下所示的平板裂缝天线机电两场耦合模型

$$E\big(\theta,\phi\big)=\sum_{n=1}^{N}A_n\cdot f_n\big(l_n,\omega_n,\theta,\phi,\boldsymbol{\delta}(\boldsymbol{\beta}),\gamma\big)\cdot V_n'\big(\boldsymbol{\delta}(\boldsymbol{\beta}),\gamma\big)\mathrm{e}^{\mathrm{j}\eta_n'(\boldsymbol{\delta}(\boldsymbol{\beta}),\gamma)}\cdot \mathrm{e}^{\mathrm{j}\varphi_n(\boldsymbol{\delta}(\boldsymbol{\beta}),\gamma)} \tag{7-16}$$

式中，$A_n=\mathrm{e}^{\mathrm{j}k\boldsymbol{r}_n\cdot\hat{\boldsymbol{r}}_0}$；$\boldsymbol{\delta}(\boldsymbol{\beta})$ 为与天线变形对应的结构位移场，$\boldsymbol{\beta}$ 为结构设计变量；γ 为制造、装配等过程中引起的随机误差；$f_n\big(l_n,\omega_n,\theta,\phi,\boldsymbol{\delta}(\boldsymbol{\beta}),\gamma\big)$、$V_n'\big(\boldsymbol{\delta}(\boldsymbol{\beta}),\gamma\big)$ 及 $\eta_n'\big(\boldsymbol{\delta}(\boldsymbol{\beta}),\gamma\big)$ 分别为天线结构变形和随机误差引起的单元方向图、缝电压幅度及相位变化项；$\varphi_n\big(\boldsymbol{\delta}(\boldsymbol{\beta}),\gamma\big)$ 为口面空间相位受天线变形引起的变化项。

上述场耦合模型依据辐射缝电压受到缝腔内部变形和辐射缝外部空间辐射互耦的影响，导致其幅度和相位发生变化，从而将结构位移场的参数（阵面辐射缝位置、指向和馈电网络）和天线制造、装配的过程中引起的随机误差，引入到天线远场方向图的计算公式之中。而结构位移场又是结构参数的函数，从而建立了天线结构与电性能的定量影响关系。

7.5　机电场耦合模型的求解

7.5.1　场耦合模型的求解流程

根据平板裂缝天线场耦合模型的建模思路，可确定场耦合模型的求解流程如图 7.13 所示。首先，根据平板裂缝天线的实际结构，建立其结构有限元模型，并同时进行结构测量。其次，施加环境载荷（振动、冲击、惯性等）到结构有限元模型上进行结构分析，得到天线结构的系统变形，包括天线阵面上的辐射缝位置偏移、指向偏转和馈电网络结构变形；并通过结构测量确定天线结构精度，生成相

应的随机误差。然后，将天线阵面上的辐射缝系统误差和随机误差叠加，得到天线口径面的幅相误差，再将馈电网络的系统变形和随机误差叠加，并计算缝电压的幅相误差。最后，将口径面和辐射缝电压的幅相误差引入到场耦合模型中，求解场耦合模型，得到天线电性能的变化情况。

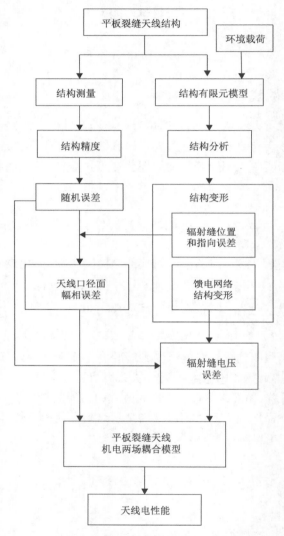

图 7.13　场耦合模型的求解流程

从场耦合模型的求解流程可以看出，辐射缝的位置偏移和指向偏转可直接由结构分析给出，而辐射缝电压误差则需要对变形的馈电网络结构进行电磁分析。为了实现场耦合模型的求解，辐射缝电压误差的计算就成了关键。目前，平板裂缝天线缝电压的计算主要有 3 种方法：一是利用 Elliott 的设计方程求解馈电网络，具体是将各类缝隙和波导分别等效为阻抗(导纳)和传输线，应用传输线理论计算缝电压；二是应用等效磁流片法求解馈电网络，具体是将各缝隙上下表面用磁流片等效，根据磁场连续性条件得到两个积分方程，然后结合波导的格林函数计算缝电压；三是采用电磁场数值方法，通过建立平板裂缝天线的电磁分析模型，采用矩量法或有限元法计算出空间电磁场分布，根据辐射缝的电磁场分布提取出缝电压。其中，前两种方法都需应用波导的格林函数。在天线结构未变形时，馈电网络的波导是规则的，可以建立其格林函数表达式，但当天线结构变形后，波导可能变形成任意的未确定性的形状，故无法给出其格林函数的具体表达式。这说明前两种方法不适用于结构变形的馈电网络计算。而电磁场分析的数值方法仅需要确定的电磁场边界。无论平面边界还是曲面边界，均可进行相应的电磁场分析。可见，数值方法适用于变形馈电网络结构的电磁分析，是解决辐射缝电压计算问题的一种有效途径。其中，电磁场边界可通过平板裂缝天线结构有限元力学分析得到的馈电网络变形结构给出。

然而，结构分析需要将天线模型划分有限元网格，网格的形式由结构分析要求确定。电磁场的数值方法也需要对天线模型划分网格，网格边长通常要求为天线工作波长的三分之一到五分之一。这两种网格特点不同，而且网格数量差异较大。为了计算结构变形后的天线缝电压，需要根据平板裂缝天线结构和电磁网格的特点，建立两套网格的转换关系。该转换关系不同于反射面天线的网格转换关系。在反射面天线中，仅需要对反射面给出其结构和电磁网格的转换关系，而平板裂缝天线需要给出整个馈电网络的结构和电磁网格的转换关系。从馈电网络的层数来看，反射面仅是单层曲面，而馈电网络是多层曲面，且在电磁网格模型中还需要考虑波导壁厚，因此其转换关系更为复杂。

7.5.2　场耦合模型的计算方法

通过前面的分析，可知馈电网络缝电压的计算是求解平板裂缝天线场耦合模型的关键，因此这里将主要说明缝电压的计算方法，即主要建立馈电网络结构和电磁网格的转换关系。

结构分析一般使用有限元方法，平板裂缝天线根据其薄壁、空腔、多层的结构特点，常采用的单元类型为板壳单元。板壳单元主要有三角形和四边形板壳单元。平板裂缝天线的缝电压计算采用的是基于电场积分方程的矩量法，其电磁边界网格要求为三角形，通常远小于结构网格。网格转换时，需要将结构网格细化和三角化处理。对于平板裂缝天线馈电网络，电磁网格还需要考虑波导壁的厚度，需要将波导壁一层的结构网格生成两层的电磁网格，且两层电磁网格之间的距离为波导壁厚。图 7.14 所示的某一波导缝隙线阵几何模型、结构有限元模型和电磁模型，可反映出结构和电磁网格的转换关系。

(a) 几何模型   (b) 结构有限元模型   (c) 电磁模型

图 7.14   结构和电磁网格关系图

图 7.15 给出了板壳单元结构网格转换为细化的三角形电磁网格的流程。首先提取板壳单元,取板壳面数 N_s,对每一个板壳单元进行三角化和细化处理,然后,根据板壳单元的法线方向和波导壁厚,沿着法线方向将三角化和细化处理的三角形单元生成两组三角形单元,且两组单元平行,距离为壁厚,从而给出电磁网格。其中结构网格细化处理时,采用了板壳单元形函数进行插值,细化后的三角形网格应较为均匀。

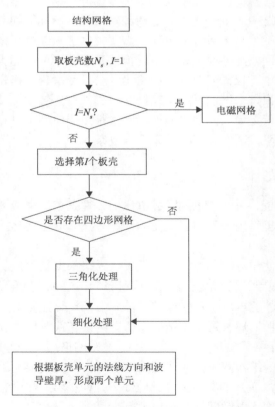

图 7.15   结构和电磁网格的转换流程

通过图 7.15 所示的网格转换流程，可给出变形后馈电网络的电磁网格，结合矩量法便可计算出变形后馈电网络的电磁场分布，提取出辐射缝中心处的电场幅度和相位，便得到变形后的缝电压。对于变形前的电磁模型，可直接使用天线的几何模型，无须进行上述处理。将变形前后的缝电压和辐射缝位置偏移、指向偏转引入场耦合模型中，便可得到天线变形前后电性能的变化情况。

7.6　基于机电耦合的平板裂缝天线钎焊分析

平板裂缝天线在整个加工、制造流程中，主要分为三个阶段[6]。首先，通过精密机床加工激励层、耦合层和辐射层等主要构件。以辐射层构件为例，其为阵面开有辐射缝的辐射波导腔，辐射缝和波导腔的尺寸信息及辐射缝和波导腔的相对位置信息，需要满足电气设计给出的几何精度要求。由于采用精密机床加工主要构件，其尺寸精度可达到 2 丝，满足了几何精度要求。其次，将激励层、耦合层和辐射层的相互接触面上加上钎剂，按照自下至上的顺序在预先确定的位置进行铆接，固定各构件的相对位置。然后，将待焊的天线结构置于真空炉或盐浴炉中，按照预先设定好的温度工艺参数焊接加工。

由于选择了不同的温度工艺参数，这将影响到天线结构的几何精度，导致天线电性能降低[7]。针对温度工艺参数对天线电性能影响的问题，忽略天线加工过程中前两个阶段对天线结构几何精度的影响，研究不同的温度焊接工艺参数对天线几何精度的影响，进而得到对电性能的影响。具体研究过程为：首先，根据焊接前天线结构信息建立结构有限元模型，其中由于钎剂很薄可忽略；其次，根据温度工艺参数，通过热分析确定不同时刻的天线结构温度分布，由于在温度工艺参数下降区达到一定程度时，钎剂将熔化焊接，此时需要将有限元模型中钎剂对应的节点耦合，实现结构有限元模型的焊接；然后，根据天线结构温度分布，得到天线结构不同时刻的变形信息；最后，根据平板裂缝天线机电两场耦合模型，计算天线最后时刻变形信息的电性能。其中，有关钎剂焊接在结构有限元模型中采用了生死单元技术进行仿真。

7.6.1　天线盐浴焊工艺分析

钎焊是依靠液态钎料和固态母材形成金属结合而连接的一种方法[2]。与熔焊不同，它采用比母材熔点低的钎料，在高于钎料熔点而低于母材熔点的温度下，使钎料熔化成液态，在母材的间隙或表面上润湿、毛细流动、填充、铺展，与母材相互作用溶解、扩散，冷却凝固成坚固的接头，从而将钎料和母材连接在一起。熔焊需要将母材和钎料均熔化，一起凝固实现结构焊接。

图 7.16　平板裂缝天线盐浴焊基本工艺流程

图 7.16 所示为平板裂缝天线盐浴焊基本工艺流程，首先预热装配好的天线结构，然后将其放入盐浴炉中，靠熔盐温度采用热传导方式加热天线结构，通常升温超过钎料熔点 20℃左右即可，此时钎料将全部熔化，并与母材熔解和扩散，再随炉冷却至室温，实现钎料凝固形成焊接接头，经焊后处理得到焊接后的天线结构。工艺流程中几个关键步骤如下。

(1)熔盐准备。新盐浴炉首次启用或盐浴炉大修后重新启用时，需按配制新盐工艺流程进行重新配制。正常生产时，按下列流程进行熔盐准备。首先需探测盐浴炉中熔盐的深度和成分，保证熔盐的深度和成分符合焊接要求。当熔盐测量深度小于要求时，必须按照熔盐添加要求添加熔盐，当熔盐成分偏离规定范围时，需按有关要求调整其成分。其次，由于熔盐在冷却后会吸收空气中的水分，会直接影响焊接精度。因此，焊接前必须对熔盐进行脱水处理。最后，加盐后为防止出差错还需进行熔盐活性实验。

(2)预热。天线进入盐浴炉焊接前需进行预热处理，预热过程必须严格控制预热温度，防止预热过程中天线结构温度不均匀，造成天线尚未焊接便产生结构变形，造成天线报废。

(3)焊后处理。天线结构焊接完成后，将其浸入流动沸水槽中煮洗，去除盐浴焊过程中残留的熔盐。清洗过程中必须严格注意天线的保护，轻拿轻放，以免造成碰伤和非正常变形。

从天线盐浴焊的基本工艺流程可知，在天线整个焊接过程中，主要是控制盐浴炉的温度曲线，实现钎料的熔化和凝固，达到焊接的目的。由于在焊接过程中并不需要增加材料，故焊接精度主要取决于天线结构本身及焊接过程中的温度曲线情况，即钎料和母材的物性参数及钎焊过程中的温度曲线。

7.6.2　焊接耦合分析流程

在分析平板裂缝天线焊接过程时，涉及热、结构、电磁的三场耦合问题。机电热耦合过程分为三部分：热计算、结构计算和电性能计算，先经过热—结构耦合分析，再将结构变形信息导入机电耦合模型中进行求解，完成整个计算流程[8]，分析流程如图 7.17 所示。

三场耦合分析的主要过程如下。

(1)进行热分析时，先建立热分析有限元分析模型，设置热膨胀系数等与温度相关的材料参数，施加热边界条件(包括换热系数、参考温度等)，设置求解方法及结果输出控制，最后施加热载荷并进行瞬态求解，求得温度场分布结果。

（2）进行结构分析时，由于是将热载荷转换成节点载荷，因此结构有限元分析模型的节点信息必须与热分析模型一致，在 ANSYS 中只需要将热分析单元转换成结构单元即可，设置材料的结构参数（如泊松比、密度等），施加结构边界条件（如约束等），设置求解方法及结果输出控制，最后将温度场文件读入转换为节点载荷进行求解，求得天线的残余应力分布和变形信息。

（3）天线电性能计算时，使用结构分析时求得的天线变形信息，求得辐射缝的偏移量和偏转量，使用平板裂缝天线的机电两场耦合理论编写的计算程序，求得天线的增益损失、副瓣抬高等电性能。

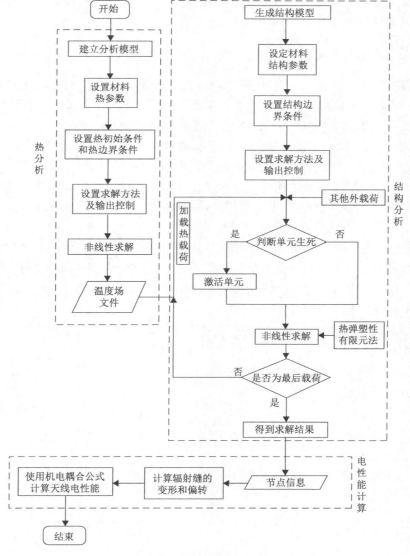

图 7.17　机电热耦合分析流程

7.6.3　钎焊分析中的关键技术

1) 热弹塑性有限元法处理技术

热弹塑性有限元法可以在焊接热循环过程中动态地记录材料的热力学行为。其分析包括如下四个基本关系：应力-应变关系(本构关系)、应变-位移关系(相容性条件)、相应边界条件、平衡条件。在热弹塑性分析时需要进行如下假定：材料的屈服服从米泽斯屈服准则；塑性区内的行为服从流动法则并显示出应变硬化；弹性应变、温度应变与塑性应变是可分的；与温度有关的机械性能、应力应变在微小的时间增量内线性变化。

2) 生死单元处理技术

在钎焊过程中，钎料在温度超过熔点时会熔化成液态。此时钎料在模型中没有受力，钎料单元就可以认为是"死亡单元"。单元生死选项并非真正删除或重新加入单元，死单元在模型中依然存在，只是在矩阵中将对应单元的影响项乘以一个很小的数(如 ANSYS 软件默认设置为 1×10^{-6})，使在求解时，其单元载荷、刚度、质量、阻尼、比热容等接近 0。而当温度降低到钎料的熔点以下时，钎料开始凝固，凝固的单元就在有限元模型中"出生"。"单元出生"并不是将新单元添加到模型中，而是将以前"死亡"的单元重新激活。当一个单元被激活后，其单元载荷、刚度、质量等将被恢复为其初始数值。

在模拟焊接过程中，建模时必须建立完整的有限元模型，包括母材和钎料在内的整体模型，开始计算时先将钎料单元"杀死"。随着焊接过程的进行，再让这些单元"出生"。对钎料熔化过程中的熔化单元采用生死单元技术处理，可得到钎料及其热影响区的应力和应变。

在 ANSYS 软件中使用生死单元方法的基本流程是：先选中此步计算时在模型中不起作用的单元，然后用 EKILL 命令将它们"杀死"；在有单元"加入"模型中时，用 EALIVE 将它们重新激活。

杀死单元过程如下：

```
ESEL,S,…                                    !选择不参与计算的所有单元
EKILL,ALL                                   !杀死选中的单元
ALLSEL,ALL
LDREAD,TEMP, , , , ,%jobname%,'rth',' '!读入载荷
SOLVE
```

激活单元过程如下：

```
ESEL,S,…                                    !选中将要激活的单元
```

```
EALIVE,ALL                              !激活选中的所有死单元
ALLSEL,ALL
SOLVE
```

3）材料非线性有限元处理技术

大多数金属结构材料在弹性范围以内的应力-应变关系是线性的，也就是一旦材料确定之后弹性或弹塑性矩阵 D 保持为常数，与所达到的应力（或应变）水平无关。对于某些非金属材料（如橡胶），它们的应力-应变关系从一开始便不是线性的，即 D 始终与应力（或应变）的水平有关。对于金属材料，例如，在焊接过程中，钎料与母材随着温度的升高，会出现熔化和软化现象，表现为刚度、弹性模型等参数的变化。即当应力水平达到某一限度（即使材料屈服）使材料进入塑性状态以后，便改变了材料的性态。这时应力-应变关系不再是线性的了，也就是说这时的 D 不再是常数，而是应力（或应变）的函数。

目前主要的求解方法有直接迭代法、Newton-Raphson（N-R）迭代法、改进的 N-R 迭代法。下面主要介绍用到的 N-R 迭代法。其主要思路是进行分步逼近计算，在每一载荷增量步中，采用已得到的位移值，代入并求得与位移相关的弹塑性矩阵的值，再进行线性计算。在 ANSYS 软件中，载荷被分成一系列的载荷增量，载荷增量分几个载荷步施加，然后使用不平衡载荷进行线性求解，且检查收敛性。通过反复调整计算的载荷值与设定的载荷值的差来进行迭代，使其达到设定的精度。

7.6.4 钎焊过程不同降温速率的影响

钎焊时一般将保温温度控制在低于母材固相线温度而高于钎料液相线温度的范围内。温度过低，易出现钎焊强度低，甚至钎料不全熔；温度过高，易产生母材熔蚀缺陷。钎焊保温和冷却时间受零件大小和工装的影响，一般以工件达到钎料液相线温度以后保温 2min 左右为宜。若保温时间过短，钎料不饱满圆滑甚至钎料不完全熔化；若保温时间过长，则会出现钎料漫流或漏焊。因此设计了 3 条不同的降温曲线，降温曲线如图 7.18 所示。使用 Flotherm 计算不同降温速率的换热系数，分别为 9.6 W/(m²·K)、9.1 W/(m²·K)、8.8W/(m²·K)。

曲线 1 是在 2100s 内，从 600℃降至室温的降温过程。曲线 2 是在 1200s 内降至 530℃，然后在 2400s 内从 530℃降至室温的降温过程；曲线 3 是在 2400s 内降至 530℃，然后在 3100s 内从 530℃降至室温的降温过程。从曲线 1 到曲线 3 的降温速率越来越慢。曲线 2 和曲线 3 在高温阶段的降温速率比较慢，是为了使焊件在高温时的温差比较小，以免对晶相产生影响。

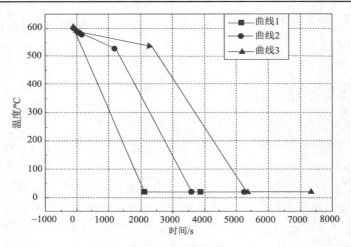

图 7.18　降温曲线

如前所述，由于不同的降温过程对材料的晶相生长产生影响，因此会对天线在降温过程中的物性参数产生影响。因此，为验证不同降温过程引起的不同物性参数对焊接过程的影响，针对图 7.18 所示的降温曲线，设定了几组不同物性参数（热膨胀系数）进行分析，如图 7.19 所示。图中 α_1、α_2、α_3 分别为由于降温曲线 1、曲线 2 和曲线 3 降温速率不同产生的不同母材热膨胀系数[9]。

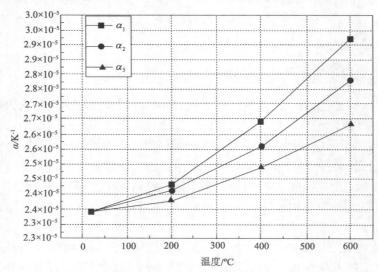

图 7.19　母材热膨胀系数 α 随温度变化

不同降温曲线的降温过程在整个模型上产生的温差如图 7.20 所示。

在不同降温速率的情况下，从图 7.20 所示的整个降温过程的最大温差曲线可以看出如下内容。

（1）降温速率最快的曲线 1 产生的最大温差达到 1.9℃，降温速率最慢的曲线

3 产生的最大温差只有 1.1℃，即降温速率越慢，模型中的最大温差相应变小，可以使模型中的温度梯度比较均匀。

（2）从降温曲线 1 和降温曲线 3 的最大温差曲线可知，增加降温时间，降温速率会相应地变慢，这样可以使天线内部的热量通过传导扩散到散热表面，对天线内部的温度下降比较有利。

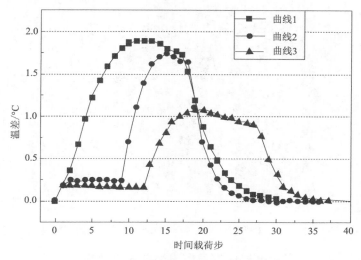

图 7.20　不同降温过程中模型的最大温差

图 7.21 所示为天线使用曲线 2 的降温过程中，天线整体在某个时刻的温度云图。图 7.21 可以反映模型的温度分布情况。从图中辐射面的温度梯度分布可知，天线整体的最大温度梯度为 0.0277℃/mm，天线辐射层的辐射面的温度梯度分布最大约为 0.01℃/mm，最小处则接近 0℃/mm。这是由于天线辐射面为散热面，因此温度分布会比较均匀。

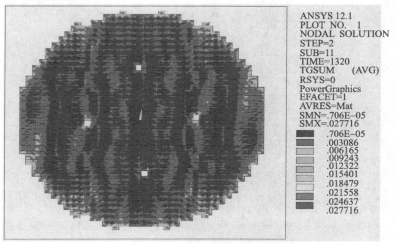

图 7.21　曲线 2 某时刻天线整体的温度梯度

图 7.22 所示为天线辐射层的辐射面及辐射层内部的温度梯度分布图。从图中可以看出温度梯度比较大的地方出现在该层的内部，最大温度梯度值为 0.0176℃/mm，此数值出现在辐射面与竖板的连接处。

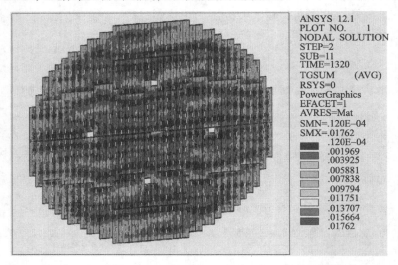

图 7.22　曲线 2 某时刻天线辐射面及辐射层内部的温度梯度

图 7.23 所示为天线耦合层内部及辐射层背面的温度梯度分布图。由图可知，辐射层背面是散热面，因此面上的温度梯度整体比较小，温度梯度比较大的地方出现在耦合层的内部，且最大温度梯度达到整个天线的最大温度梯度值 0.0277℃/mm。这说明该层的散热能力比较差，导致温度分布均匀程度比较差，因此容易出现较大的温度梯度[10]。

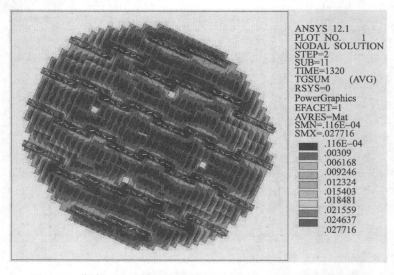

图 7.23　曲线 2 某时刻天线耦合层内部及辐射层背面的温度梯度

　　从以上分析可知，在散热过程中，在非散热面的天线内部容易出现较大的温度梯度。这是因为天线内部没有散热能力，只能靠热传导把热量传导到散热面进行散热，因此天线内部的热量高于散热面的热量，容易出现较大的温度梯度。

　　由于过大的残余应力会导致平板裂缝天线在使用过程中受到外力作用时遭到破坏，因此必须将残余应力控制在合理范围之内。焊接后残余应力主要集中在钎料处，这是因母材和钎料的热膨胀系数不匹配，焊接后 x 向应力为–212MPa，等效残余应力为 207MPa。

　　从图 7.24 可以看出，天线在降温过程中，最大应力随着钎料的凝固而增加。当温度降到室温时，最大应力达到最大值。从各曲线可知，在高温阶段的最大应力会随降温曲线的变化而变化，高温阶段的降温时间比较长，则钎料的凝固时间也比较长，因此同样的最大应力出现的时间也发生了变化[11]。

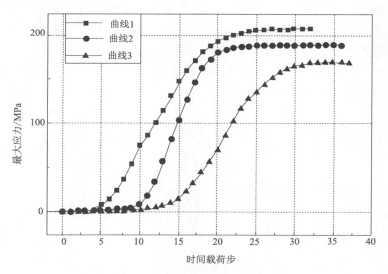

图 7.24　降温曲线过程最大应力随时间变化

天线钎焊后的残余应力、最终变形及辐射面 RMS 列于表 7.1 中。

表 7.1　不同降温曲线的最终残余应力、最终变形及辐射面 RMS

降温曲线	1	2	3
最大应力/MPa	207.54	189.03	168.81
z 方向最大位移/mm	0.616	0.561	0.501
z 方向 RMS/mm	0.3435	0.3127	0.2796

由表 7.1 的结果可得如下内容。

　　(1)降温速率的改变，导致热膨胀率发生变化，因此降温过程中天线收缩量等也不一样，使最后的残余应力也不一样。降温速率较慢时，热膨胀系数比较小，降温过程中的收缩量也比较小。由温差等引起的收缩量不一致也相应减小，因此最后残余应力也比较小。降温速率最快的曲线 1 最终的残余应力为 207.54MPa，降温速率最慢的曲线 3 最终的残余应力为 168.81MPa，减小了 18.7%。

(2)计算 RMS 时，使用了辐射面上 20641 个节点的变形信息。由表 7.1 中的信息可知，降低降温速率对改善最大变形的效果相当明显。相对曲线 1，曲线 3 最终 z 向最大位移减小了 0.115mm，改善了 19.1%，RMS 则减小了 0.0639mm，改善了 18.6%。

由此可知，降低降温速率，使天线在降温过程中的温度分布比较均匀，能明显改善天线焊接后的残余应力和变形。

平板裂缝天线焊接后的变形主要影响天线的增益损失和副瓣电平的抬高[9]。降温曲线 1 和降温曲线 3 的天线方向图分别如图 7.25 和图 7.26 所示。天线的电性能使用前面建立的耦合模型进行计算。取天线工作频率为 10GHz。计算时使用了 1172 个辐射缝的变形和偏转信息。由图可知，各降温曲线对天线最后电性能影响很小，这是由于天线的变形只有 0.6mm 左右，为天线的工作波长的 2%左右。辐射缝的偏转量也很小，最大的偏转量为 3mrad。因此表面 RMS 变化和辐射缝偏转对天线电性能的影响很小，在方向图表现为主瓣和副瓣的变化非常小[13]。

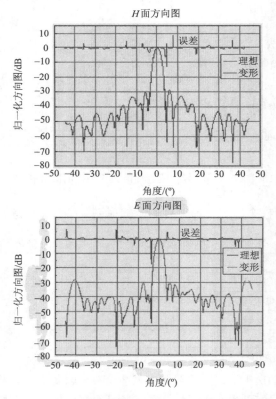

图 7.25　降温曲线 1 对应的天线方向图

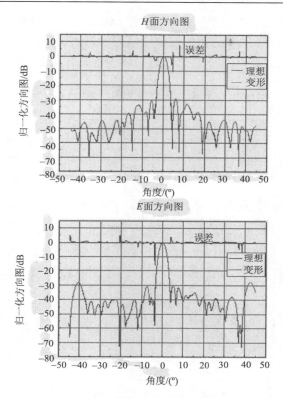

图 7.26　降温曲线 3 对应的天线方向图

相应的电性能计算结果列于表 7.2 中。

表 7.2　不同降温曲线的增益损失

降温曲线	1	2	3
增益损失/dB	0.0218	0.0194	0.0170

由表 7.2 可知，由于降温速率慢的降温过程对应的最终表面 RMS 比较好，反映到天线电性能上也相应变好，与理论一致。因此，随着降温速率变慢，天线的电性能随之变好，降温曲线 3 的增益损失与降温曲线 1 相比，改善了 22%。

7.6.5　钎料物性参数的影响分析

在焊接过程中，钎料的选择会对钎焊产生很大的影响。钎料的热膨胀系数、熔点都会对焊接后的残余应力和变形产生决定性的影响。当母材相同时，钎料的热膨胀系数与母材的热膨胀系数匹配差异对焊接动态应力和残余应力的影响非常大[14]。

从工程实际中了解到，钎料的物性参数对焊接结果有很大的影响，选用合理的钎料能提升焊接后天线的强度、减小变形。为此，这里在研究物性参数时，使用焊接温度为 600℃；选取 3 组热膨胀系数，根据已有的铝基钎料，如 Bal86SiMg、Bal88SiMg、Bal89SiMg 等，它们的热膨胀率与母材大概分别相差 15%、10%、5%。热膨胀系数列于表 7.3 中（低胀是指钎料的热膨胀系数低于母材的热膨胀系数）。

表 7.3　钎料的热膨胀系数

温度/℃	20	200	400	600
低胀 15%/K^{-1}	2.032×10^{-5}	2.108×10^{-5}	2.286×10^{-5}	2.525×10^{-5}
低胀 10%/K^{-1}	2.151×10^{-5}	2.232×10^{-5}	2.421×10^{-5}	2.673×10^{-5}
低胀 5%/K^{-1}	2.271×10^{-5}	2.356×10^{-5}	2.556×10^{-5}	2.822×10^{-5}

由于此天线模型比较大，并且需要进行非线性瞬态计算，计算速度很慢。因此，在相同降温过程下，换热系数为 $h_{con} = 10\text{W}/(\text{m}^2 \cdot \text{K})$，降温过程选择曲线 1，使用表 7.3 所示的参数进行计算，研究不同膨胀系数匹配对天线焊接过程的影响，从而验证不同热膨胀系数匹配对天线的结构变形和残余应力是否有很大的影响，结果列于表 7.4 中。

表 7.4　不同热膨胀系数匹配的最终残余应力和变形

条件＼结果	z 向最大变形/mm	z 方向 RMS/mm	最大应力/MPa
低胀 15%	0.616	0.3435	207.68
低胀 10%	0.568	0.3167	191.63
低胀 5%	0.520	0.2898	175.56

由表 7.4 可得如下内容。

（1）z 向最大变形和表面 RMS 随着钎料与母材的热膨胀系数匹配差异的减小而减小。这是因为热膨胀系数差异越小，降温过程中钎料与母材的收缩量趋于相同，使得变形减小，低胀 5% 的最大变形和表面 RMS 比，低胀 15% 的下降了约 15.6%。

（2）在钎料热膨胀系数越接近母材的热膨胀系数时，由于钎料的收缩量变大，因此钎料受到的压应力随之减小。当低胀 5% 时，最大应力下降到 175.56MPa，比低胀 15% 时下降了 15.5%。

7.6.6　不同焊接温度的影响

在钎焊手册中，给出的钎料焊接温度要比固相线最少低 30～40℃，以保安全。在研究钎料熔点对焊接过程的影响时，根据已经研制成功的钎料，选择焊接温度为 550℃ 和 600℃ 进行研究对比。

为了研究降低焊接温度对天线焊接效果的影响，在机载平板裂缝天线上进行了仿真计算。由于材料在高温条件下的物性参数难以获得，因此在计算时，假设材料的物性参数不变。将熔点降低到 550℃ 以下，以此为条件进行仿真计算。

表 7.5　不同焊接温度结果

性能指标	焊接温度/℃	低胀 15%/K⁻¹	低胀 10%/K⁻¹	低胀 5%/K⁻¹
z 方向 RMS/mm	550	0.3123	0.2877	0.2631
	600	0.3435	0.3167	0.2898
最大应力/MPa	550	188.31	173.63	158.94
	600	207.68	191.63	175.56
增益损失/dB	550	0.0194	0.0176	0.0158
	600	0.0218	0.0197	0.0177

由表 7.5 的计算结果可知，在使用相同的热膨胀系数匹配时，降低焊接温度能使天线最终的残余应力和变形得到改善。在使用相同热膨胀系数的情况下，焊接温度为 550℃ 时天线最终的表面 RMS 都比焊接温度为 600℃ 时有所改善，在低胀 15% 时，表面 RMS 改善了 9.1%；在低胀 5% 时，改善了 9.3%。说明焊接温度的降低，离母材的熔点温度越低，母材越不会软化，使得天线最终的焊接效果更好。天线焊接后的残余应力与天线 RMS 一样，随着焊接温度的降低而得到明显改善。在降低焊接温度的同时，再减小热膨胀系数匹配的差异，能够得到更好的天线焊接结果。例如，表中焊接温度为 550℃、热膨胀系数匹配差异为 5% 时的增益损失仅为焊接温度为 600℃、热膨胀系数匹配差异为 15% 时的 72.48%。对于天线焊接后的残余应力，前者也仅为后者的 76.5%，天线增益损失和焊接残余应力都得到了明显改善[15]。

7.6.7　降温速率和物性参数的综合影响

由于天线模型比较大，在进行非线性瞬态求解时耗时很长。因此，为研究热膨胀系数由温度变化带来的非线性对焊接的影响，在图 7.27(a) 所示的实验模型上进行仿真计算，焊接位置为图 7.27(b) 中钎料所示位置。

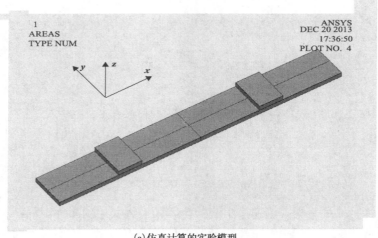

(a) 仿真计算的实验模型

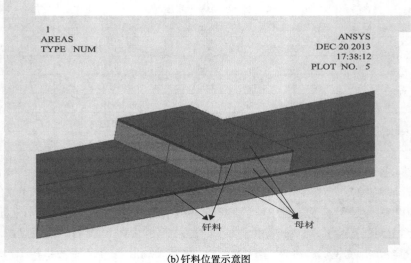

(b)钎料位置示意图

图 7.27　仿真实验模型

　　在计算时，考虑了材料的弹性模量、比热容和热传导系数由于温度变化产生的非线性。假定不同降温过程引起的母材（铝材）的热膨胀系数变化如图 7.28 所示。图中的 $\alpha_1 \sim \alpha_6$ 分别表示由于不同降温过程引起的母材在降温过程中的热膨胀系数变化情况。

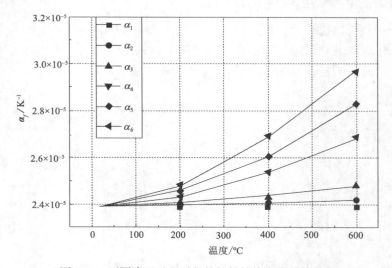

图 7.28　不同降温过程引起的铝材的热膨胀系数变化

　　通过计算 6 种不同降温速率引起的热膨胀系数变化和 4 种不同钎料与母材的热膨胀系数匹配，来模拟经过不同降温过程产生的晶相生长不同，而带来的物性参数变化及热膨胀系数匹配差异对焊接效果的影响。其中热膨胀系数匹配差异为

0，是为了当钎料与母材的热膨胀系数一致时，研究不同降温过程的影响。模型最终的横向残余应力如图 7.29 所示。

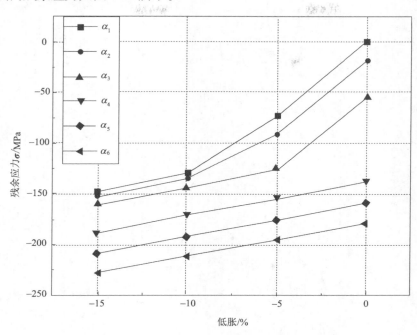

图 7.29　x 方向残余应力随不同母材热膨胀系数的变化

由图 7.29 所示的计算结果可得如下内容。

(1)在热膨胀系数随温度变化为常数的情况下,钎焊后钎料的残余应力会由于钎料热膨胀系数匹配差异的减小，从压应力变为无应力。无应力点出现在钎料的热膨胀系数比母材稍小而非常接近母材的时候，这与前面的推导结果一致。

(2)材料的热膨胀系数随温度变化的非线性程度越高时,要使焊接后的残余应力为 0，则母材与钎料的热膨胀系数的匹配系数越高。在图中体现为随着母材非线性程度的提高，曲线与残余应力 0 的交点越来越往右。

(3)在考虑由温度引起的热膨胀系数非线性时,钎焊后的残余应力则随着非线性程度的提高，在匹配系数差异为-15%~0 时，应力变为只有压应力而没有拉应力，说明热膨胀系数的非线性对钎焊的影响非常大。

由图 7.30 可得到以下结论。

(1)负 z 方向最大变形随非线性程度的提高而增大，而 z 方向最大变形则出现减小的情况。说明随着非线性程度的提高，天线的变形以 z 方向变形为主，这个趋势与减小热膨胀系数匹配差异相反。因此在提高热膨胀系数非线性的同时，减小热膨胀系数匹配的差异，会使变形比较均匀地分布在 z 为 0 的两边，使最大变形变小，最终提高表面 RMS。

(2) 从实验模型的计算结果可知，在实际的线膨胀系数情况下，最后残余应力会随着匹配系数的提高(−15%~0)而减小，正负 z 方向的总变形也随之减小。

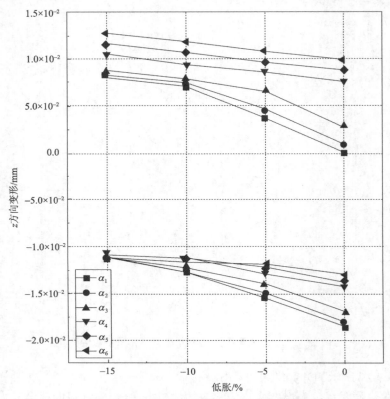

图 7.30　z 方向变形因不同母材热膨胀系数的变化

在某机载平板裂缝天线上进行仿真计算[15, 16]，使用的降温曲线为曲线 1 和曲线 3，在降温速率和参数匹配综合影响下的天线变形和残余应力结果列于表 7.6 中。

表 7.6　降温速率和参数匹配综合影响结果

降温曲线	匹配差异/K⁻¹	z 方向最大变形/mm	z 方向 RMS/mm	最大应力/MPa
1	低胀 15%	0.616	0.3435	207.68
	低胀 10%	0.568	0.3167	191.63
	低胀 5%	0.520	0.2898	175.56
3	低胀 15%	0.502	0.2796	168.81
	低胀 10%	0.453	0.2528	152.74
	低胀 5%	0.405	0.2261	136.66

由表 7.6 的计算结果可知，在该天线上的计算结果与小模型的结果一致，残余应力、z 向最大变形和表面 RMS 都随着匹配系数差异的减小而明显下降。在同样的低胀匹配系数时，经过不同降温曲线后的变形、残余应力和表面 RMS 也明

显得到改善。在低胀 15%时，降温曲线 3 的表面 RMS 和残余应力比降温曲线 1 的结果分别改善了 18.6%和 18.7%，在低胀 5%时，分别改善了 22%和 22.2%。

天线在降温速率和参数匹配综合影响下的增益损失如表 7.7 所示。由表中数据可知，降温速率的降低和热膨胀差异的减小，焊后天线表面 RMS 得到改善，使得天线的增益损失下降。在低胀 15%时，降温曲线 3 的增益损失比降温曲线 1 的结果改善了 22%，在低胀 5%时，改善了 25.4%。

表 7.7　降温速率和参数匹配综合影响增益损失

降温曲线	匹配差异/K^{-1}	增益损失/dB
1	低胀 15%	0.0218
	低胀 10%	0.0197
	低胀 5%	0.0177
3	低胀 15%	0.017
	低胀 10%	0.015
	低胀 5%	0.0132

从以上分析可知，平板裂缝天线的钎焊加工过程中，不同的降温速率对天线的焊接效果有很大的影响[17]。由计算结果可知，经过不同的降温过程，天线电性能有明显变化，这是由于不同降温过程对天线最终表面 RMS 产生比较大的影响。降温过程中的降温速率大小会影响温度梯度，与热膨胀系数一起影响变形。当温度降至室温时，由于整个天线的温度分布都是室温，因此热膨胀系数不同引起的变形将集中在钎料层，即焊缝处，并且在焊缝处产生比较大的残余应力。

通过研究不同钎料与母材热膨胀系数的匹配，以及降低焊接温度对天线钎焊的影响，可知通过降低钎料物料参数中热膨胀系数与母材的差异程度及其熔点，可降低焊接后的残余应力和结构变形，从而改善天线的电性能。随着焊接工艺的改进和材料科学的发展，必定能够找到一种最佳的钎料和钎焊工艺，满足越来越高的天线焊接质量要求。

7.7　钎焊装夹对天线机电耦合性能的影响

平板裂缝天线的辐射阵面、腔体等各零部件的厚度均为 1mm，属于薄壁类零件，而薄壁类零件在焊接时，特别是在焊接温度时，母材会出现软化等现象，在外力作用下很容易出现塑性变形，影响焊件的变形大小和所有焊缝的合格性。这里的模型在使用不同工装时受到夹紧力的作用，从而研究外力对天线焊接过程的影响。因此有必要对天线在钎焊过程中的受力情况进行研究。

7.7.1　钎焊过程的工装结构

平板裂缝天线的盐浴钎焊属于精密钎焊，夹具设计是盐浴钎焊关键的环节，它决定着天线焊接的精度和质量。由于盐浴钎焊是在 600℃左右的高温下进行的，其中的影响因素很多且相当复杂。工装在焊接过程中的作用很难通过实验进行验证，因此使用数值仿真对工装的作用进行研究。由于天线在焊接过程中主要是由弹簧进行固定的，属于自由膨胀状态，因此可认为模型是处于自由状态，在进行分析时不能使天线由于受到外力作用而发生刚体位移，如图 7.31 所示。

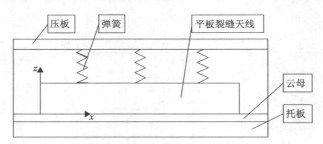

图 7.31　天线焊接过程中工装示意图

　　一套简单并且工作原理先进的盐浴钎焊夹具，不仅要求能确保被焊接零件的精度，提高生产效率，而且要求夹具自身具有排除某些不利因素干扰的功能力，求延长其使用寿命，因此在夹具设计时应从以下几个方面考虑。

　　(1)方便进行快速精确定位。

　　(2)在保证熔盐能通畅地流入和流出天线的同时，还必须保证其加热和冷却过程中能自由膨胀和收缩。

　　(3)夹紧装置能够使天线可靠夹紧，夹紧力的大小能准确控制。

　　(4)工装的零件结构工艺性好，寿命周期成本低。

　　(5)工装在常温和高温下保证尺寸稳定和刚性，保证夹具的精度。

　　(6)工装装卸和调整简单、快捷，有助于提高生产效率。

　　(7)夹具体材料要求具有一定的高温性能和抗腐蚀性能，因此夹具体材料一般选用不锈钢，有特殊要求时则另行选用其他材料。

　　在研究工装对天线过程的影响时，针对平板裂缝天线设计了三种不同的工装，分析这三种不同工装对天线钎焊过程的影响[18, 19]。在有限元分析模型中，对该工装的受力进行图 7.32 所示的等效处理。

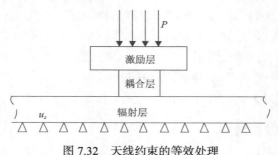

图 7.32　天线约束的等效处理

图 7.33 所示的装夹，由于压力仅施加在激励层，会导致焊接面积比较大的辐射层没有被压紧，容易出现虚焊问题，因此对工装进行了改进，改进后的工装如图 7.34 所示。

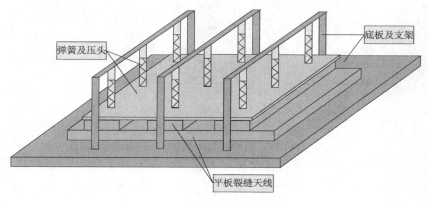

图 7.33　天线工装 1

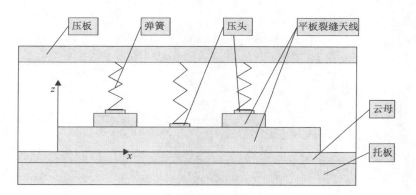

图 7.34　改进后的天线工装示意图

在天线上的施加方式如图 7.35 所示。

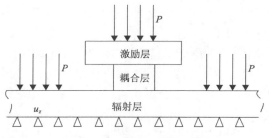

图 7.35　天线约束的等效处理

改进后的工装选择不同的压头可以有不同的夹紧方式，如图 7.36 所示。

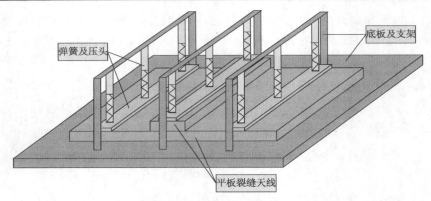

图 7.36　压头为钢板的工装 2

图 7.36 所示的工装 2 在焊接过程中天线的受力会比较均匀,而图 7.37 所示的工装 3 在焊接过程中天线只是局部受力,受力均匀程度不如工装 2。

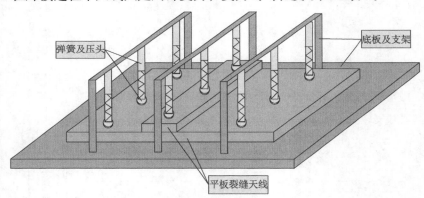

图 7.37　压头为圆板的工装 3

　　分析工装 1 受夹紧力的影响时,是在模型顶部的单元施加压力,由于模型大,且第三层激励层有些材料是悬空的,在高温条件下,由于母材弹性模型变得很小。如果在整个模型的上表面施加压力,容易导致在非线性瞬态计算时由于变形过大无法收敛。因此在分析夹紧力时,施加的压力并不是在所有顶部单元上都施加,而是在选择能够受力的单元上施加压力,而这也是比较符合实际受力情况的。工装 2 和工装 3 则是选取了激励层和辐射层的局部单元施加压力。

　　当 3 种工装在支架刚度不够时,可添加横梁来加强。由于 3 种工装的压头都与支架上的弹簧连在一起,因此不会影响熔盐的流动。这些工装的区别如下。

　　(1)工装 1 的实用性比较小,由于仅压在激励层,会导致焊接面积比较大的辐射层没有被压紧,容易出现虚焊现象,这里主要是用它来做比较。

　　(2)工装 2 的压头为钢板,这样可以使工件受力比较均匀,但是由于受力面积比较大,在压力一样的情况下,整个工件的受力也比较大。压力施加不当时,可能会使工件在高温时出现很大变形。压力适中时,此工装是一种比较理想的工装。

（3）工装 3 的压头为小圆板，由于其受力面积比较小，天线的受力面积有限，在受相同压力时，工件受到的力也比较小，但是辐射层背部的受力不如工装 2 的均匀。

7.7.2 计算参数的选取

根据夹紧力对天线焊接过程的影响，选取表 7.8 中列出的 4 种夹紧力。不同工装，对夹紧力的处理是使等效到天线上的压力相等，可以通过调节弹簧来实现。

表 7.8 选取的不同夹紧力

项目	1	2	3	4
夹紧力/MPa	2.5×10^{-3}	5×10^{-3}	7.5×10^{-3}	10×10^{-3}

如图 7.38 所示，工装 2 的夹紧力分布在压头所在的地方。图 7.39 所示为工装 3 使用 7 个压头时的夹紧力分布情况，压头基本均匀分布在天线辐射层背部的四周。图 7.40 所示为工装 3 使用 18 个压头时的夹紧力分布情况，与 7 个压头相比，压头则是均匀分布在天线辐射层的背部。

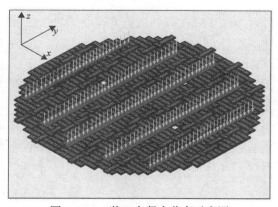

图 7.38 工装 2 夹紧力分布示意图

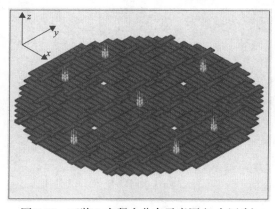

图 7.39 工装 3 夹紧力分布示意图（7 个压头）

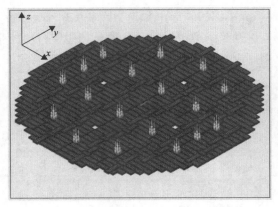

图 7.40　工装 3 夹紧力分布示意图(18 个压头)

在计算时使用的降温曲线和钎料与母材的匹配系数保持不变,使用的是降温曲线 1,钎料与母材的匹配系数为相差 15%。

7.7.3　仿真分析及结果讨论

在实际的降温过程中,天线在降到接近室温后会把天线的装夹去掉,让天线处在自由状态下降温。因此在数值模拟时,当天线的温度达到室温时(此时天线的最高温度在 23℃左右),把天线的夹紧力去掉,约束方式改成可以自由膨胀的约束方式,即在天线辐射面施加使天线能够在平面内自由膨胀收缩、在 z 方向能自由变形的约束方式。

残余应力的分布与前面的分析一致,都是集中在焊缝处,且最大应力也是由钎料与母材的热膨胀系数不一致产生的。由于在接近室温时拆除夹具,使用能使天线自由膨胀收缩的约束方式,因此天线的最终 z 向位移云图如图 7.41 所示。

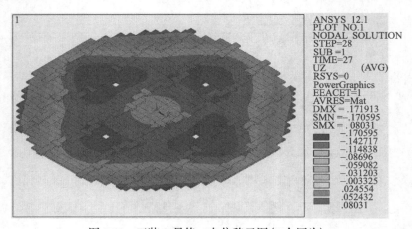

图 7.41　工装 3 最终 z 向位移云图(7 个压头)

由于天线边缘处去除了支撑,因此最大 z 向位移出现在边缘处,最大值为

0.17mm。最后的仿真结果如表 7.9~表 7.12 所示。

表 7.9 工装 1 在不同夹紧力下的变形

压力/MPa	残余应力/MPa	最大变形/mm	表面 RMS/mm
0.0025	206.97	0.169	0.0544
0.005	206.97	0.169	0.0544
0.0075	206.97	0.169	0.0544
0.010	210.20	0.182	0.0580

表 7.10 工装 2 在不同夹紧力下的变形

压力/MPa	残余应力/MPa	最大变形/mm	表面 RMS/mm
0.0025	205.96	0.169	0.0544
0.005	205.96	0.169	0.0544
0.0075	205.96	0.169	0.0544
0.010	209.01	0.171	0.0551

表 7.11 工装 3 在不同夹紧力下的变形(7 个压头)

压力/MPa	残余应力/MPa	最大变形/mm	表面 RMS/mm
0.0025	210.04	0.171	0.0551
0.005	210.04	0.171	0.0551
0.0075	210.04	0.171	0.0551
0.010	210.20	0.182	0.0580

表 7.12 工装 3 在不同夹紧力下的变形(18 个压头)

压力/MPa	残余应力/MPa	最大变形/mm	表面 RMS/mm
0.0025	210.04	0.171	0.0551
0.005	210.04	0.171	0.0551
0.0075	210.04	0.171	0.0551
0.010	210.20	0.182	0.0580

由表 7.9~表 7.12 的结果可得到如下结论。

(1)在夹紧力小于 0.01MPa 时，天线焊接后的效果都是比较理想的，最终天线辐射面的 RMS 都能保持在 0.05mm 左右。当夹紧力达到 0.01MPa 时，天线焊接后的最大变形和表面最终 RMS 出现明显变化。在使用工装 2 和工装 3 时，最大夹紧力应在 0.0075MPa 左右。因此可以通过仿真来确定夹紧力的取值范围，减小工程实际中的实验次数。

(2)在夹紧力相同的情况下，使用工装 2 和工装 3 两种不同的压头分布，受力均匀的工装 2 的计算结果比工装 3 的结果要好。

(3)在同一种工装形式下，增加压头的数量并不一定能改善天线的焊接效果。当把工装 2 视为由工装 3 增大压头，天线的受力趋于均匀分布的情况下，才能改善天线的焊接效果。

7.8　工装、降温速率与钎焊参数的综合影响分析

根据前面的分析，可知降温曲线、钎料与母材的热膨胀系数匹配和工装 3 种因素对焊接效果的影响分别如下。

(1)降温速率越快，最后的焊接效果越差。

(2)钎料与母材的热膨胀系数相差越大，焊接效果也越差。

(3)通过比较可行的工装 2 和工装 3 的计算结果可知，工装 3 的焊接效果比较差，即夹具的压头位置、陷入位置选择在支撑比较好的地方，才能使天线的变形比较小。

7.8.1　各因素的影响比重

在前面的计算和分析中，3 个因素对天线焊接结果的影响程度并不清楚。分析各因素在仿真过程中的影响比重，能够在实际加工过程中，为控制某个因素能达到明显改善焊接结果提供必要的参考信息。

各因素权重的计算思路如图 7.42 所示，首先设定最优工况为基准工况，然后分别改变各参数，将计算后的表面 RMS 分别与基准工况进行对比，进而求得各因素的影响比重。根据计算流程，选择了如表 7.13 所示的参数，对这 4 个工况进行分析。

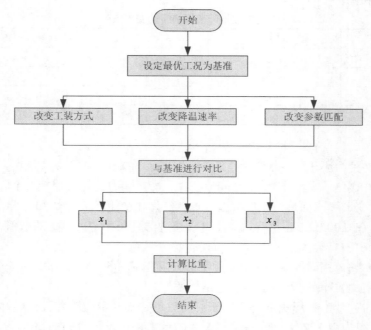

图 7.42　各因素比重计算思路

表 7.13　不同工况参数

项目	降温曲线	参数匹配	工装方式	RMS
基准	3	5%	2	x_0
工装方式	3	5%	3	x_1
降温速率	1	5%	2	x_2
参数匹配	3	15%	2	x_3

各因素影响比重计算公式分别如下。

工装方式的影响量：

$$\Delta x_1 = \sqrt{x_1^2 - x_0^2}$$

降温速率的影响量：

$$\Delta x_2 = \sqrt{x_2^2 - x_0^2}$$

参数匹配的影响量：

$$\Delta x_3 = \sqrt{x_3^2 - x_0^2}$$

工装方式比重：

$$w_1 = \frac{\Delta x_1}{\Delta x_1 + \Delta x_2 + \Delta x_3} \times 100\%$$

降温速率比重：

$$w_2 = \frac{\Delta x_2}{\Delta x_1 + \Delta x_2 + \Delta x_3} \times 100\%$$

参数匹配比重：

$$w_3 = \frac{\Delta x_3}{\Delta x_1 + \Delta x_2 + \Delta x_3} \times 100\%$$

改变各因素后的影响结果如表 7.14 所示。

表 7.14　不同因素对表面精度 RMS 的影响

项目	基准	工装方式	降温速率	参数匹配
RMS/mm	0.0363	0.0364	0.0465	0.0448

由计算结果可求得如下结果。

工装方式的影响量为 $\Delta x_1 = 0.003$ ；

降温速率的影响量为 $\Delta x_2 = 0.029$ ；

参数匹配的影响量为 $\Delta x_3 = 0.026$ ；

工装方式比重为 $w_1 = 5.2\%$；

降温速率比重为 $w_2 = 50\%$；

参数匹配比重为 $w_3 = 44.8\%$。

由表 7.14 的计算结果可知，降温速率对天线的焊接结果影响最大，参数匹配次之，而改变工装方式的影响最小。

7.8.2 最差和最好工况的参数选择

从 3 个因素中分别选取了降温曲线 1（即降温速率最快的降温曲线）、钎料与母材的热膨胀系数差异为 15%及工装 3。这 3 个因素分别对应各因素中焊接效果最差的参数，计算得到最差工况 A 的结果。从 3 个因素中分别选取了降温曲线 3（即降温速率最慢的降温曲线）、钎料与母材的热膨胀系数差异为 5%和工装 2，这 3 个因素分别对应各因素中焊接效果最好的因素，计算得到最好工况 B 的结果。

针对机载平板裂缝天线进行了工况 A 和工况 B 的计算，使用的降温曲线和热膨胀系数与前面一致。两种工况的计算参数列于表 7.15。

表 7.15 两种工况使用的计算参数

工况	降温曲线	热膨胀匹配差异	工装	夹紧力/MPa
A	1	15%	3	0.0025
B	3	5%	2	0.0025

计算得到两种工况的结果列于表 7.16。

表 7.16 最好最差工况的结果

工况	残余应力/MPa	最大变形/mm	表面 RMS/mm	增益损失/dB
A	210.04	0.171	0.0551	0.0023
B	138.35	0.116	0.0363	0.0015

由表 7.16 可知，工况 B 相对于工况 A，残余应力减少了 34.13%，最大变形减少了 32.16%，表面 RMS 改善了 34.12%，天线的增益损失减小了 34.8%。因此，使用合适的降温过程、钎料和工装，可以明显改善天线焊后的残余应力和变形，有效减小天线的增益损失。

7.8.3 缝变形对天线电性能的影响

为了研究缝变形对天线电性能的影响，使用下面两组数据进行分析。

工况 C：降温时间为 3600s 时，使用的换热系数分别为水平面为 9.1W/(m²·K)、周边为 7.5W/(m²·K)。

工况 D：降温时间为 7200s 时，使用的换热系数分别为水平面为 8.6W/(m²·K)、周边为 7.0W/(m²·K)。

辐射缝偏转是通过提取缝上的节点信息来计算位置的变化量，具体如图 7.43 所示。

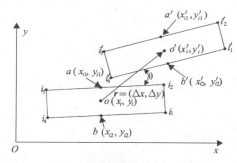

图 7.43　缝变形坐标变化

此时可得 $A = a - b$，$B = a' - b'$，通过计算向量 A 和 B 之间的变化，可以求得 A 和 B 的夹角，即辐射缝的偏转量，可得，$q = \arccos \dfrac{A \times B}{|A| \times |B|}$。

辐射缝的偏转量列于表 7.17。

表 7.17　辐射缝的偏转量

工况	$\Delta \theta_{max}$ /rad	$\overline{\Delta \theta}$ /rad
C	3.433×10^{-5}	1.194×10^{-5}
D	2.670×10^{-5}	9.292×10^{-6}

由表 7.18 可知，工况 C 和工况 D 的缝偏转量非常小，基本可以忽略。缝的平移是通过计算缝的中心位置的变化得到的，变化前的缝中心的坐标为 o，变化后的缝中心的坐标为 o'，因此坐标的平移量为

$$\|r\| = \|o' - o\| = \sqrt{\left(\frac{x_i' - x_i}{2}\right)^2 + \left(\frac{y_i' - y_i}{2}\right)^2}$$

辐射缝的面内平移量列于表 7.18。

表 7.18　辐射缝面内平移量

工况	Δx_{max} /mm	$\overline{\Delta x}$ /mm	Δy_{max} /mm	$\overline{\Delta y}$ /mm
C	0.0165	0.0073	0.0082	0.0033
D	0.0113	0.0050	0.0049	0.0019

由表 7.18 可知，工况 D 比工况 C 在 x 方向的最大平移减小了 0.0052mm，y 方向的最大平移减小了 0.0033mm。因此可知，降温速率对辐射缝的平移有很大影响，对辐射缝的偏转影响相对比较小。这是由于降温速率慢能改善天线降温过程中的温度梯度。

由于模型比较大，要计算出天线变形后的辐射缝电压工作量过大。因此，辐射缝变形对辐射缝电压的影响可表示为

$$\Delta v = v_n' - v_n$$

$$= \frac{8.10}{a} \left\{ \frac{\cos\left[\frac{\pi}{2}\cos(i'-\Delta\theta_n)\right]}{\sin(i'-\Delta\theta_n)} e^{j\pi d_n'/a'} + \frac{\cos\left[\frac{\pi}{2}\cos(i'+\Delta\theta_n)\right]}{\sin(i'+\Delta\theta_n)} e^{-j\pi d_n'/a'} \right\} \tag{7-17}$$

$$- \frac{32.40}{\lambda}\cos\left(\frac{\pi}{2}\cos i\right)\cos(\pi d_n / a)$$

式中，d_n 和 θ_n 分别为第 n 个辐射缝到所在波导边的距离和偏转角度；λ 为工作波长；$i = \arcsin\frac{\lambda}{2a}$，$i' = \arcsin\frac{\lambda}{2a'}$，$d_n' = d_n + \Delta y$，即图 7.44 中所示的几何量。

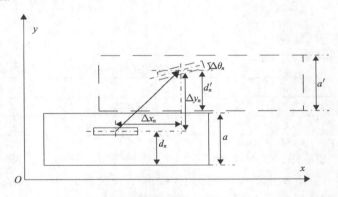

图 7.44　辐射缝在波导中的变形示意图

计算得到的工况 C 和工况 D 的辐射缝电压变化情况如表 7.19 所示。

表 7.19　缝电压幅度和相位变化

工况	变化值	幅度/V	相位/rad
C	最大值	0.0730	0.9838
	最小值	−0.0277	−0.9579
	均值	0.0036	0.0227
	均值方差	3.404×10^{-4}	0.0070
D	最大值	0.0520	0.9466
	最小值	−0.0229	−0.7575
	均值	0.0021	0.0203
	均值方差	2.566×10^{-4}	0.0057

表 7.20 列出了辐射缝电压变化、缝偏转和辐射面表面 RMS 对天线电性能的影响。由表中数据可知，辐射缝的偏转量很小，因此对天线的增益损失影响很小。在计算电性能时，可以忽略辐射缝偏转的影响。辐射缝电压变化和表面 RMS 对天线的电性能影响比较大，主要表现为最大副瓣电平出现明显抬升。

表 7.20　缝结构变形对天线电性能的影响

工况	缝电压变化	$\Delta\phi, \Delta z$	增益损失	最大副瓣电平	
				H 面	E 面
C	否	$\Delta\phi$	0	0	0
		Δz	−0.0019	−0.0386	0.0001
		$\Delta\phi, \Delta z$	−0.0019	−0.0386	0.0001
	是	—	0.0031	−0.0724	0.1340
		$\Delta\phi$	0.0031	−0.0724	0.1340
		Δz	0.0012	−0.0876	0.1352
		$\Delta\phi, \Delta z$	0.0012	−0.0876	0.1352
D	否	$\Delta\phi$	0	0	0
		Δz	−0.0014	−0.0301	0.0001
		$\Delta\phi, \Delta z$	−0.0014	−0.0301	0.0001
	是	—	0.0022	−0.0147	0.1468
		$\Delta\phi$	0.0022	−0.0147	0.1468
		Δz	0.0008	−0.0273	0.1477
		$\Delta\phi, \Delta z$	0.0008	−0.0273	0.1477

7.8.4　平板裂缝天线热加工参数选取准则

经过以上分析，可知天线在焊接时，降温速率、热膨胀系数匹配和工装的选取准则如下：①选择降温速率比较慢的降温曲线，这样能减少降温过程中产生的温差，减小工件的温度梯度；②选择的钎料的热膨胀系数与母材的热膨胀系数差异应该能尽量小；③选择的工装能够使天线在焊接时的受力比较均匀，使天线在高温时不会产生局部大变形。

7.9　基于机电耦合的机载随机振动影响分析方法

振动作为机载雷达天线的一种重要载荷，对天线结构和电性能影响是不可忽视的。当受飞机发动机、空气对流等因素影响时，将导致雷达天线产生如图 7.45 所示的主波束方向指向误差和增益损失，降低雷达跟踪目标的能力[12]。

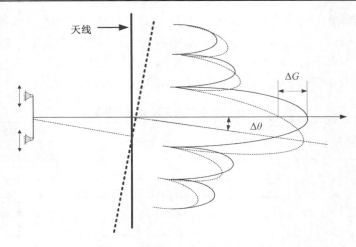

图 7.45　振动对天线电性能的影响

　　机载环境激起的振动信号通常是一种随机干扰，所以机载雷达天线需要在设计阶段考虑随机振动对天线结构力学性能和电性能的影响。在随机振动作用下，天线结构的变形也是随机的，而在随机振动激励下，天线结构作为多自由度的线性系统，其各节点的位移和单元应力响应是相关的[8]。为此，先通过随机振动分析确定出天线结构响应的各节点位移和各单元应力的均方值，建立天线阵面变形引起的辐射缝误差的位移响应协方差矩阵。其次，利用协方差矩阵生成天线阵面受随机振动引起的辐射缝误差随机样本。在不考虑天线结构变形对辐射缝电压影响的情况下，结合平板裂缝天线的机电场耦合模型，进而分析在天线主波束方向上受随机振动作用下的天线增益损失和指向误差的统计值，可为机载雷达天线工程设计人员提供参考[20-22]。

7.9.1　样本生成方法

　　在已知随机振动功率谱密度 $S(\omega)$ 和雷达天线结构传递函数 $H(\omega)$ 的基础上，可确定天线结构响应的功率谱密度 $Y(\omega)$ 为

$$Y(\omega) = H^{*}(\omega)^{\mathrm{T}} S(\omega) H(\omega) \tag{7-18}$$

式中，$S(\omega)$ 由天线实际激励的功率谱密度类型确定，可为位移、力、速度、加速度等功率谱密度类型，表示频域内随机振动在各频率成分上的统计特性；$H(\omega)$ 由天线自身的结构、边界条件和激励功率谱类型确定；$Y(\omega)$ 为响应功率谱密度，表示在频域内天线响应分布密度，同样可为位移、力、速度、加速度等功率谱密度类型。

　　若天线结构总节点数为 N、每个节点的自由度为 3（当有限元模型中含有壳单元或梁单元时，其节点自由度为 6），则位移响应功率谱密度矩阵 $Y_d(\omega)$ 的维数为

$3N \times 3N$，其表达式为

$$\boldsymbol{Y}_d(\omega) = \begin{bmatrix} \boldsymbol{Y}_{11}(\omega) & \boldsymbol{Y}_{12}(\omega) & \cdots & \boldsymbol{Y}_{1N}(\omega) \\ \boldsymbol{Y}_{21}(\omega) & \boldsymbol{Y}_{22}(\omega) & \cdots & \boldsymbol{Y}_{2N}(\omega) \\ \vdots & \vdots & & \vdots \\ \boldsymbol{Y}_{N1}(\omega) & \boldsymbol{Y}_{N2}(\omega) & \cdots & \boldsymbol{Y}_{NN}(\omega) \end{bmatrix} \tag{7-19}$$

当 $i=j$ 时，$\boldsymbol{Y}_{ii}(\omega)$ 为节点 i 的自谱密度；当 $i \neq j$ 时，$\boldsymbol{Y}_{ij}(\omega)$ 为节点 i 和 j 的互谱密度。$\boldsymbol{Y}_{ij}(\omega)$ 的维数为 3×3，其表达式为

$$\boldsymbol{Y}_{ij}(\omega) = \begin{bmatrix} \boldsymbol{Y}_{i_x j_x}(\omega) & \boldsymbol{Y}_{i_x j_y}(\omega) & \boldsymbol{Y}_{i_x j_z}(\omega) \\ \boldsymbol{Y}_{i_y j_x}(\omega) & \boldsymbol{Y}_{i_y j_y}(\omega) & \boldsymbol{Y}_{i_y j_z}(\omega) \\ \boldsymbol{Y}_{i_z j_x}(\omega) & \boldsymbol{Y}_{i_z j_y}(\omega) & \boldsymbol{Y}_{i_z j_z}(\omega) \end{bmatrix} \tag{7-20}$$

对天线结构位移响应功率谱密度矩阵 $\boldsymbol{Y}_d(\omega)$ 进行积分，便可得到位移均方响应矩阵为

$$\boldsymbol{\psi}_d^2 = \int_{-\infty}^{\infty} \boldsymbol{Y}_d(\omega)\mathrm{d}\omega = \begin{bmatrix} \boldsymbol{\psi}_{11}^2 & \boldsymbol{\psi}_{12}^2 & \cdots & \boldsymbol{\psi}_{1N}^2 \\ \boldsymbol{\psi}_{21}^2 & \boldsymbol{\psi}_{22}^2 & \cdots & \boldsymbol{\psi}_{2N}^2 \\ \vdots & \vdots & & \vdots \\ \boldsymbol{\psi}_{N1}^2 & \boldsymbol{\psi}_{N2}^2 & \cdots & \boldsymbol{\psi}_{NN}^2 \end{bmatrix} \tag{7-21}$$

式中，$\boldsymbol{\psi}_{ij}^2 = \begin{bmatrix} \boldsymbol{\psi}_{i_x j_x}^2 & \boldsymbol{\psi}_{i_x j_y}^2 & \boldsymbol{\psi}_{i_x j_z}^2 \\ \boldsymbol{\psi}_{i_y j_x}^2 & \boldsymbol{\psi}_{i_y j_y}^2 & \boldsymbol{\psi}_{i_y j_z}^2 \\ \boldsymbol{\psi}_{i_z j_x}^2 & \boldsymbol{\psi}_{i_z j_y}^2 & \boldsymbol{\psi}_{i_z j_z}^2 \end{bmatrix}$。

由于随机振动的功率谱信息通常满足均值为零的正态分布随机过程，对于天线结构这种连续体，天线响应位移同样满足均值为零的正态分布随机过程。即位移响应均方值矩阵 $\boldsymbol{\psi}_d^2$ 与其协方差值矩阵 $\boldsymbol{\sigma}_d^2$ 相等，并且各节点及其自身的位移响应分量之间完全相关，则位移响应的相关系数矩阵可表示为

$$\left| \boldsymbol{\rho}_{ij} \right| = \left| \frac{\boldsymbol{\psi}_{ij}^2}{\boldsymbol{\psi}_{ii}\boldsymbol{\psi}_{jj}} \right| = \mathbf{1}_{3 \times 3} \tag{7-22}$$

若在随机振动过程中，取出天线结构节点 i 位移响应的任一随机样本为 $\{\Delta x_i, \Delta y_i, \Delta z_i\}$，则有

$$D(\Delta x_i) = \boldsymbol{\psi}_{i_x i_x}^2, \quad D(\Delta y_i) = \boldsymbol{\psi}_{i_y i_y}^2, \quad D(\Delta z_i) = \boldsymbol{\psi}_{i_z i_z}^2 \tag{7-23}$$

根据位移响应的完全相关性，可将 $\{\Delta y_i, \Delta z_i\}$ 表示为 Δx_i 的线性函数，即

$$\Delta y_i = k_{i_x i_y} \Delta x_i, \quad \Delta z_i = k_{i_x i_z} \Delta x_i \tag{7-24}$$

式中，$k_{i_x i_y} = \dfrac{\psi_{i_x i_y}^2}{\psi_{i_x i_x}^2}$；$k_{i_x i_z} = \dfrac{\psi_{i_x i_z}^2}{\psi_{i_x i_x}^2}$。同理，天线结构节点 $j\,(j \neq i)$ 的位移响应 $\{\Delta x_j, \Delta y_j, \Delta z_j\}$ 同样可表示为 Δx_i 的线性函数。

随机生成节点 i 的位移响应在 x 方向分量 Δx_i 的一组随机样本，即

$$\Delta x_i = \alpha_m \psi_{i_x i_x}, \quad m = 1,2,\cdots,M \tag{7-25}$$

式中，α_m 是一组满足均值为零，标准差为 1，且是正态分布的随机数。M 为随机数的个数。根据式 (7-25)，便可得到节点 i 其他方向的分量及其他节点位移的相应随机样本，从而生成天线在随机振动作用下结构变形的一组随机样本。

在分析随机振动环境下结构变形对天线电性能的影响时，仅考虑天线结构部分会对电性能产生影响。若仅考虑天线阵面在随机振动作用下的变形对电性能的影响，可在天线结构响应的位移协方差矩阵中，提取出在天线阵面上的辐射缝位移响应的协方差矩阵，进而获得天线阵面在随机振动作用下的一组位移随机样本。

7.9.2　随机振动对天线电性能的影响模型

当不考虑天线结构变形对辐射缝电压的影响，仅考虑阵面平面度的影响时，即在平板裂缝天线机电场耦合模型中忽略缝电压误差的影响，同时不考虑制造、装配精度对电性能的影响时，耦合模型变为

$$E(\theta,\phi) = \sum_{n=1}^{N} V_n \cdot f_n\left(l_n, \omega_n, (\theta - \xi_{\theta n}), (\phi - \xi_{\phi n})\right) \cdot e^{j n_n + j k (r_n + \Delta r_n) \cdot \hat{r}} \tag{7-26}$$

式中，Δr_n 和 $\{\xi_{\theta n}, \xi_{\phi n}\}$ 分别为第 n 个辐射缝位置误差和指向误差；N 为缝隙总数。

根据天线结构在随机振动作用下的各节点位移响应协方差矩阵，可确定天线阵面位移响应的任一随机样本中第 n 个辐射缝位置误差 $\Delta r_n = \{\Delta x_n, \Delta y_n, \Delta z_n\}$ 和指向误差 $\{\xi_{\theta n}, \xi_{\phi n}\} = \left\{\dfrac{\Delta z_n}{\Delta x_n}, \dfrac{\Delta z_n}{\Delta y_n}\right\}$。根据结构位移响应完全相关的特点，第 n 个辐射缝的位置误差和指向误差分别为

$$\Delta r_n = \left\{1, k_{n_x n_y}, k_{n_x n_z}\right\} \cdot \Delta x_n = k_n \Delta x_n \tag{7-27}$$

$$\{\xi_{\theta n}, \xi_{\phi n}\} = \left\{k_{n_x n_y}, k_{n_y n_z}\right\} \tag{7-28}$$

当用随机样本中第一个辐射缝位置误差在 x 方向的分量 Δx_1 来描述第 n 个辐射缝的位置误差时，式 (7-27) 可简化为

$$\Delta \boldsymbol{r}_n = \left\{ 1, k_{1_x n_y}, k_{1_x n_z} \right\} \cdot \Delta x_1 = \boldsymbol{k}_{1_n} \Delta x_1 \tag{7-29}$$

所以随机振动作用下，天线阵面位移响应的随机样本对远场方向图影响的数学模型为

$$E_d \left(\theta, \phi \right) = \sum_{n=1}^{N} V_n \cdot f_n \left(l_n, \omega_n, \left(\theta - k_{n_x n_y} \right), \left(\phi - k_{n_x n_z} \right) \right) \cdot \mathrm{e}^{\mathrm{j}\eta_n + \mathrm{jk}\left(r_n + k_{1_n} \Delta x_1 \right) \cdot r} \tag{7-30}$$

根据随机振动作用下位移响应为正态分布的特性，便可模拟出第一个辐射缝位置误差在 x 方向上分量 Δx_1 的随机样本。通过每个随机样本和节点响应的位移协方差矩阵确定的 $\boldsymbol{k}_n (n=1,\cdots,N)$，便可分析随机振动对天线远场方向图的影响，从而获得随机振动对天线电性能影响的大量样本数据。通过对样本数据进行统计，就可给出随机振动作用下天线的增益损失、指向精度的统计值。

参 考 文 献

[1] Wang C S, Duan B Y, Zhang F S, et al. Coupled structural-electromagnetic-thermal modelling and analysis of active phased array antennas. IET Microwaves, Antennas &Propagation, 2010, 4(2): 247-257.

[2] 黄剑波. 机载雷达平板裂缝天线盐浴钎焊工艺研究. 南京: 南京理工大学硕士学位论文, 2010.

[3] Wang C S, Duan B Y, Zhang F S, et al. Analysis of performance of active phased array antennas with distorted plane error. International Journal of Electronics, 2009, 96: 549-559.

[4] 宋立伟, 段宝岩, 郑飞. 表面误差对反射面天线电性能的影响. 电子学报, 2009, 37(3): 552-556.

[5] Peter T B, Bela L, Jozsef P. A coupled analytical——finite element technique for the calculation of radiation from tilted rectangular waveguide slot antennas. IEEE Transaction on Magnetics, 2008, 44(6): 1666-1669.

[6] 陶涛. 铝合金组件钎焊变形及应力有限元分析. 成都: 西南交通大学硕士学位论文, 2008.

[7] 余伟, 顾卫军, 郭先松. 平板裂缝天线子阵形变后的方向图分析. 现代雷达, 2008, 30(12): 70-73.

[8] 王敏, 王小静. 弹载天线随机振动的仿真分析. 制导与引信, 2007, 28(2): 57-60.

[9] Li J Y, Li L W, Gan Y B. Method of moments analysis of waveguide slot antennas using the EFIE. Journal of Electromagnetic Waves and Applications, 2005, 19: 1729-1748.

[10] Jeongheum L, Yongbeum L, Hyeongdong K. Decision of error tolerance in array element by the Monte Carlo method. IEEE Transactions on Antennas and Propagation, 2005, 53(4): 1325-1331.

[11] 杨静, 邱绍宇, 朱金霞. 低熔点 Ag-Al-Sn 合金钎料的钎焊工艺性能研究. 核动力工程, 2005, (02): 144-147.

[12] 张小安, 贾建援. 火炮随机激励对天线指向精度的影响. 电子机械工程, 2004, 20(4): 1-3.

[13] Jacob C C, Johan J, Derek A M. Off-center-frequency analysis of a complete planar slotted-waveguide array consisting of subarrays. IEEE Transaction on Antennas and Propagation, 2000, 48(11): 1746-1755.

[14] Masubuchi K. Prediction and control of residual stresses and distortion in welded structure. Transaction of JWRI, 1996, 25(2): 55-67.

[15] 王伟, 吕善伟. 单脉冲平面缝隙阵列天线设计和误差分析. 无线电工程, 1996, 26(2): 58-64.

[16] Wang H S C. Performance of phased-array antennas with mechanical errors. IEEE Transactions on Aerospace and Electronic Systems, 1992, 28(2): 535-545.

[17] Karlsson R I, Josefson B L. Three-dimensional finite element analysis of temperatures and stresses in a single-pass butt-welded pipe. Journal of Pressure Vessel Technology, 1990, 112(1): 76-84.

[18] Josefsson L. Analysis of longitudinal slots in rectangular waveguides. IEEE Transactions on Antennas and Propagation, 1987, 35(12): 1351-1357.

[19] Elliott R, O'loughlin W. The design of slot arrays including internal mutual coupling. IEEE Transactions on Antennas and Propagation, 1986, 34(9): 1149-1154.

[20] Hsiao J K. Array sidelobes, error tolerance, gain and beamwidth, NRL Report 8841. Washington DC: Naval Research Laboratory, 1984.

[21] Elliott R. An improved design procedure for small arrays of shunt slots. IEEE Transactions on Antennas and Propagation, 1983, 31(1): 48-53.

[22] Hung Y. Impedance of a narrow longitudinal shunt slot in a slotted waveguide array. IEEE Transactions on Antennas and Propagation, 1974, 22(4): 589-592.

第 8 章　有源相控阵天线机电热场耦合

8.1　研　究　背　景

反射面天线的应用领域仍然很广泛,但是由于其自身的缺点,如机械扫描时惯性大,数据率有限,信息通道数少,不易满足自适应和多功能雷达的需求,且由于受传输线击穿的限制,它对极高功率雷达的应用也有限制。相控阵技术是近年来正在发展的新技术,它比单脉冲、脉冲多普勒等任何一种技术对雷达发展带来的影响都要深刻和广泛。因此,随着相控阵雷达的发展和成本的逐步降低,部分面天线应用领域逐渐被相控阵天线占领[1]。

有源相控阵天线(active phased array antenna,APAA)也叫有源电子扫描阵列天线(active electronically scanned array,AESA),其技术是同时能满足高性能、高生存能力雷达所必需的,也是降低现代雷达研制生产成本的重要途径。有源相控阵天线技术为实现雷达的多功能提供了必要的条件,波束控制器是有源相控阵雷达所特有的,它替代了机械扫描雷达中的伺服驱动分系统。有源相控阵天线的馈电网络是为解决各天线单元接收到的信号能按一定的幅度与相位要求进行加权这一问题,而使阵面上众多天线单元与雷达发射机或接收机相连接的传输线系统,各天线单元所需的幅度与相位加权也都是在馈电网络系统内实现的[2,3]。图 8.1 给出的是美国 F22 战斗机上的机载有源相控阵雷达天线阵实物,图中如毛似麻般紧密排列着的是一个个的辐射单元,包含 1000～2000 个发射/接收组件(transmit/receive module,T/R 组件)。T/R 组件主要由接收器、发射器和移相器组成。APAA 的每个辐射单元都有自己的功率源和收/发功能,其优点是可靠性高、扫描速度快、功能多、被干扰的概率低[4-7]。然而在相当长的时间内,由于 APAA 体积大,对单片微波集成电路(monolithic microwave integrated circuit,MMIC)要求高,技术瓶颈多,生产成本极高,未能在战机火控雷达(fire control radar,FCR)上得到大力的推广。

图 8.1　有源相控阵天线辐射单元

8.2　相控阵天线的分类

首先从相控阵天线的电扫描技术上进行分类，可分为相位扫描、频率扫描和电子馈电开关转换三种。在相位扫描系统中，相控阵波束扫描是通过预先确定的方法，利用移相器改变天线各单元的相位来实现的。在频率扫描系统中，频率用来控制单元间的相移差，因此每个频率对应一个波束位置。在多波束天线中采用电子馈电开关转换装置也可实施天线波束扫描。

从馈电方式上看，相控阵天线主要有强制馈电、空间馈电和数字馈电三种方式。强制馈电系统采用波导、同轴线、板线、微带线等传输线实现功率合成网络(发射阵列)或功率分配网络(接收阵列)，完成发射功率分配或接收信号的相加。空间馈电也称为光学馈电，主要采用空馈的功率合成/分配网络。这种馈电方式比强制馈电方式的优点更明显。空间馈电方式相控阵也可划分为透镜式相控阵和反射式相控阵。数字馈电方式又称为视频馈电方式，用这种新型技术可构成全数字化相控阵天线。

从天线外形结构上看，相控阵天线有线阵、平面阵、圆环阵、圆柱阵、球形阵、共形阵等多种形式；按天线单元形式，可划分为印刷振子阵、波导裂缝阵、开口波导阵、介质棒天线阵、微带贴片天线阵、对数周期天线阵、八木天线阵等；从天线雷达载体看，有星载相控阵天线、机载相控阵天线、地面相控阵天线、舰载相控阵天线等。

相控阵天线具有无源、半有源和有源之分。常规相控阵的特征是雷达发射机和接收机与机械扫描雷达一样，均为集中式的。区别仅在于阵列的每个天线单元上接入一个移相器。若天线阵面是由无源器件构成的，则为无源相控阵天线。半有源相控阵的特征是，除每个阵列单元接有一移相器外，将所有阵列单元分成若干组(行、列、子阵)，每一组接有一个发射机末级和(或)接收机前端。半有源相控阵有多部发射机和(或)多部接收机前端，但并不是每个天线单元都有的。有源相控阵通常是指每一阵列单元均接有一个发射机/接收机前端(即 T/R 组件)。

8.3　有源相控阵天线的特点

表 8.1 给出了机扫雷达与无源、有源相控阵雷达的异同点。采用有源相控阵天线技术的雷达，有如下一些技术优势。

(1)系统功率效率高(雷达作用距离大幅度增长)。机械扫描的雷达，发射机产生的射频(RF)功率由馈线网络送到天线阵面再辐射出去。这个过程中的损耗较大，而有源相控阵雷达直接由天线阵元发射和接受射频信号，经过的路线短，雷达微波能量的馈电损耗较传统机械扫描雷达大为减少，可以增大雷达的发射功率，提高雷达的探测性能。

表 8.1　常规机扫、无源相控阵及有源相控阵雷达的特性比较

特性	雷达特性	机械扫描	无源相控阵	有源相控阵
技术特性	扫描速度	慢	快	快
	孔径利用	固定	固定	可分区
	波束形状	固定	固定	可按功能选取
	孔面加权	固定	固定	可以环境适应
	馈线损耗	大	大	小
	效率	低	较低	高
	旋转关节	有	无	无
	发射功率管理	不易	不易	容易
	数据更新率	低	高	高
	多目标跟踪精度	低	高	高
	快速扫描	难	易	易
	雷达截面积	不利于隐身	利于隐身	利于隐身
	多功能性	差	佳	最佳
	抗干扰性	差	佳	最佳
	隐身性	差	佳	最佳
	探测距离	近	近	高 40%~50%
	数字化程度	采用模拟电路	一般	较高
使用特性	可靠性	差	佳	最佳
	故障特点	多	较多	逐渐失效
	可维修性	差	较差	两级维修
	体积	大	较大	小
	重量	重	较重	轻
	功耗	大	较大	小
	采购费用	低	高	最高
	寿命期费用	高	高	较低

(2)同时多功能。所谓同时多功能,是指有源相控阵能在同一时间内完成一个以上的雷达功能。它可以用一部分 T/R 模块完成一种功能,用另外的 T/R 模块完成其他功能;也可用时间分隔的方法交替用同一阵面完成多种功能。相控阵雷达的波束指向是由电信号控制的,可以实现瞬间捷变,因此可以同时跟踪多个目标,可以同时完成空空、空地功能,还可以在探测的同时,进行目标识别、电子侦察甚至电子干扰等工作。

(3)探测和跟踪能力高。相控阵雷达的电磁辐射是灵活可控的,因此可以分配辐射能量在空间的分布,在有可能出现目标的地方集中能量,可以灵活控制波束对目标的跟踪,提高跟踪的稳定性。

(4)可以形成不同形状的波束,如针状波束、扇形波束、宽波束等,还可以在存在干扰的方向上形成零点，以抑制有源干扰。

（5）低副瓣，与常规天线相比，副瓣峰值可降低 5dB 以上，改善了副瓣杂波区的探测性能，提高了副瓣抗干扰能力。

（6）系统可靠性高。取消了易出故障的大功率行波管发射机和机械扫描部件，而且天线是由多个阵元构成的，若其中 5%发生故障，雷达还能有效地工作。实验表明，10%的单元失效时，对系统性能无显著影响，不需要立即维修；30%失效时，系统增益降低 3dB，仍可维持基本工作性能。这种"柔性降级"（graceful degradation）特性对作战飞机是十分必要的。

（7）雷达隐身性能好。去掉了机械雷达的天线座和机械转动装置，可以降低飞机正面的雷达反射面积。扫描波束可以实现瞬间捷变，可以灵活控制辐射能量在时间和空间上的分布，所以被对方雷达告警器发现的概率降低[8, 9]。

但是有源相控阵天线也存在很多技术难点。

（1）T/R 组件。T/R 组件是天线阵元的核心，要在很小的体积内实现射频信号的发射和接受，要达到一定的功率和灵敏度[10]，研制难度很大。

（2）高密度电源。每个天线阵元所要求的电压不高，但是多个阵元组成的天线所需要的电流却很大，因此需要提供大功率的低压电源，而且可靠性要高，体积小，重量轻。

（3）冷却问题。天线中密布数百到数千个 T/R 组件，热功率非常高，可以达到几千瓦，因此冷却问题往往成为相控阵雷达设计成败的关键之一[11]。

（4）数据处理能力。相控阵雷达可以主要通过波束的灵活控制来实现其功能上的优势，因此，对数据处理能力的要求也高得多。

8.4　有源相控阵天线的关键结构

有源相控阵天线通常由以下主要部分组成：天线阵面、T/R 组件、馈线安装单元、波控模块、IMU、电源、盲配背板、射频旋转关节、风道、天线框架和扫描器等。其中，天线框架是整个天线的承载体，它由外框架和内框架组成；天线发热模块主要是 T/R 组件和（高密度组装）电源，发热量通常在 1kW 以上。天线热设计与分析的目的就是保证 T/R 组件与电源工作在适当的温度范围内，并尽可能保证各 T/R 组件工作温度一致，这是因为移相器对工作温度有一致性要求（雷达天线阵内允许的环境温度最高值与最低值之差一般小于 5～10℃），否则性能差别极大。另外，对天线阵面精度指标也有着非常严格的要求[12, 13]。结构误差与热变形的存在会引起天线增益下降、副瓣电平升高和波束指向不准确等，即降低了相控阵天线的电性能[14, 15]。

图 8.2 给出了一种按行、列方式馈电的有源相控阵天线原理图，其发射馈线包括一个行馈和多个列馈，每一列馈为一个功率分配网络，其多个输出端分别接

入该列天线各 T/R 组件中功率放大器的输入端。T/R 组件中接收电路的输出信号传送至接收馈线功率相加器的输入端，经功率合成后再经下变频器、中放、模数变换（A/D），变为二进制信号，传送至数字式的行馈波束形成网络。

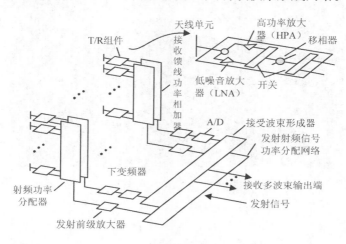

图 8.2　有源平面相控阵天线原理图

根据有源相控阵天线的工作原理，可知其关键结构部件与技术主要有以下方面。

8.4.1　T/R 组件

有源相控阵天线的核心是 T/R 组件（图 8.3）。T/R 组件的主要性能指标有工作频带宽度、输出功率、发射通道增益、脉冲宽度和占空比、输入和输出驻波比、效率、接收通道噪声系数、接收通道增益、动态范围、移相器比特数、幅频特性与相频特性等，对 T/R 组件的主要要求为高性能、高可靠性和低成本。

（1）高性能。除 T/R 组件的各种电磁、结构指标外，还应强调以下要求。①各组件频带内幅度、相位稳定性；②组件间幅度、相位一致性；③T/R 组件的总效率（overall efficiency）；④移相精度、电控衰减器精度；⑤T/R 组件的可监测性和可调整性；⑥体积、尺寸小，重量轻。

（2）高可靠性。通常，有源天线阵中 T/R 组件数量很多，要求限幅器和开关有足够的耐功率电平。采用故障弱化技术后，个别 T/R 组件的损坏（如 5% ~ 10%）不致影响整个雷达的正常工作，但 APAA 对 T/R 组件的可靠性仍有很高的要求。

（3）低成本。降低 T/R 组件的成本是推广使用有源相控阵天线的关键。美国军方对 X 波段的 T/R 组件单价要求从 1000 美元降到 400 美元。据国外文献和一些资料分析，有源相控阵天线的成本要占相控阵雷达成本的 70% ~ 80%。

图 8.3　ASAR T/R 组件

8.4.2　移相器

　　相控阵天线由多个天线单元组成，每个单元(或若干个单元组成的子阵)通过与其相连的移相器的相位改变，实现波束扫描，也就是依靠移相器可以实现对阵中各天线单元的"馈相"，提供为实现波束扫描或改变波束形状要求的天线口径上照射函数的相位分布。移相器的相位改变通过电控实现，因此，不仅波束扫描的速度极高而且波束的形状、数目及运动方式都可以预先设置，随意控制。电控移相器是有源相控阵天线雷达必不可少的部件[16]，对它的主要要求是：有足够的移相精度，移相数值稳定，不随温度、信号电平等变化；插入损耗小，端口驻波小，承受功率高(用于发射阵)，移相速度快，所需控制功率小。此外，体积小、重量轻、寿命长、成本低等也很重要。

　　移相器有模拟式、数字式和模拟-数字式之分。一般情况下，多用数字式移相器，因为它与数字控制电路接口很方便。模拟式移相器的移相精度高，需要用模拟信号控制，多用在系统相位自动调整的场合和移相精度要求特高的场合。模拟-数字式移相器因为移相精度高且可用数字信号进行控制，近年来得到了广泛的应用。

　　数字式移相器的种类很多。根据使用材料可分为铁氧体移相器、铁电陶瓷移相器、半导体二极管移相器和分子极化控制移相器等；根据功率电平可分为高功率移相器、低功率移相器等；根据传输线形式可分为波导移相器、同轴线移相器、带状线移相器、微带线移相器、集中参数移相器和分布参数移相器等。

8.4.3　馈线系统(馈电网络)

　　在相控阵天线中，从发射机输出端将信号传送至阵中各个天线单元或将阵中各个天线单元接收到的信号传送到接收机,通常被称为馈电;而将为阵列中各个天线单元通道提供所要求实现波束扫描或改变波束形状的相位分布称为馈相。实现馈相的方式与馈电一样,均是在相控阵馈线系统中实现的。APAA 馈线系统主要由功分网络、合成网络、延迟线组件和开关等组成。在发射天线阵列中,从发射机至各天线单元间应有一个馈电网络进行功率分配。在接收天线阵列中,由各天线单元至接收机间也应有一个馈电网络进行功率叠加。馈电网络系统在有源相控阵天线中占有至关重要的位置。

馈线是天线与接收机和发射机之间的射频连线。它的主要任务是将发射机输出的射频信号送往天线,由天线辐射到指定空间中去,并将天线接收到的回波信号送往接收机,以进行信号处理。馈线系统的设计有两个重要的发展前景:一是光纤与光电子技术的应用;二是馈线网络的标准化设计。

有源相控阵天线是由数千个相同的数字式 T/R 组件组成的,故馈线系统也有别于其他体制的雷达,并比常规雷达天线的馈线复杂得多,这是因为天线阵中的功率分配网络与功率叠加网络包含大量的微波器件,而其基本特点是极低功率电平的集中式强制馈电,因而固态发射机几乎是唯一的选取。此外,因为相控阵天线的很多功能都要由馈线完成。子阵的大小、阵面口径的幅相误差与副瓣电平的高低,雷达的造价等与馈线的关系均非常密切[17, 18]。

APAA 馈线的误差主要包括移相器和衰减器的量化误差、阵面加工误差、馈电系统的失配误差等。阵面加工误差包括振子本身的误差、振子安装误差和反射体表面不平整误差及微波元件等不一致性。这些误差均会引起口径幅相误差[19-21]。对于有源相控阵天线,尤其是低副瓣 APAA,其口径幅相要求是非常严格的。通过在天线工作频率上对阵面口径场的幅相测量与调整,理论上可以将引起幅相误差的各种系统误差和各部件的不一致性消除掉,只留下随机误差对天线副瓣性能的影响。天线阵面的加工误差、数字式移相器和衰减器的量化误差、测量误差、稳定性误差及移相器和衰减本身精度引起的调整误差等都属于随机误差。

8.4.4 辐射单元

辐射单元、移相器和馈电网络是有源相控阵天线的三个基本组成部分,其中,辐射单元在很大程度上决定着相控阵天线的性能。常见的天线辐射单元类型有对称振子、波导裂缝、裂缝振子、终端开口波导、波导喇叭、平行平板波导、微带贴片等。相应阵列天线组成形式有矩形平面阵、三角形平面阵、环形平面阵、空间阵列、共形阵列等。

8.4.5 热设计与分析

有源相控阵天线的核心组件是 T/R 模块,T/R 模块包含限幅器、低噪声放大器、功率放大器等有源器件。一个阵包含成千上万个 T/R 模块。其中,T/R 有源器件要产生大量的热[22]。在相控阵天线的阵面上，其热流密度可以达到 $2\sim4W/cm^2$。例如，某型相控阵雷达，T/R 组件产生的平均功率为 10W，有 3W 功率变为热量。若阵列含有 1000 个 T/R 组件，那么就有 3kW 的功率变为热量。由于天线阵面的空间有限，固态阵的单元排列非常密集，热不易自然散失，因而使固态阵温度升高，这就影响到甚至破坏了固态阵的空间电磁场分布或者说方向图变坏[23, 24]，因此，对相控阵天线的热设计与分析就显得非常重要，所以要采用高效的热设计技术，如高效热耗散冷却系统、高效板翅式散热片、热管技术、液冷等来解决相控阵雷达天线阵散热与温控问题。

有源相控阵天线热设计与分析的重要性在于它可降低阵面环境温度，降低组件中各功能电路内半导体芯片的工作结温，确保 T/R 组件高的可靠性[25]；保持天线阵面环境温度的稳定性及阵面温度分布的大致均匀性[26]；降低天线阵面工作温度，减少红外辐射，使有源相控阵雷达天线与普通雷达天线一样，均为冷阵面，以降低被红外制导 ARM 等自动寻的武器攻击的命中率。

为提高 T/R 组件的散热能力，通常把 T/R 组件盒体进行密封设计，并把其中一面制成散热器形状以强化散热，然后进行强迫风冷[27]。同样，高密度组装电源的盒体的一侧也设计为散热片形式，设计风道，进行强迫风冷。由于波控模块的发热量小，主要进行自然散热即可满足工作要求。APAA 的热设计与分析要兼顾到具体结构、工作环境，并且本身有计算复杂、影响因素多和偏差大的特点[28]，因此天线热设计要与相关的实验反复交互进行。

8.4.6　高密度组装电源

APAA 阵面电源要求输出功率大、变换效率高、体积重量小、动态响应快。若采用传统的开关电源，功率开关管一般工作在硬开关条件下，其开关损耗较大，难以提高开关频率，限制了电源的小型化。在机载相控阵雷达中，因载机平台的限制，对天线阵面电源体积和重量的限制极为苛刻，故高可靠性、高功率密度和高效率的阵面电源成为机载有源相控阵雷达的关键件之一。而采用高效率的高密度组装电源（high density packaging power supply，HDPP）可明显降低整个天线阵面的体积和重量。与传统小功率机载电源相比，天线总功耗数十倍的增加，导致 HDPP 的热设计难度增大，结构也更复杂。不同的天线工作要求，应有不同的电源设计，这与工程设计与实验联系紧密。同时电源热设计对工程经验的要求也非常高。对于机载电子设备而言，多数采用冷板散热模式。但受到体积、重量和载机等多方面因素的制约，机载电子设备采用液冷的冷却方式却不多。随着第四代机的发展，机载 HDPP 已经越来越多地采用了液冷的冷却方式。

8.5　有源相控阵天线 T/R 组件

　　典型的有源相控阵天线中,每个阵元后都接有一个固态 T/R 组件。每一个 T/R 组件包括独立的发射、接收通道及公用的移相器和发射、接收馈电网络。实际上,一些有源相控阵天线的多个阵元经馈电网络合成后接一个 T/R 组件,这类有源相控阵天线是典型的一维相扫有源相控阵天线。一维相扫有源相控阵天线的阵元每一行(或者每一列)经馈电网络合成后接一个 T/R 组件;而二维相扫有源相控阵天线,很多情况下是每个阵元后接一个固态 T/R 组件。大型有源相控阵天线,在 T/R 组件和雷达发射机(接收机)之间还需要增益"接力",此时就由天线子阵 T/R 组件来完成上述"接力"任务。工程上,实现这类大型有源相控阵天线时,时常将阵元 T/R 组件及相关联的馈电网络、电源、控制、冷却部件整合成一个整体,称为 T/R 组件组合(T/R unit)。

8.5.1　典型框图

　　T/R 组件的构成和功能也是随着有源相控阵雷达的需要而变化的。一般而言,T/R 组件都包括发射通道、接收通道、两通道的微波转换开关、供电、波束控制等部分,具体如图 8.4 所示。不同有源相控阵雷达所具有的 T/R 组件会随雷达系统性能的要求略有差异,但其基本的框图构成是相似的。T/R 组件独立的发射通道包括单级或多级低噪声放大电路及功率限幅保护电路。T/R 组件收、发通道公用的部分主要包括环行器、收发开关、移相器。供电部分包括电源变换、集/分线器。波束控制包括指令接收、运算、逻辑输出、驱动、检测回传等。很多场合,处于有源相控阵天线性能调整的需要,还在 T/R 组件内加入发射功率增益调节,接收通道电调衰减器,收发通道带通滤波器及多状态收发开关等。

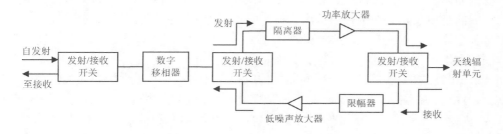

图 8.4　T/R 组件的基本构成框图

8.5.2　主要部件

　　有源相控阵天线 T/R 组件的主要部件有功率放大器、低噪声放大器、移相器、收发开关、环行器、隔离器、限幅器、滤波器、电调衰减器、DC/DC 电源和波控模块。从集成使用方面考虑，相控阵雷达 T/R 组件的主要部件多采用便于表面安装的平面电路。

　　驱动功率放大器、末级功率放大器及隔离器构成相控阵雷达 T/R 组件的功率放大链路。功率放大链路一方面将直流功率转换为微波功率输出，另一方面有效地将输入激励信号放大并保持输出信号幅度、相位有相当好的一致性。有源相控阵雷达不同于发射机集中的无源相控阵雷达，采用的是在 T/R 组件内的分布式发射，T/R 组件的功率放大链路输出信号的幅度、相位一致性相当重要。放大器的幅相一致性是指在工作频带内，不同条件(如不同温度)下，各个放大器在工作频率点上的输出功率与额定值的差和相对相移差。对于微波放大器而言，幅度一致性通常易于控制，在功率放大器调试中可以直观地按"窗口"限制来达到额定输出功率幅度一致性的要求。同时，考虑到高的电源转换效率，功率放大器多采用 C 类或 AB 类放大器，输出饱和功率。放大器具备一定的增益压缩特性，输出功率受输入激励信号幅度起伏影响小，易于保持输出信号的幅度一致性。功率放大器的相位一致性受元件、器件、工艺、电路和系统的影响较大，而且在脉冲工作状态下，功率放大器的相位一致性测试复杂、昂贵。在饱和状态，脉冲工作的功率放大器的相位一致性取决于匹配网络、脉冲顶降、工作带宽、结构参数和工艺参数的影响，其中晶体管的结构参数和工艺参数是最重要的。倘若晶体管的生产不能保证批次性，不同批次晶体管的相位一致性是很难达到要求的。影响放大器相位一致性的因素中，有源晶体管是最活跃的因素。在晶体管芯制造受控的条件下，下列考虑可以改善功率放大器的相位一致性。①对晶体管进行内匹配设计，采用内匹配和外匹配相结合以展宽晶体管的工作频率带宽，使晶体管达到最佳宽带匹配，放大器电路进行适当微调即可保证放大器的各项技术指标。②晶体管输入匹配采用有损匹配电路，一方面与晶体管内匹配相结合，另一方面最大限度地改善晶体管的输入驻波，使输入、输出驻波在输入激励变化全过程中都保持较小。③使晶体管工作在浅饱和状态，一方面保证输出功率幅度稳定，另一方面保证放大器的脉冲顶降。输出端由输出匹配和隔离器组成，保证放大器输出驻波并具有带负载能力。④提高电路板微带加工工艺的一致性和批次性，减小工艺误差，保证装配的阻容元件同一批次性，且阻容值误差小。

　　低噪声放大器(LNA)和限幅器是构成相控阵雷达 T/R 组件接收放大链路的主要器件。限幅器防止 T/R 组件中接收通路功率敏感器件(主要是 LNA)被大信号烧毁，大信号主要来自 T/R 组件功率放大链路的泄漏功率和空间注入信号。来自 T/R 组件功率放大链路的泄漏功率是同步于雷达发射时间的，可以用有源或无源限幅器；而空间注入信号则只能用无源限幅器限制。有源限幅器类似于电控衰减器，无源限幅器则是功率自导通的衰减器。微波变容二极管、PIN 限幅二极管等都可用于限幅器。限幅器的主要技术指标有门限电平、插入损耗、承受功率、驻波比、恢复时间等。限幅器的特性主要取决于限幅二极管和相关的微波电路。耐功率、插损和漏功率是矛盾的，必须根据具体要求合理选取各种参数，才能获得较好的性能。低噪声放大器、环行器和限幅器的损耗都直接成为 T/R 组件和有源天线的噪声来源，需要严格控制。接收放大链路通常是由两级低噪声放大器组成的，第一级根据最小噪声系数和较大线性工作动态范围来选取最佳的工作电流，第二级从最佳增益条件考虑，同时兼顾噪声。低噪声放大器的电路稳定性也必须得到重点关注。对于 FET，可以在漏极使用阻性负载和在源极与地之间加电感。直流工作点是影响低噪声性能的一个主要因素，MESFET 生产工艺允许不同管子的夹断电压和饱和电流有一定差异。这使得在批量生产中采用固定电阻的无源偏置形式很不可靠。有源偏压电路通过自动设置可获得理想的漏电压和漏电流，确保工作点的一致性。

移相器、收发开关、环行器构成相控阵雷达 T/R 组件的收、发公共部分。选用环行器作为阵元和收、发支路的单向选通，既适用于雷达收、发分时工作，也满足承受较大微波功率的要求。在移相器前后采用收发开关，可以使移相器在收、发两状态公用，而且便于电路集成。微波多位数字移相器是现代相控阵雷达中 T/R 组件的核心元件，天线波束的空间扫描是依靠移相器对雷达接收/发射电路中的信号相位调整来实现的。有效地实现雷达波束空间电控扫描，对微波多位数字移相器的电性能指标要求很高。早期的无源相控阵雷达一般采用铁氧体移相器，而有源相控阵中的半导体移相器一般采用固态电路实现。当前，半导体移相器一般可以选用 PIN 二极管或 GaAs FET 来实现。采用 PIN 二极管实现的电控数字步进移相，由于需要驱动电流，体积较大、重量较重、不便于集成，在许多应用场合受到限制。GaAs 微波单片集成电路移相器由于具有体积小、重量轻、开关速度快、无功耗、抗辐射和电性能批量一致性好等显著优点，在相控阵雷达中得到普遍应用。移相器设计的主要考虑因素有工作频带及带宽、相移精度、插入损耗和插损波动。另外，为了避免移相器的引入对前后电路性能造成大的影响，要求移相器的输入、输出电压驻波比要小。

相控阵雷达 T/R 组件中时常加入滤波器和电调衰减器。滤波器加在 T/R 组件的接收通道，主要用来抑制接收机受到工作频带以外信号的干扰，加在 T/R 组件的发射通道，则用来抑制辐射谐波干扰。T/R 组件中常用的滤波器是带通型的，滤波器采取最大平滑式、等波纹式或椭圆滤波式，其主要是考虑对幅相特性的影响和兼顾止带的要求。其次，滤波器的带外电抗特性对 T/R 组件链路幅、相平坦性影响也需要慎重对待。电调衰减器一般加在 T/R 组件的接收通道中，作为接收通道幅度修调和接收阵面幅度加权的手段，有时也作为接收通道信号饱和的动态调整部分。电调衰减器一般采用 π 形或 T 形匹配网络，要求插损小、控制精度高、控制简单、附加调相变化小等。

相控阵雷达 T/R 组件中，波控系统是一个重要的部件，其构成如图 8.5 所示。波控系统除完成正常波控功能外，还兼有许多其他功能。幅相监测系统直接通过波控完成阵面监测所需的控制，阵面的多组矩阵开关控制电路就是专为其设计的；

子阵延时控制电路用来完成宽带扫描。组件控制中的过温、过压保护用来控制组件电源。多路温度监测、驱放功率监测、T/R 组件监测等是阵面监测所需的内容。波控系统的基本功能是根据不同的天线波束指向要求，完成每个阵元移相器的移相量计算并提供控制信号。波控的主要计算公式为

$$C_{m,n} = m\alpha + n\beta + \delta_{mn} + \alpha_0 \tag{8-1}$$

式中，$C_{m,n}$ 为移相数据；$\alpha = 360/\lambda \cdot d_x \cdot \sin\theta\cos\phi$ 为列移相基码；$\beta = 360/\lambda \cdot d_y \cdot \sin\theta\sin\phi$ 为行移相基码；δ_{mn} 为补偿数据；α_0 为展宽代码，用于搜索波束展宽，与频率相关。

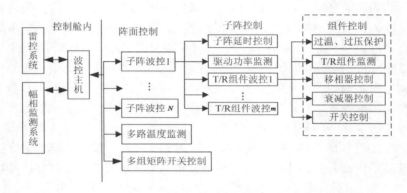

图 8.5　相控阵雷达波控系统构成

8.6　T/R 组件性能温变分析

T/R 组件是 APAA 的核心部件之一，主要由高功率放大器、低噪声放大器、收发开关、移相器等部分组成。其中移相器目前多采用(数字)铁氧体移相器，而铁氧体的温度稳定性较差。结合工程 T/R 组件的研制经验和实际性能测试数据，分析 APAA 天线温度对 T/R 组件激励电流的影响，并拟合温度对激励电流幅度和相位的影响关系曲线。

8.6.1　温度对电流幅度的影响曲线

这里对电流进行归一化处理，即最大馈电电流为 1，在工程上测量结果为 APAA 温度在 85° 以下时，温度对馈电电流影响很小，趋于线性变化。当温度超过 85° 以后，电流衰减很快，近似可看作指数变化，临界点为 85～90℃。这里假定临界点为 86℃。因此，温度影响关系函数假定为

$$1+\Delta I_n = \begin{cases} -0.00179T + 1.0536, & 30 \leqslant T < 86 \\ 0.5^{\frac{T-86}{6}} - 0.15, & T \geqslant 86 \end{cases} \tag{8-2}$$

因此，温度对电流幅度的影响曲线如图 8.6 所示。

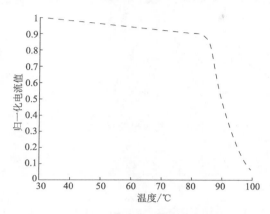

图 8.6　温度对激励电流幅度的影响曲线

8.6.2　温度对电流相位的影响曲线

图 8.7 所示为工程中 T/R 组件相位的实测数据，对其进行拟合，可得相位误差与温度的函数关系为

$$\Delta\varphi = \begin{cases} 0.0008T^2 - 0.025T + 2.5, & -30 \leqslant T < 0 \\ -1/130T + 2.5, & 0 \leqslant T < 26 \\ 2.3, & 26 \leqslant T < 50 \\ 0.03T + 0.8, & 50 \leqslant T < 70 \\ 2.9, & 70 \leqslant T \leqslant 90 \end{cases} \tag{8-3}$$

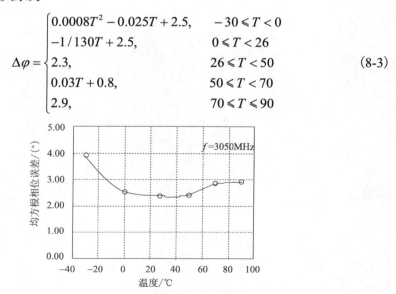

图 8.7　相位误差均方根随温度的变化曲线

因此，温度对电流相位的影响曲线如图 8.8 所示。

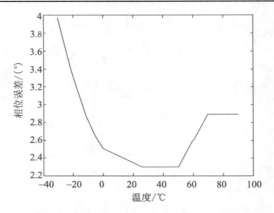

图 8.8   温度对激励电流相位的影响曲线

8.7   相控阵天线基本电磁分析

辐射结构是任何天线的工作端口，在相控阵列中，它们往往是按周期网络排列的众多离散辐射单元的集合。常见的辐射单元是半波振子、喇叭口、缝隙振子和微带偶极子等。常见的排列方式有矩形、正三角形、六角形和随机排列等。图 8.9 所示为一种矩形排列的平面相控阵天线。下面分别给出线阵、矩形栅格、三角形栅格及空间任意排列天线的电磁理论分析方法。

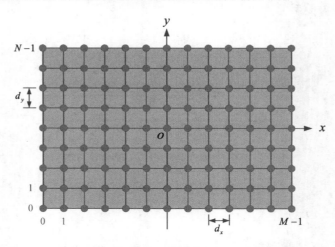

图 8.9   一种矩形排列的平面相控阵天线的示意图

8.7.1   线性阵列天线

线性阵列(简称线阵)天线的电磁分析是相控阵天线方向图、增益等电性能分析的基础。图 8.10 所示为一个由 N 个单元构成的线阵简图。天线单元排成一直线，

沿 y 轴按等间距方式排列，天线单元间距为 d 。

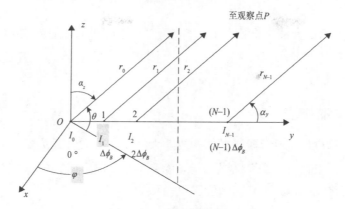

图 8.10　N 单元线阵简图

阵中第 i 个天线单元在远区产生的电场强度 E_i 可表示为

$$E_i = K_i I_i f_i(\theta, \varphi) \frac{e^{-j\frac{2\pi}{\lambda}r_i}}{r_i} \tag{8-4}$$

式中，K_i 为第 i 个天线单元的比例常数；I_i 为其激励电流，$I_i = a_i e^{-ji\Delta\phi_B}$，$a_i$ 为幅度加权系数，$\Delta\phi_B$ 为等间距线阵中相邻单元之间的馈电相位差（阵内相移值）；$f_i(\theta,\varphi)$ 为天线单元方向图；r_i 为第 i 个单元至目标位置的距离。

因此，可知由各天线单元辐射场强在目标处产生的总场强 E 为

$$E = \sum_{i=0}^{N-1} E_i = \sum_{i=0}^{N-1} K_i I_i f_i(\theta, \varphi) \frac{e^{-j\frac{2\pi}{\lambda}r_i}}{r_i} \tag{8-5}$$

若各单元比例常数 K_i 一致，单元方向图 $f_i(\theta,\varphi)$ 相同，则总场强 E 变为

$$E = Kf(\theta, \varphi) \sum_{i=0}^{N-1} a_i e^{-ji\Delta\phi_B} \frac{e^{-j\frac{2\pi}{\lambda}r_i}}{r_i} \tag{8-6}$$

因目标位于天线远区位置，所以近似有

$$r_i = r_0 - id\cos\alpha_y \tag{8-7}$$

由天线单元几何关系，易知

$$\cos\alpha_y = \cos\theta\sin\varphi \tag{8-8}$$

根据电磁理论可知，分母中的 r_i 可用 r_0 代替，再令 $K = 1$，则

$$E(\theta,\varphi) = f(\theta,\varphi)\sum_{i=0}^{N-1} a_i \mathrm{e}^{\,ji(\frac{2\pi}{\lambda}d\cos\theta\sin\phi-\Delta\phi_B)} \tag{8-9}$$

式 (8-9) 表示了天线方向图的乘法定理：阵列天线方向图 $E(\theta,\varphi)$ 等于天线单元方向图 $f(\theta,\varphi)$ 与阵列因子的乘积，阵列因子就是式中"$\sum$"符号以内的各项相加的结果[15]。

8.7.2　矩形栅格平面阵

图 8.11 所示为一矩形栅格平面相控阵天线，其阵元间距为 d_x、d_y，为满足电磁辐射要求，其阵元必须限制在 $\lambda^2/4$ 面积内（λ 为辐射波长）。第 (m,n) 元相对于位于坐标原点 O 的第 $(0,0)$ 元的位置可表示为

$$\boldsymbol{\rho}_{mn} = md_x\boldsymbol{a}_x + nd_y\boldsymbol{a}_y \tag{8-10}$$

对于上述具有 $M\times N$ 个单元的平面矩形栅格阵相控阵天线，其辐射场强为

$$E_0(\theta,\varphi) = \sum_{m=1}^{M}\sum_{n=1}^{N} I_{mn}\exp[jk(m\alpha_x + n\alpha_y)] \tag{8-11}$$

式中

$$a_x = d_x\left(\sin\theta\cos\phi - \sin\theta_0\cos\phi_0\right) \tag{8-12}$$

$$a_y = d_y\left(\sin\theta\cos\phi - \sin\theta_0\sin\phi_0\right) \tag{8-13}$$

I_{mn} 为理想的电流幅度；k 为波数；d_x、d_y 为单元间距；(θ_0,ϕ_0) 为波束指向。

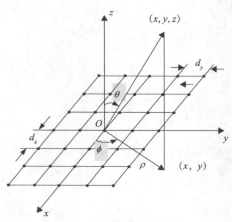

图 8.11　矩形栅格平面阵

图 8.12 给出了一种矩形波导平面相控阵天线形式，阵元间距为 d_x、d_y，阵元口径为 a、b。通常这种栅格阵列的口径场幅值分布是均匀的，相位分布是以

位于坐标原点 O 的第 $(0,0)$ 元为中心的均匀锥削变化。其远区辐射场强类似，这里不再赘述。

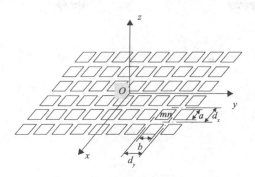

图 8.12　矩形波导平面阵

8.7.3　三角形栅格平面阵

图 8.13 所示为三角形栅格平面相控阵，这种阵列形式具有两个优点：①排列在这种栅格点上的阵元间的互耦效应比矩形栅格的小；②这种排列阵所需元数比矩阵栅格排列阵所需元数要少。图中阵元（取作振子矩）间距为 d_x，排间距为 d_y，底角为 β，第 (m,n) 元的位置相对于位于坐标原点 O 的第 $(0,0)$ 元的距离矢量可表示为

$$\boldsymbol{r}_{mn} = \left(ma_1 + na_2\cos\beta\right)\boldsymbol{a}_x + na_2\sin\beta\boldsymbol{a}_y \tag{8-14}$$

式中，a_1 是基本三角形的底边长度；a_2 是斜边长度。

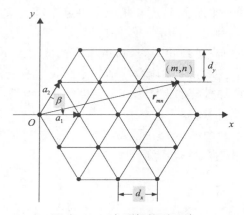

图 8.13　三角形栅格平面阵

假设沿 $\boldsymbol{a}_1$ 方向上相邻两阵元间的相位差为 δ_1，沿 $\boldsymbol{a}_2$ 方向上相邻两阵元间的相位差为 δ_2，则第 (m,n) 元相对于第 $(0,0)$ 元的相位差为

$$\delta_{mn} = m\delta_1 + n\delta_2 \tag{8-15}$$

再假定第 (m,n) 元的激励场幅值为 A_{mn} ，经推导可得三角形栅格阵的辐射场方向图函数为

$$F(\theta,\phi) = \sum_{m=0}^{N-1} \sum_{n=0}^{N-m-1} A_{mn} \mathrm{e}^{\mathrm{j}\delta_{mn}} \exp\left[\mathrm{j}kr_{mn}\cos(\phi-\phi_{mn})\sin\theta\right] \tag{8-16}$$

如果 $(N-m-1)_{\min} = 0$ ，则此阵为三角形面阵；如果 $(N-m-1)_{\min} \neq 0$ ，则此阵是一个六角形面阵。

基于三角形栅格平面阵，也出现如图 8.14 所示的环形平面相控阵组成形式。

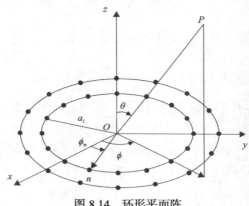

图 8.14　环形平面阵

8.7.4　空间阵列天线

阵列单元间距及单元的馈电幅度和相位是决定阵列天线方向特性的三个基本参量，对此三个参量分别控制和调整就各自形成了阵列天线方向图的密度加权（density tapered）、幅度加权（amplitude tapered）和相位加权（phase tapered）的综合方法。在一些对天线的主瓣宽度要求高、造价限制大、增益和副瓣是次要因素的情况下，往往选用密度加权阵的天线形式。密度加权阵天线的远场分析可以采用普通阵列天线远场的分析方法。

假设空间相控阵天线由图 8.15 所示的 M 个任意极化取向的相似单元组成。令第 m 号单元的阵中相对激励电流为

$$I_m = \dot{I}_m \exp(\mathrm{j}\delta_m) \tag{8-17}$$

其相对于参考点 O 的位置矢量为 d_m 。若 $\hat{P}(\theta,\phi)$ 为观察方向，$\hat{P} = (\theta_0,\phi_0)$ 为主波束指向，则相控阵天线的辐射场可表示为

$$E(\theta,\phi) = k\sum_{m=1}^{M} I_m \cdot \exp\left\{\mathrm{j}\left[\beta d_m \cdot (\hat{P}(\theta,\phi) - \hat{P}(\theta_0,\phi_0)) + \delta_m\right]\right\} \cdot f_m(\theta,\phi) \cdot \hat{e}_m(\theta,\phi) \tag{8-18}$$

式中，k 为与 (θ,ϕ) 方向无关的常数；β 为波数；$f_m(\theta,\phi)$ 为第 m 号单元的阵中单元因子；$\hat{e}_m(\theta,\phi)$ 为第 m 号单元辐射场极化的单位矢量。$f_m(\theta,\phi)$ 和 $\hat{e}_m(\theta,\phi)$ 都与观察方向和单元上激励电流的方向有关。对于有源相控阵天线，电流幅度 I_m 取 1，反之取 0。

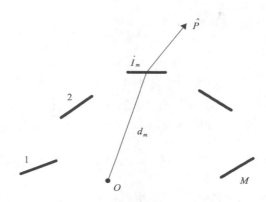

图 8.15　M 单元阵列天线简图

8.8　随机误差与系统误差的综合分析方法

相控阵天线结构误差同样也分为系统误差和随机误差。系统误差可以事先预计，如天线力学变形引起的误差。随机误差则包括天线阵面加工误差、天线阵面（辐射单元）安装误差和天线框架加工误差等，其中结构变形误差是最主要的误差。影响结构变形的随机误差多种多样，如何结合电磁、热分析的要求进行误差分析是个重要的研究内容，而这也是与工程设计、加工成本等息息相关的。例如，阵列天线要求具有高的单元位置安装精度、馈电电流的振幅和相位的控制精度等，而精度要求越高，成本越高，但也不能把精度要求设置过低，以致性能要求没有保证，达不到预定的技术指标[29-31]。

相控阵天线中的随机误差分为两类：馈电误差和结构误差。各单元对于预定安装位置不能绝对准确安装，单元存在高度差，都会引入单元位置误差；单元的方向安装不一致，会引入单元方向的误差；还有反射底板高低不平的误差等。实际上，结构误差也会引起馈电方面的误差（馈电阻抗的变化、极化方向的不一致）。随机误差可根据概率论的中央极限定理认为是服从正态分布的，从而得到概率分布函数，进而分析其对天线方向性、副瓣大小、指向、波瓣宽度等的影响[32-37]。

8.8.1　随机误差分析方法

在相控阵列单元中，一个单元的误差与另一个单元的误差之间并没有必然的联系。从概率论的观点来看，各单元可看作相互独立的[38]。由于误差产生的随机

性及误差的微小性，根据概率论的中央极限定理，认为误差满足正态分布，相应的分布密度函数为

$$f(x) = \frac{1}{\sqrt{2\pi}\sigma} e^{\frac{(x-\mu)^2}{2\sigma^2}}, \quad -\infty < x < \infty \tag{8-19}$$

式中，μ 和 σ 分别为误差的均值和方差。

1）结构随机误差分析

实际天线结构误差不会很大，更不会为无限大，因此近似认为单元位置误差分布在 $[-\delta, \delta]$ 内。假设 APAA 中第 n 个单元的激励电流为 I_n，坐标为 (x_n, y_n, z_n)，I_n 对两坐标轴具有对称性，则理想无误差阵列天线在 $\varphi = \varphi_0$ 平面中的辐射场强为

$$E_0(\theta, \varphi_0) = \sum_n I_n \exp\left\{ j\left[k\left(x_n d_x \cos\varphi_0 + y_n d_y \sin\varphi_0 \right)\left(\sin\theta - \sin\theta_0 \right) \right] \right\} \Big/ \sum_n I_n \tag{8-20}$$

当单元位置误差为 $(x_n^\delta, y_n^\delta, z_n^\delta)$ 时，辐射场强为

$$E(\theta, \varphi) = \sum_n J_n \exp\left\{ j\left[k\left(x_n d_x \cos\varphi_0 + y_n d_y \sin\varphi_0 \right)\left(\sin\theta - \sin\theta_0 \right) \right] \right\} \Big/ \sum_n \overline{J}_n \tag{8-21}$$

其中，$J_n = I_n \exp\left\{ j\left[k\left(x_n^\delta d_x \cos\varphi_0 + y_n^\delta d_y \sin\varphi_0 \right)\sin\theta + k z_n^\delta d_z \cos\theta \right] \right\}$。

假设对于每个单元，其位置误差 x_n^δ、y_n^δ 和 z_n^δ 是彼此独立的，而且对于不同单元，它们的位置误差也是相互独立的，并具有正态分布，均值为 0，所以有下面的误差分布密度函数：

$$f\left(x_n^\delta\right) = \frac{1}{\sigma_x \sqrt{2\pi}} \exp\left(-\frac{x_\delta^2}{2\sigma_x^2} \right) \tag{8-22}$$

$$f\left(y_n^\delta\right) = \frac{1}{\sigma_y \sqrt{2\pi}} \exp\left(-\frac{y_\delta^2}{2\sigma_y^2} \right) \tag{8-23}$$

$$f\left(z_n^\delta\right) = \frac{1}{\sigma_z \sqrt{2\pi}} \exp\left(-\frac{z_\delta^2}{2\sigma_z^2} \right) \tag{8-24}$$

从而可得

$$\overline{J}_n = \left\langle I_n \exp\left\{ j\left[k\left(x_n^\delta d_x \cos\varphi_0 + y_n^\delta d_y \sin\varphi_0 \right)\sin\theta + k z_n^\delta d_z \cos\theta \right] \right\} \right\rangle$$

$$= I_n \exp -\frac{1}{2}\left[\left(\sigma_x k d_x \cos\varphi_0 \sin\theta \right)^2 + \left(\sigma_y k d_y \sin\varphi_0 \sin\theta \right)^2 + \left(\sigma_z k d_z \cos\theta \right)^2 \right]$$

$$\tag{8-25}$$

$$D(J_n) = I_n^2 - I_n^2 \exp\left\{-\left[\left(\sigma_x k d_x \cos\varphi_0 \sin\theta\right)^2 + \left(\sigma_y k d_y \sin\varphi_0 \sin\theta\right)^2 + \left(\sigma_z k d_z \cos\theta\right)^2\right]\right\}$$

$$\approx I_n^2\left[1 + \left(\sigma_x k d_x \cos\varphi_0 \sin\theta\right)^2 + \left(\sigma_y k d_y \sin\varphi_0 \sin\theta\right)^2 + \left(\sigma_z k d_z \cos\theta\right)^2\right]$$

$$(8\text{-}26)$$

综上可得辐射单元具有位置误差时的电场场强的均值为

$$\left\langle E(\theta,\varphi)\right\rangle = \left\langle \sum_n J_n \exp\mathrm{j}\left[k\left(x_n d_x \cos\varphi_0 + y_n d_y \sin\varphi_0\right)(\sin\theta - \sin\theta_0)\right]\right\rangle \Big/ \sum_n \bar{J}_n$$

$$= E_0(\theta,\varphi)$$

$$(8\text{-}27)$$

因此可知，具有辐射单元位置误差的辐射电场的均值与无误差的电场相等。

同样可得辐射电场的方差为

$$D(E) = \sigma_E^2 = \sum_n D(J_n) \Big/ \left(\sum_n \bar{J}_n\right)^2$$

$$= \frac{\sum_n I_n^2}{\left(\sum_n I_n\right)^2}\left\{1 - \exp-\left[\left(\sigma_x k d_x \cos\varphi_0 \sin\theta\right)^2 + \left(\sigma_y k d_y \sin\varphi_0 \sin\theta\right)^2 + \left(\sigma_z k d_z \cos\theta\right)^2\right]\right\}$$

$$\approx \frac{\sum_n I_n^2}{\left(\sum_n I_n\right)^2}\left[\left(\sigma_x k d_x \cos\varphi_0 \sin\theta\right)^2 + \left(\sigma_y k d_y \sin\varphi_0 \sin\theta\right)^2 + \left(\sigma_z k d_z \cos\theta\right)^2\right]$$

$$(8\text{-}28)$$

所以，场强实部 ξ 和虚部 η 的自相关函数为

$$K_{\xi\xi} = K_{\eta\eta} = \frac{1}{2}\left\{k^2\left[\left(d_x\sigma_x\cos\varphi_0\right)^2 + \left(d_y\sigma_y\sin\varphi_0\right)^2\right](\sin\theta_1 - \sin\theta_2)^2\right.$$

$$\left. + \left(kd_z\sigma_z\right)^2(\cos\theta_1 - \cos\theta_2)^2\right\}\frac{1}{\left(\sum_n I_n\right)^2}\sum_n I_n^2 \cos\left[k\left(x_n d_x \cos\varphi_0\right.\right.$$

$$\left.\left. + y_n d_y \sin\varphi_0\right)(\sin\theta_1 - \sin\theta_2)\right]$$

$$(8\text{-}29)$$

则 ξ 和 η 的方差为

$$\sigma_\xi^2 = \sigma_\eta^2 = \sigma^2 = \frac{\sigma_E^2}{2} \tag{8-30}$$

由上面的分析公式可得位置误差对天线方向性的影响为

$$\frac{\bar{D}}{D_0} = \frac{1}{1 + \left(\sigma_x k d_x \cos\varphi\sin\theta\right)^2 + \left(\sigma_y k d_y \sin\varphi\sin\theta\right)^2 + \left(\sigma_z k d_z \cos\theta\right)^2} \tag{8-31}$$

当位置误差的方差很小时，可得到如下近似公式

$$\frac{\bar{D}}{D_0} = 1 - \left[\left(\sigma_x k d_x \cos\varphi\sin\theta\right)^2 + \left(\sigma_y k d_y \sin\varphi\sin\theta\right)^2 + \left(\sigma_z k d_z \cos\theta\right)^2\right] \tag{8-32}$$

2) 馈电随机误差分析

当矩形栅格 APAA 的辐射单元存在位置误差或天线阵面存在热变形时，会引起口面幅相误差[37, 38]。此时，天线的最大副瓣电平 SLL 为

$$\text{SLL} = \text{SLL}_0 + \frac{3\sigma_E}{\left(1 - p_f\right)\displaystyle\sum_{m=0}^{M-1}\sum_{n=0}^{N-1}a_{mn}} \tag{8-33}$$

式中，SLL_0 为理想天线的最大副瓣电平；p_f 为单元失效率（与天线结构无关）；σ_E 为场强的均方差。

根据阵列天线电磁理论，有

$$\sigma_E^2 \approx \left[p_f\left(1 - p_f\right)\left(1 + \sigma_A^2\right) + \left(1 - p_f\right)^2\left(\sigma_A^2 + \sigma_\varphi^2\right)\right]\sum_{m=0}^{M-1}\sum_{n=0}^{N-1}a_{mn}^2 \tag{8-34}$$

式中，σ_A 为单元幅度均方根差；σ_φ 为单元相位均方根差。

所以天线的最大副瓣电平 SLL 可表示为

$$\text{SLL} = \text{SLL}_0 + 3\sqrt{\frac{p_f\left(1 + \sigma_A^2\right) + \left(1 - p_f\right)\left(\sigma_A^2 + \sigma_\varphi^2\right)}{\left(1 - p_f\right)MN\eta}} \tag{8-35}$$

式中，η 为天线口径效率，一般为 50%～60%。

由前面的内容可知，阵列单元位置误差可以等效为单元的幅相误差[39]。假设平面阵中第 n 个单元的位置误差可表示为

$$\boldsymbol{\delta}_n = \Delta x_n \hat{\boldsymbol{i}} + \Delta y_n \hat{\boldsymbol{j}} + \Delta z_n \hat{\boldsymbol{k}} \tag{8-36}$$

则由单元位置误差引起的单元幅度误差 ΔA_n 和单元相位误差 $\Delta\varphi_n$ 分别为

$$\Delta A_n = \frac{\boldsymbol{\delta}_n \cdot \boldsymbol{P}}{r_0} \tag{8-37}$$

$$\Delta\varphi_n = \frac{2\pi}{\lambda}\boldsymbol{\delta}_n \cdot \boldsymbol{P} \tag{8-38}$$

式中，r_0 为天线阵面中心至目标点的距离。

因目标位于天线远区，所以通常 δ_n 远小于 r_0，因而单元幅度误差 ΔA_n 很小，即单元位置误差引起的幅度误差是可以忽略不计的[40]。把位置误差与目标方向矢量代入单元相位误差公式，可得

$$\Delta\varphi_n = \frac{2\pi}{\lambda}\left(\Delta x_n \sin\theta\cos\phi + \Delta y_n \sin\theta\sin\phi + \Delta z_n \cos\theta\right) \tag{8-39}$$

因此可得阵面相位均方根差为

$$\sigma_\varphi = \sqrt{\frac{\sum_{n=1}^{MN}\Delta\varphi_n^2}{MN}} \tag{8-40}$$

由于天线辐射单元的失效与天线结构无关，因而在不考虑单元失效 $(p_f = 0)$ 和忽略单元幅度误差的情况下，天线副瓣电平的升高量为

$$\Delta\mathrm{SLL} = \frac{3\sigma_\varphi}{\sqrt{MN\eta}} \tag{8-41}$$

因此，可知

$$\Delta\varphi_n = \frac{2\pi}{\lambda}\boldsymbol{\delta}_n \cdot \boldsymbol{P} \leqslant \frac{2\pi}{\lambda}\delta_n \tag{8-42}$$

若阵面辐射单元的相位误差满足正态分布，于是有

$$\sigma_\varphi = \frac{1}{3}\Delta\phi_{\max} \leqslant \frac{2\pi}{3\lambda}\delta_{\max} \tag{8-43}$$

式中，$\Delta\phi_{\max} = \max\{\Delta\phi_1, \Delta\phi_1, \cdots, \Delta\phi_{MN}\}$；$\delta_{\max} = \max\{\Delta\delta_1, \Delta\delta_1, \cdots, \Delta\delta_{MN}\}$。

综上可得天线副瓣电平的变换量(升高) $\Delta\mathrm{SLL}$ 满足

$$\Delta\mathrm{SLL} = \frac{3\sigma_\varphi}{\sqrt{MN\eta}} \leqslant \frac{2\pi}{\lambda\sqrt{MN\eta}}\delta_{\max} \tag{8-44}$$

式(8-44)可用于工程实践，首先电气设计师依据雷达工作战技指标分析天线指标，从而确定最坏情况下的副瓣电平变化量 $\Delta\mathrm{SLL}$，再据此给定结构设计指标，即单元位置公差最大值不能大于 $\delta_{\max}$。

下面以 60×30 矩形平面阵 APAA 为例，分析天线结构误差对最大副瓣电平的影响。假定天线辐射单元间距为 $d_x = d_y = \lambda/2$，波束最大值方向为 $\theta_0 = \phi_0 = 0$。理想照射分布采用可分离的形式，水平和垂直加权分别为–40dB 和–30dB 的理想泰勒分布。同时，假设天线单元的幅度均方根差 σ_A 和相位均方根差 σ_φ 相等，且等于 σ，并取口径效率 η 为 60%。图 8.16 给出了不同幅相均方根误差下的天线最大副瓣电平随辐射单元失效率的变化曲线。

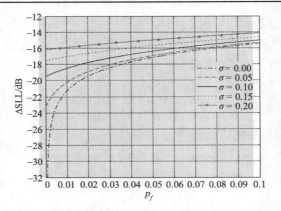

图 8.16　天线最大副瓣电平随单元失效率的变化曲线

理想情况下，有源相控阵天线的方向性增益可以表示为

$$G_0 = 4\pi P_0(0,0) \Big/ \int_0^{2\pi} \int_0^{\pi} P_0(\theta,\phi)\sin\theta \mathrm{d}\theta \mathrm{d}\phi \tag{8-45}$$

当辐射单元存在位置误差或者幅相误差时，天线增益可用下式近似表达：

$$G = 4\pi \langle P(0,0)\rangle \Big/ \int_0^{2\pi} \int_0^{\pi} \langle P(\theta,\phi)\rangle \sin\theta \mathrm{d}\theta \mathrm{d}\phi \tag{8-46}$$

式中

$$\langle P(\theta,\phi)\rangle = \big|\langle E(\theta,\phi)\rangle\big|^2 + \sigma_E^2(\theta,\phi) \tag{8-47}$$

假设各辐射单元没有相关误差，波束最大方向为 $\theta_0 = 0°$，$\phi_0 = 0°$。根据前述内容，可得天线辐射场强的方差为

$$\sigma_E(\theta,\phi) \approx p_f(1-p_f)(1+\sigma_A^2)\sum_{m=0}^{M-1}\sum_{n=0}^{N-1} I_{mn}^2 + (1-p_f)^2 \sigma_\varphi^2 \tag{8-48}$$

综上可得天线增益为

$$G \approx G_0 \Bigg/ \left[1 + \frac{p_f(1+\sigma_A^2)}{1-p_f} + \sigma_A^2 + \sigma_\varphi^2\right] \tag{8-49}$$

所以，存在结构误差时的天线增益损失表达式为

$$\Delta G = G - G_0 = -10\lg\left[1 + \frac{p_f(1+\sigma_A^2)}{1-p_f} + \sigma_A^2 + \sigma_\varphi^2\right] \tag{8-50}$$

因此，可得到在不同幅相误差情况下，天线增益损失随辐射单元失效率的变化曲线（图 8.17）。

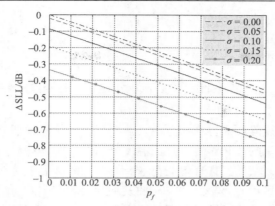

图 8.17　天线增益损失随单元失效率的变化曲线

图 8.16 和图 8.17 的结果表明：单元失效与幅相误差均会降低天线的电性能，即引起天线副瓣恶化，并使天线增益下降。两幅图中的曲线也都说明单元失效与幅相误差均方根相比，哪个大哪个就对天线电性能起主要的恶化作用。

8.8.2　综合影响分析

对于工程上的有源相控阵天线，随机误差与系统误差是同时存在的。对于结构和馈电随机误差，其对天线电性能的影响都可以统一表示为

$$\langle E \rangle = E_0 + f_r(\mu, \sigma) \tag{8-51}$$

式中，E_0 是理想无误差时的电性能（场强、增益、方向性、副瓣电平）；$f_r(\mu, \sigma)$ 是随机误差（包括结构和电信）对电性能影响的数学函数；μ、σ 分别为随机误差的均值与均方差；$\langle E \rangle$ 是有随机误差时的天线平均电性能。

因工程中一般认为随机误差的均值 μ 为 0，所以有

$$\langle E \rangle = E_0 + f_r(\sigma) \tag{8-52}$$

假设天线没有各种结构和馈电随机误差，则天线结构系统误差对电性能影响的一般表达式为

$$E = E_s \tag{8-53}$$

当随机误差 δ_r 和系统误差 δ_s 同时存在时，可以把仅有随机误差时的天线理想电性能 E_0 用存在系统误差时的电性能 E_s 来代替。因此，随机误差 δ_r 和系统误差 δ_s 同时存在时的天线电性能可表示为

$$E' = E_s + f_r(\sigma) \tag{8-54}$$

上述是一种随机误差和系统误差的总体影响分析方法。另一种方法是，利用统计出来的分布函数，由计算机随机生成天线结构随机误差 δ_r，然后将 δ_r 矢量叠

加到系统误差 δ_s 上作为新的统一误差，再依据系统误差对电性能的影响分析方法，进行新的电性能计算[41, 42]。

8.9　有源相控阵天线机电热场耦合模型

有源相控阵天线阵面中存在大量的发热器件，发热总量通常达几千瓦，其中还有对温度特别敏感的 T/R 组件。阵面温度分布的不合理将严重影响天线阵面的相位控制精度。而复杂的工作环境载荷(振动冲击等)和温度分布都将引起结构变形，从而使阵面辐射单元(阵元)的方向图及相互间的互耦效应都将发生变化，最终导致天线电性能达不到要求，甚至无法实现。为此，下面论述 APAA 机电热三场耦合建模理论与方法。

如图 8.18 所示，假设 N 个辐射单元位于有源相控阵天线口径所包围的区域内，处于 Oxy 平面内。设第 n 个辐射单元的激励电流（复加权系数）为 $I_n \exp(\mathrm{j}\varphi_n)\hat{\pmb{\tau}}_n$，其中 $\hat{\pmb{\tau}}_n$ 为单元极化单位矢量。当天线为 APAA 时，控制单元激励电流的相位，可以改变有源相控阵天线辐射的最大值方向，这就是相控阵天线单元配相和波束扫描的原理[43]。令第 n 个辐射单元方向图函数为 $f_n(\theta,\phi)$，其位置矢量为 $\pmb{r}_n = x_n\hat{\pmb{i}} + y_n\hat{\pmb{j}} + z_n\hat{\pmb{k}}$（坐标原点到单元相位中心的矢径），则在远区观察方向 $P(\theta,\phi)$，有源相控阵天线的场强方向图为

$$E(\theta,\phi) = \sum_{n=1}^{N} A_n \cdot f_n(\theta,\phi) \cdot I_n \mathrm{e}^{\mathrm{j}\varphi_n} \tag{8-55}$$

式中，$A_n = \exp(\mathrm{j}k\pmb{r}_n \cdot \hat{\pmb{r}}_0)$ 为单元空间相位因子，$\pmb{r}_n$ 为坐标原点到单元相位中心的矢径，$\hat{\pmb{r}}_0$ 为观察方向 $P(\theta,\phi)$ 的单位矢量；$f_n(\theta,\phi)$ 为单元阵中方向图；I_n、φ_n 为激励电流幅相分布。

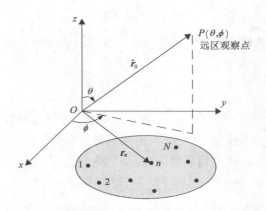

图 8.18　APAA 阵列空间坐标关系

当 APAA 受到环境载荷和阵面温度分布的影响时，其阵面会发生变形，即辐射单元除存在制造、装配等过程中产生的随机误差外，还会发生位置偏移和指向偏转，同时温度也会引起 T/R 组件性能变差，最终影响 APAA 的电性能。为此，首先分析辐射单元的位置偏移（包括系统误差和随机误差）和指向偏转（主要包括系统误差）对天线电性能的影响，同时考虑结构变形对辐射单元互耦效应的影响。进而通过理论分析和工程测试，研究温度变化及单元互耦 T/R 组件激励电流幅度和相位的影响。最终，建立融合阵面结构位移场、电磁场、温度场的 APAA 机电热三场耦合模型。

8.9.1　辐射单元位置偏移的影响

实际 APAA 工作环境载荷会影响阵元的位置，使其在天线口面产生新的相位差分布，甚至引起阵元的最大辐射方向发生偏移，如振子单元、印制偶极子等阵元将随反射板的变形，不再有规律地平行排列，导致阵元互耦合方向图发生改变[44]。当 APAA 受到环境载荷 F 和阵面温度分布 T 影响时，对其进行结构分析，可得到阵面辐射单元的位置偏移和指向偏转。如图 8.19 所示，不妨设第 n 号阵元的位置偏移（即系统误差）为 $\Delta \boldsymbol{r}_n$，其指向偏转（即最大辐射方向变化角）为 ξ_{θ_n} 和 ξ_{ϕ_n}。

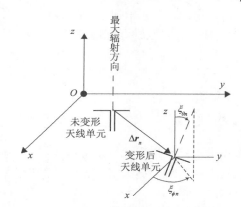

图 8.19　辐射单元位置偏移和指向偏转的几何示意图

1）口面场空间相位差

当阵列天线受到环境载荷 F 和阵面温度分布 T 影响时，第 n 号阵元产生位移 $\Delta \boldsymbol{r}_n$，此时将在天线口面产生新的空间相位差，具体如下：

$$\varphi = k\left(\boldsymbol{r}_n + \Delta \boldsymbol{r}_n\right) \cdot \hat{\boldsymbol{r}}_0 \tag{8-56}$$

2）单元互耦

阵面存在结构、温度变形时，单元的互耦影响系数会随着单元间距的变化而

变化，因此其值变为

$$S'_{n,p}(\Delta r,T) = \begin{cases} 1 + S_{n,p}(\Delta r,T), & p = n \\ S_{n,p}(\Delta r,T), & p \neq n \end{cases} \tag{8-57}$$

式中，$S'_{n,p}(\Delta r,T)$ 为第 p 号阵元对第 n 号阵元的互耦影响系数。当阵面存在结构、温度变形时，其值是随着单元间距变化而变化的[45]。

3）单元阵中方向图

单元间距的变化将使阵元互耦系数 $S_{n,p}(r)$ 改变为 $S_{n,p}(\Delta r,T)$。因此单元阵中方向图可表示为

$$f_n(\theta,\phi) = f_e(\theta,\phi) \cdot \left\{ \sum_{p=1}^{N} S'_{n,p}(\Delta r,T) \cdot \exp\left[jk(r_p - r_n + \Delta r_p - \Delta r_n) \cdot \hat{r}_0 \right] \right\} \tag{8-58}$$

式中，$f_e(\theta,\phi)$ 为辐射单元在自由空间内的方向图。

4）口面场幅度

另外，阵元互耦系数的变化也会导致激励电流幅度的变化（归一化幅度变化量为 ΔI_n），而温度的变化同样会导致激励电流幅度产生误差（见图 8.19），具体为

$$I_n = \left[I_n + \sum_{p=1}^{N} S_{n,p}(\Delta r,T) \cdot I_p \right](1 + \Delta I_n) \tag{8-59}$$

8.9.2　辐射单元指向偏转的影响

由于环境载荷和温度会导致辐射单元发生变形，因此，辐射单元除存在位置误差，还会发生指向偏转。与平板裂缝天线中辐射缝的指向误差一样，即 APAA 辐射单元方向图将发生偏转，即第 n 个辐射单元沿坐标轴将分别旋转 $\xi_{\theta n}(\delta(\boldsymbol{\beta},T))$ 和 $\xi_{\phi n}(\delta(\boldsymbol{\beta},T))$，则辐射单元的阵中方向图变为

$$f_n(\theta,\phi,\delta(\boldsymbol{\beta},T)) = f_e\left(\theta - \xi_{\theta n}(\delta(\boldsymbol{\beta},T)), \phi - \xi_{\phi n}(\delta(\boldsymbol{\beta},T))\right)$$
$$\cdot \left\{ \sum_{p=1}^{N} S'_{n,p}(\Delta r,T) \cdot \exp\left[jk(r_p - r_n + \Delta r_p - \Delta r_n) \cdot \hat{r}_0 \right] \right\} \tag{8-60}$$

式中，$\xi_{\theta n}$、$\xi_{\phi n}$ 为第 n 号辐射单元最大辐射方向的空间偏转角；$S'_{n,p}(\Delta r,T)$ 为第 p 号辐射单元对第 n 号辐射单元的互耦影响系数，其值为 $\begin{cases} 1 + S_{n,p}(\Delta r,T), & p = n \\ S_{n,p}(\Delta r,T), & p \neq n \end{cases}$；$f_e(\theta,\phi)$ 为辐射单元在自由空间的方向图。

当考虑到天线制造、装配过程中带来的随机误差 γ 时，第 n 个辐射单元新的阵中方向图可改写为

$$f_n\big(\theta,\phi,\boldsymbol{\delta}(\boldsymbol{\beta},T),\gamma\big)=f_e\big(\theta-\xi_{\theta n}\big(\boldsymbol{\delta}(\boldsymbol{\beta},T),\gamma\big),\phi-\xi_{\phi n}\big(\boldsymbol{\delta}(\boldsymbol{\beta},T),\gamma\big)\big)$$
$$\cdot\left\{\sum_{p=1}^{N}S'_{n,p}\big(\Delta r,T\big)\cdot\exp\Big[\mathrm{j}k\big(\boldsymbol{r}_p-\boldsymbol{r}_n+\Delta\boldsymbol{r}_p-\Delta\boldsymbol{r}_n\big)\cdot\hat{\boldsymbol{r}}_0'\Big]\right\} \tag{8-61}$$

值得指出的是，上述讨论的阵元互耦分析都是假定阵元的间距均是满足设计的，即在电磁分析中不考虑阵面中存在的阵元安装位置误差，也未考虑外载荷导致的结构变形所引起阵元位置的变化。事实上，阵元间距的变化将导致阵元互耦发生变化，从而严重影响工作中的天线副瓣性能，明显降低雷达的抗干扰能力。为此，单元方向图分析中应考虑辐射单元位置偏移和指向偏转对单元互耦效应的新影响。假设单元间距的变化将使辐射单元互耦系数 $S_{n,p}(r_0)$ 改变为 $S_{n,p}(r_0+\Delta r)$。因此，前面的辐射单元阵中方向图可改用下式表示

$$f_n\big(\theta,\phi,\boldsymbol{\delta}(\boldsymbol{\beta},T),\gamma\big)=f_e\big(\theta-\xi_{\theta n}\big(\boldsymbol{\delta}(\boldsymbol{\beta},T),\gamma\big),\phi-\xi_{\phi n}\big(\boldsymbol{\delta}(\boldsymbol{\beta},T),\gamma\big)\big)$$
$$\cdot\left\{\sum_{p=1}^{N}S'_{n,p}\big(\boldsymbol{\delta}(\boldsymbol{\beta},T),\gamma\big)\cdot\exp\Big[\mathrm{j}k\big(\boldsymbol{r}_p-\boldsymbol{r}_n+\Delta\boldsymbol{r}_p-\Delta\boldsymbol{r}_n\big)\cdot\boldsymbol{r}_0\Big]\right\} \tag{8-62}$$

8.9.3　温度对激励电流幅相的影响

1) 激励电流幅度的影响

APAA 冷却系统设计的目的就是要降低 T/R 组件本身的温度并保证阵面度一致性。这是由于温度的变化除导致结构变形外，也会引起激励电流的变化。另外，辐射单元互耦系数的变化也会导致激励电流幅度的变化[46, 47]。因此，温度的变化、结构变形及随机误差对激励电流幅度的影响，可用归一化幅度变化量 $\Delta I_n(T)$ 和互耦系数 $S\big(\boldsymbol{\delta}(\boldsymbol{\beta},T),\gamma\big)$ 表示为

$$I_n\big(\boldsymbol{\delta}(\boldsymbol{\beta},T),\gamma,T\big)=\left[I_n+\sum_{p=1}^{N}S_{n,p}\big(\boldsymbol{\delta}(\boldsymbol{\beta},T),\gamma\big)\cdot I_p\right]\big(1+\Delta I_n(T)\big) \tag{8-63}$$

式中，$\Delta I_n(T)$ 的计算分析方法如前所述。

2) 激励电流相位的影响

温度的变化除了对激励电流幅度产生影响外，也会使激励电流相位（即 T/R 组件中移相器相位）产生误差（其数值为 $\Delta\varphi_{nB}(T)$）。因此，波控系统控制 T/R 组件产生的相位变为

$$\varphi_{nB}(T)=\varphi_{nB}+\Delta\varphi_{nB}(T) \tag{8-64}$$

利用温度对 T/R 组件电流幅相影响的数学函数，可直接基于阵面温度分析进行 APAA 机电热三场耦合数值仿真分析和综合优化设计。也就是说，基于所建立的结构位移场、电磁场、温度场分析模型，综合考虑温度分布、结构变形、激励幅相的要求，将冷却系统的参数、温度分布的要求、阵元结构形式和尺寸、天线框架结构参数及增益、副瓣电平、带宽等电性能参数联系起来，对液冷冷板、阵面框架结构参数、辐射单元结构参数等进行优化设计，以同时实现天线的轻量化和高电磁性能的要求。

8.9.4　结构位移场、电磁场与温度场的场耦合模型

基于环境载荷和阵面温度分布对结构变形(辐射单元位置和指向)的影响，以及温度分布对 T/R 组件幅度相位的影响，并考虑结构变形误差对阵元互耦的影响，通过分析馈电误差和结构误差产生的天线口面幅相分布误差和单元阵中方向图，可建立如下所示的有源相控阵天线结构位移场、电磁场与温度场的机电热(structural electromagnetic temperature，SET)三场耦合模型：

$$E(\theta,\phi) = \sum_{n=1}^{N} f_e(\theta - \Delta\theta_n, \phi - \Delta\phi_n) \cdot \left\{ \sum_{p=1}^{N} S'_{n,p}(\Delta r, T) \exp\left[jk(\boldsymbol{r}_p - \boldsymbol{r}_n + \Delta\boldsymbol{r}_p - \Delta\boldsymbol{r}_n) \cdot \hat{\boldsymbol{r}}_0 \right] \right\}$$

$$\cdot \left[I_n + \sum_{p=1}^{N} S_{n,p}(\Delta\boldsymbol{r}, T) \cdot I_p \right] (1 + \Delta\boldsymbol{I}_n) \cdot \exp\left\{ j\left[\varphi_n + \Delta\varphi_n + k(\boldsymbol{r}_n + \Delta\boldsymbol{r}_n) \cdot \hat{\boldsymbol{r}}_0 \right] \right\}$$

$$(8\text{-}65)$$

整理化简式(8-65)，可得

$$E(\theta,\phi) = \sum_{n=1}^{N} \sum_{p=1}^{N} f_e(\theta, \phi, \Delta r, T) \cdot S'_{n,p}(\Delta r, T)$$

$$\cdot \left[I_n + \sum_{p=1}^{N} S_{n,p}(\Delta r, T) \cdot I_p \right] (1 + \Delta I_n) \qquad (8\text{-}66)$$

$$\cdot \exp\left\{ j(\varphi_0 + \varphi_1 + \varphi_2 + \varphi_3) \right\}$$

受结构变形和随机误差影响的辐射单元阵中方向图为

$$f_e(\theta, \phi, \boldsymbol{\delta}(\beta, T), \gamma) = f_e(\theta, \phi, \Delta r, T) = f_e(\theta - \Delta\theta_n, \phi - \Delta\varphi_n)$$

式中，$\boldsymbol{\delta}(\beta, T)$ 为与天线变形对应的结构位移场，β 为结构设计变量，T 是天线阵面温度分布；γ 为制造、装配等过程中引起的随机误差。

阵元互耦系数为

$$S'_{n,p}(\Delta r, T) = \begin{cases} 1 + S_{n,p}(\Delta r, T), & p = n \\ S_{n,p}(\Delta r, T), & p \neq n \end{cases}$$

单元激励电流幅度为 I_n ，归一化幅度变化量为 ΔI_n ；

初始口面相位为

$$\varphi_0 = k\boldsymbol{r}_n \cdot \hat{\boldsymbol{r}}_0 + \varphi_n = k\boldsymbol{r}_n \cdot \hat{\boldsymbol{r}}_0 - \varphi_n(\theta_0, \phi_0)$$

单元位移引起的新的口面空间相位差为

$$\varphi_1 = k\Delta\boldsymbol{r}_n \cdot \hat{\boldsymbol{r}}_0$$

单元位移引起的阵元互耦相位差为

$$\varphi_2 = k\left(\boldsymbol{r}_p - \boldsymbol{r}_n + \Delta\boldsymbol{r}_p - \Delta\boldsymbol{r}_n\right)\hat{\boldsymbol{r}}_0$$

温度引起的激励相位差（绝对值）为

$$\varphi_3 = \Delta\varphi_n(T)$$

利用上述 APAA 机电热三场耦合模型，对其结构、热、电磁进行耦合分析，可有效实现 APAA 的最佳综合设计。即使 APAA 系统达到在相同电性能指标要求下，降低对冷却系统、结构加工精度、焊接精度与装配精度的要求。而在相同冷却系统参数和结构精度要求下，提高冷却效率，降低结构重量、环控要求，提高有源相控阵天线的综合性能。

8.10　有源相控阵天线机电热耦合优化设计

机载、星载雷达与高机动陆基雷达不但要求其天线电性能满足指标要求，而且都要求天线结构轻巧，但这要以牺牲天线结构刚度为代价。结构刚度降低势必导致在相同载荷下天线结构变形大，从而降低了天线电性能[48]。因此，应从优化的角度，在满足电性能要求下，合理设计天线结构。基于有源相控阵天线机电热三场耦合模型，将电性能（副瓣与增益）与结构设计参数综合考虑，从而使天线结构的机电热集成优化设计与工程实现在理论上成为可能。

因天线结构重量在机载、星载雷达天线设计中也是一个重要的指标，所以把结构重量作为优化目标之一。因增益是天线电性能的重要指标之一，故也作为优化目标之一。在 APAA 中，由于 T/R 组件个数众多，其发热功率导致天线阵面温度过高，因此把阵面最高温度与阵面温差也作为优化目标之一。

为反映实际设计中各目标重要程度的差异，同时为了使设计者方便灵活地进行协调（如只优化其中某一个目标），对各目标引入一个重要权系数 α_i ，即

$$0 < \alpha_i < 1, \qquad \sum_{i=1}^{4} \alpha_i = 1 \tag{8-67}$$

另外，为了使多目标的解朝着用户满意的方向发展，仿照多目标约束法的基

本思想，在约束上加入

$$-G(\boldsymbol{\beta}) \leqslant -G^a, \quad W(\boldsymbol{\beta}) \leqslant W^a, \quad T_{\max}(\boldsymbol{\beta}) \leqslant T_{\max}^a, \quad \Delta T(\boldsymbol{\beta}) \leqslant \Delta T^a \qquad (8\text{-}68)$$

式中，G^a、W^a、$T_{\max}^a$ 和 ΔT^a 为目标期望值，可根据设计要求取允许的最低增益、最大重量、阵面最高温度的最大值和阵面最大温差。

综上可建立如下 APAA 机电热三场耦合优化设计模型：

Find　　　$\boldsymbol{\beta} = (\beta_1, \beta_2, \cdots, \beta_R)^{\mathrm{T}}$

Min　　　$f = \alpha_1 \left(\dfrac{G - G^0}{G^0} \right)^2 + \alpha_2 \left(\dfrac{W - W^0}{W^0} \right)^2 + \alpha_3 \left(\dfrac{T_{\max} - T_{\max}^0}{T_{\max}^0} \right)^2 + \alpha_4 \left(\dfrac{\Delta T - \Delta T^0}{\Delta T^0} \right)^2$

s.t.　　　$-G(\boldsymbol{\beta}) \leqslant -G^a$

$\quad\quad\quad W(\boldsymbol{\beta}) \leqslant W^a$

$\quad\quad\quad T_{\max}(\boldsymbol{\beta}) \leqslant T_{\max}^a$

$\quad\quad\quad \Delta T(\boldsymbol{\beta}) \leqslant \Delta T^a$

$\quad\quad\quad \sigma_e - [\sigma_e] \leqslant 0 \quad (e = 1, 2, \cdots, Ne)$

$\quad\quad\quad \beta_{i\min} \leqslant \beta_i \leqslant \beta_{i\max} \quad (i = 1, 2, \cdots, R)$

式中，$\boldsymbol{\beta} = (\beta_1, \beta_2, \cdots, \beta_R)^{\mathrm{T}}$ 为 APAA 结构设计变量(如梁截面特性参数：壁厚、截面积、边长等)，可包括尺寸、形状、拓扑及类型等四类；$W(\boldsymbol{\beta}) = \sum\limits_{e=1}^{Ne} w_e = \sum\limits_{e=1}^{Ne} \rho l_e A_e$ 为结构重量，w_e 为第 e 个单元的重量；G^a、G^0 分别为根据设计要求取允许的最低增益和单目标优化时的最优值，其依据 APAA-SET 耦合模型计算得到；W^a、W^0 分别为根据设计要求取允许的最大重量和单目标优化时的最优值；$T_{\max}^a$、$T_{\max}^0$ 分别为根据设计要求取允许的阵面最高温度的最大值和单目标优化时的最优值；ΔT^a 和 ΔT^0 分别为根据设计要求取允许的阵面最大温差和单目标优化时的最优值；σ_e、$[\sigma_e]$ 分别为第 e 个单元应力的实际值与允许值，其约束总数为 Ne；$\beta_{i\min}$、$\beta_{i\max}$ 分别为设计变量 β_i 的下限与上限值，其总数为 R。

在上述优化模型中，当某个权系数 $\alpha_i = 0$ 时，变成不考虑该目标的多目标优化问题或单目标优化问题(剩下的不管是何目标，其 α_i 都要乘以 -1，同时把 Sym^0 改变成 Sym^a)。

针对 APAA 机电热耦合优化模型的特点，即属于非线性约束最优化问题，采用序列二次规划法进行求解，并利用有限差分法来计算优化模型目标函数和约束函数的梯度信息。还可采取的优化求解方法有可行方向法、导重准则法(适合于自重是主要载荷的结构)、零阶法(直接法，只用到因变量，不求偏导数)。

8.11 星载微带阵列天线机电场耦合

8.11.1 场耦合模型

前面分析结构变形对阵列天线电性能的影响时，大部分是将天线单元视为刚体，等效为一个理想点源，结构变形等效为天线位置的变化，主要体现在安装精度和平面度两个方面。对于低剖面的星载微带阵列有源相控阵天线，受太空恶劣温度环境的影响，星载微带阵列天线结构的变化不仅包括天线位置的改变，也包括天线单元指向的变化和自身形状的改变[49, 50]，如图 8.20 所示。在星载微带阵列天线发生结构热变形时，天线单元的电性能各不相同，方向图乘积定理已不再适用。下面以微带天线单元机电耦合模型为基础，通过电磁叠加原理，建立包括天线单元自身结构改变、位置偏移和指向偏转的机电场耦合模型。

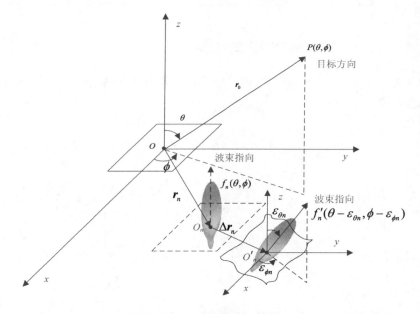

图 8.20 微带天线单元位置偏移与指向偏转和自身形状变化的几何示意图

远场区相对于目标方向的辐射场强可表示为

$$E(\theta,\phi) = \sum_{n=1}^{N} f_n'\left(\theta - \varepsilon_{\theta_n}, \phi - \varepsilon_{\phi_n}\right) I_n \exp\left(\mathrm{j}\varphi_n\right) \tag{8-69}$$

$$\varphi_n = \beta_n + \Delta\varphi_n = \beta_n + k\left(\boldsymbol{r}_n + \Delta\boldsymbol{r}_n\right)\cdot\hat{\boldsymbol{r}}_0 \tag{8-70}$$

式中，$\varepsilon_{\theta n}$ 和 $\varepsilon_{\phi n}$ 为第 n 号阵元最大辐射方向的空间偏转角。由图 8.21 中偏转角度

几何关系可知：$\varepsilon_{\theta n}$ 在最大辐射方向相对于 z 轴顺时针偏转时为 "$-$"，逆时针偏转为 "$+$"；$\varepsilon_{\phi n}$ 在相对于 x 轴逆时针偏转为 "$-$"，顺时针偏转为 "$+$"。φ_n 包括天线单元馈电相位(阵内相位差 β_n) 和因单元空间位置坐标不同引起电磁波传输路径不同引起的相位差(空间相位差 $\Delta\varphi_n$)。$r_n = x_n\hat{i} + y_n\hat{j} + z_n\hat{k}$ (坐标原点到单元相位中心的矢径) 表示第 n 个天线单元的位置矢量，Δr 表示第 n 个天线单元的位移变化，$\hat{r}_0$ 表示目标方向的单位矢量。

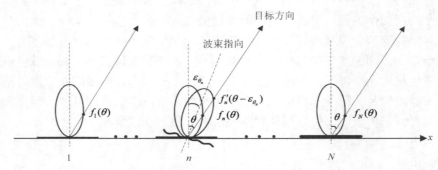

图 8.21　线阵微带天线单元指向偏转和自身形状变化的几何示意图

对于在 xOy 面上排列 M 行 N 列的矩形栅格星载微带阵列天线，如图 8.22 所示，场强方向图可表示为

$$E(\theta,\phi) = \sum_{m=0}^{M-1}\sum_{n=0}^{N-1} f'_{mn}\left(\theta - \varepsilon_{\theta_{mn}}, \phi - \varepsilon_{\phi_{mn}}\right) I_{mn}\exp\left[j(\Delta\varphi_{mn} + \beta_{mn})\right] \tag{8-71}$$

$$f'_{mn}\left(\theta - \varepsilon_{\theta_{mn}}, \phi - \varepsilon_{\phi_{mn}}\right) = \frac{\sin\left[(kW'/2)\sin\left(\theta - \varepsilon_{\theta_{mn}}\right)\sin\left(\phi - \varepsilon_{\phi_{mn}}\right)\right]}{(kW'/2)\sin\left(\theta - \varepsilon_{\theta_{mn}}\right)\sin\left(\phi - \varepsilon_{\phi_{mn}}\right)} \\ \cdot \cos\left[\frac{kL'}{2}\sin\left(\theta - \varepsilon_{\theta_{mn}}\right)\cos\left(\phi - \varepsilon_{\phi_{mn}}\right)\right] \tag{8-72}$$

$$\Delta\varphi_{mn} = k\Delta r_n = k\left(r_n + \Delta r_n\right)\cdot\hat{r}_0 \\ = k\left[(md_x + \Delta x_{mn} - \Delta x_{00})\cdot u + (nd_y + \Delta y_{mn} - \Delta y_{00})\cdot v + (\Delta z_{mn} - \Delta z_{00})\cdot w\right] \tag{8-73}$$

式中，$f'_{mn}\left(\theta - \varepsilon_{\theta_{mn}}, \phi - \varepsilon_{\phi_{mn}}\right)$ 为天线单元的阵中方向图；I_{mn} 为第 (m,n) 个天线单元电流激励幅度；L' 和 W' 分别表示微带天线单元发生结构变形后贴片的等效长度与宽度；$\Delta\varphi_{mn}$ 和 β_{mn} 为第 (m,n) 个天线单元相对于参考单元的"空间相位差"和"阵内相位差"。

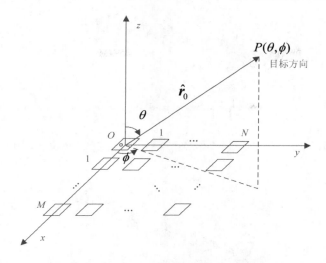

图 8.22 微带阵列天线矩形栅格排列示意图

8.11.2 星载微带阵列结构热变形分析

图 8.23 所示为 2×8 面阵天线在 HFSS 中的电磁模型。利用 ANSYS 软件分别对高温 120℃、低温−160℃和天线阵面存在 50℃温度梯度(20~70℃)三种工况下星载微带阵列天线的结构热变形进行仿真分析, 有限元模型如图 8.24 所示。仿真分析结果如图 8.25~图 8.27 所示, 数据如表 8.2 所示。

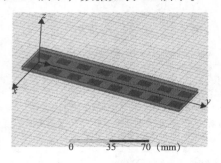

图 8.23 2×8 星载微带阵列天线电磁模型

图 8.24 2×8 星载微带阵列天线有限元模型

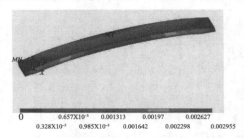

图 8.25　120℃工况下星载微带阵列天线结构热变形位移云图

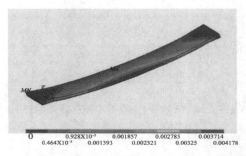

图 8.26　−160℃工况下星载微带阵列天线结构热变形位移云图

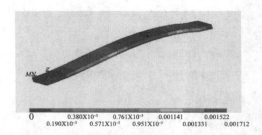

图 8.27　50℃热梯度工况下星载微带阵列天线结构热变形位移云图

表 8.2　星载不同温度条件下微带阵列天线结构热变形数据表

工况	120℃	−160℃	50℃热梯度
最大变形量/10^{-3}m	3.0	4.2	1.7

8.11.3　机电耦合分析

通过提取星载微带阵列天线结构热变形后有限元模型的节点位移信息，在MATLAB软件中进行曲面拟合，生成面方程，即可获得星载微带天线单元结构热变形后的变形曲面，如图 8.28 所示。由分析可知，星载微带阵列天线结构热变形的最大变形量为 4.2mm，满足星载微带天线单元机电耦合模型误差对变形量的要求范围。然后通过投影法获取微带阵列天线结构热变形后的等效结构尺寸，同时，通过拟合曲面上不同位置的微带天线单元的法向指向作为相应微带天线单元的指向，中心位置变化量作为天线单元的位移变化量。最后通过星载微带阵列天线机电耦合模型分析结构热变形对微带阵列天线电性能的影响。

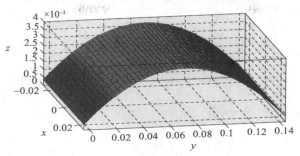

图 8.28　星载微带阵列天线结构热变形曲面拟合结果

　　采用星载微带阵列天线机电耦合模型分析结构热变形对阵列天线电性能的影响。高温 120℃极端温度条件下，机电耦合模型计算结果如图 8.29 与图 8.30 和表 8.3 所示。低温−160℃极端温度条件下，机电耦合模型计算结果如图 8.31 与图 8.32 和表 8.4 所示。50℃热梯度(20～70℃)条件下，机电耦合模型计算结果如图 8.33 与图 8.34 和表 8.5 所示。

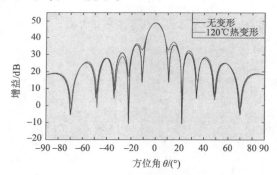

图 8.29　120℃高温环境下热变形对微带阵列天线增益方向图的影响

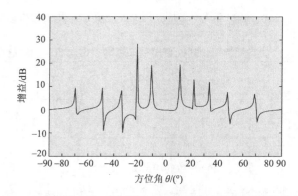

图 8.30　120℃高温环境下微带阵列天线增益方向图变化的差值曲线

表 8.3　120℃高温环境对微带阵列天线增益方向图影响的数据表

电性能	增益/dB	左第一 SLL/dB	右第一 SLL/dB	波束指向/(°)
无变形	48.94	−13.46	−13.46	0
热变形	48.67	−12.27	−11.39	0.03
变化量	−0.27	1.19	2.07	0.03

由图 8.29、图 8.30 和表 8.3 中数据可得，高温 120℃环境下，星载微带阵列天线结构热变形降低了天线的电性能。主要表现为增益下降 0.27dB；左第一 SLL 抬高 1.19dB；右第一 SLL 抬高 2.07dB；波束指向左偏 0.03°。

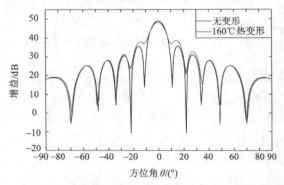

图 8.31　−160℃低温环境下热变形对微带阵列天线增益方向图的影响

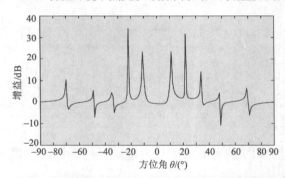

图 8.32　−160℃低温环境下微带阵列天线增益方向图变化的差值曲线

表 8.4　−160℃低温环境对微带阵列天线增益方向图影响的数据表

电性能	增益/dB	左第一 SLL/dB	右第一 SLL/dB	波束指向/(°)
无变形	48.94	−13.46	−13.46	0
热变形	48.22	−10.35	−9.48	0.1
变化量	−0.72	3.11	3.98	0.1

由图 8.31、图 8.32 和表 8.4 中数据可得，低温−160℃环境下，星载微带阵列天线结构热变形降低了天线的电性能。主要表现为增益下降 0.72dB；左第一 SLL

抬高 3.11dB；右第一 SLL 抬高 3.98dB；波束指向左偏 0.1° 。

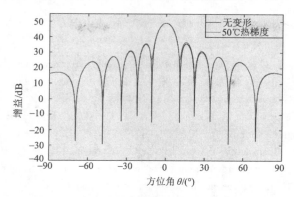

图 8.33   50℃热梯度对微带阵列天线增益方向图的影响

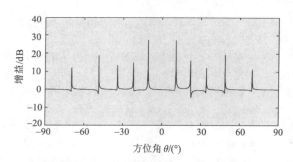

图 8.34   50℃热梯度对微带阵列天线增益方向图影响的差值曲线

由图 8.33、图 8.34 和表 8.5 中数据可得：星载微带阵列天线表面存在 50℃热梯度环境下，结构热变形降低了天线的电性能。主要表现为增益下降 0.18dB；左第一 SLL 降低 0.19dB；右第一 SLL 抬高 1.17dB；波束指向不变。

表 8.5   50℃热梯度对微带阵列天线增益方向图影响的数据表

电性能	增益/dB	左第一 SLL/dB	右第一 SLL/dB	波束指向/(°)
无变形	48.94	−13.46	−13.46	0
热变形	48.76	−13.65	−12.29	0
变化量	−0.18	−0.19	1.17	0

综上所述，星载高温环境与低温环境和天线阵面存在热梯度环境都会降低微带阵列天线的电性能，导致主瓣降低，副瓣抬高，波束指向发生偏转。与高温环境和天线表面存在 50℃的热梯度环境相比，低温环境引起微带阵列天线结构热变形量相对较大，对电性能的影响较大，主要表现为增益下降 0.72dB，副瓣抬高 3.98dB，波束指向左偏 0.1° 。

参 考 文 献

[1] Kang M K, Wang C S, Wang Y, et al. Analysis of influence of array plane error on performances of hexagonal phased array antennas. The XXXI General Assembly of the International Union of Radio Science（URSI GASS 2014）. Beijing, 2014.

[2] Ricciardi G F, Connelly J R, Krichene H A, et al. A fast-performing error simulation of wideband radiation patterns for large planar phased arrays with overlapped subarray architecture. IEEE Transactions on Antennas and Propagation, 2014, 62(4): 1779-1788.

[3] Sutinjo A, Hall P. Antenna rotation error tolerance for a low-frequency aperture array polarimeter. IEEE Transactions on Antennas and Propagation, 2014, 62(6): 3401-3406.

[4] 王从思, 康明魁, 王伟. 基于阵面变形误差的有源相控阵天线电性能分析. 电子学报, 2014, 42(12): 2520-2526.

[5] 王从思, 康明魁, 王伟. 基于结构误差的六边形有源相控阵天线电性能分析. 电波科学学报, 2014, 29(5): 932-939.

[6] 王从思, 王伟锋, 王伟. 基于单元位置误差的有源相控阵天线辐射和散射性能综合分析. 系统工程与电子技术, 2014, 36(10): 1893-1898.

[7] 薛敏, 王从思, 王伟锋. 机载振动对共形阵列天线电性能的影响. 中国电子学会第二十届青年学术年会. 北京, 2014.

[8] Massa A, Manica L, Rocca P, et al. Tolerance analysis of antenna arrays through interval arithmetic. IEEE Transactions on Antennas and Propagation, 2013, 61(11): 5496-5507.

[9] Rocca P, Manica L, Anselmi N, et al. Analysis of the pattern tolerances in linear arrays with arbitrary amplitude errors. IEEE Antennas and Wireless Propagation Letters, 2013, 12: 639-642.

[10] 王从思, 康明魁, 王伟. 结构变形对相控阵天线电性能的影响分析. 系统工程与电子技术, 2013, 35(8): 1644-1649.

[11] 王从思, 宋正梅, 康明魁. 微通道冷板在有源相控阵天线上的应用. 电子机械工程, 2013, 29(1): 1-4, 13.

[12] Kovalenko A, Riman V, Shishanov A, et al.Architecture and performance of the spaceborne multi-aperture high-resolution SAR system based on analog-digital active array antenna. 9th European Conference on Synthetic Aperture Radar. Nuremberg, Germany, 2012.

[13] Takahashi T, Nakamoto N, Ohtsuka M, et al. On-board calibration methods for mechanical distortions of satellite phased array antennas. IEEE Transactions on Antennas and Propagation, 2012, 60(3): 1362-1372.

[14] You B D, Zhao Z G, Li W B, et al. Coupling dynamic performance analysis for a satellite antenna system with space thermal load. Journal of Vibration and Shock, 2012, 31(17): 61-66.

[15] 王猛, 王从思, 王伟. 结构误差对阵列天线极化特性的影响分析. 系统工程与电子技术, 2012, 34(11): 2193-2197.

[16] Couchman A D, Russell A G. Deployable phased array antenna for satellite communication. European Patent, 2010: 1854228.

[17] Wang C S, Duan B Y, Zhang F S, et al. Coupled structural-electromagnetic-thermal modelling and analysis of active phased array antennas. IET Microwaves, Antennas & Propagation, 2010, 4(2): 247-257.

[18] Wang C S, Duan B Y. Electromechanical coupling model of electronic equipment and its applications. 2010 IEEE International Conference on Mechatronics and Automation (ICMA 2010). Xi'an, 2010.

[19] Zaitsev E, Hoffman J. Phased array flatness effects on antenna system performance. IEEE international Symposium on Phased Array Systems & Technology, 2010: 121-125.

[20] Lier E, Zemlyansky M, Purdy D, et al. Phased array calibration and characterization based on orthogonal coding: Theory and experimental validation. IEEE International Symposium on Phased Array Systems and Technology. Waltham, MA, 2010.

[21] Peterman D, James K, Glavac V. Distortion measurement and compensation in a synthetic aperture radar phased-array antenna. International Symposium on Antenna Technology and Applied Electromagnetics & American Electromagnetics Conference. Ottawa, 2010.

[22] Tarau C, Walker K L, Anderson W G. High temperature variable conductance heat pipes for radioisotope stirling systems. Spacecraft and Rockets, 2010, 42(1): 15-22.

[23] Wang C S, Duan B Y, Zhang F S, et al. Coupled structural electromagnetic thermal modelling and analysis of active phased array antennas. IET Microwaves, Antennas & Propagation, 2010, 4(2): 247-257.

[24] Wang C S, Duan B Y, Zhang F S, et al. Analysis of performance of active phased array antennas with distorted plane error. International Journal of Electronics, 2009, 96(5): 549-559.

[25] Kankaku Y, Osawa Y, Suzuki S, et al. The overview of the L-band SAR onboard ALOS-2. Proceedings of Progress in Electromagnetics Research Symposium. Moscow, 2009.

[26] Meguro A, Shintate K, Usui M, et al. In-orbit deployment characteristics of large deployable antenna reflector onboard engineering test satellite Ⅷ. Acta Astronautica, 2009, 65(9): 1306-1316.

[27] Mura J C, Paradella W R, Dutra L V, et al. MAPSAR image simulation based on L-band polarimetric data from the SAR-R99B airborne sensor (SIVAM System). Sensors, 2009, 9(1): 102-117.

[28] Takahshi T, Nakamoto N, Ohtsuka M, et al. A simple on-board calibration method and its calibration accuracy for mechanical distortions of satellite phased array antennas. 3rd European Conference on Antennas and Propagation, 2009: 1573-1577.

[29] 王从思, 平丽浩, 宋东升, 等. 基于相位差的平面相控阵天线阵元精度分析方法. 全国天线年会. 成都, 2009.

[30] 王从思, 平丽浩, 王猛, 等. 基于阵元互耦的相控阵天线结构变形影响分析. 全国天线年会. 成都, 2009.

[31] 张金平, 李建新. 星载雷达有源相控阵天线轻量化技术. 全国天线年会. 成都, 2009.

[32] 陈升友. 天基雷达大型可展开相控阵天线及其关键技术. 现代雷达, 2008, 30(1): 5-8.

[33] Lisle D. RADARSAT-2 program update. 7th European Conference on Synthetic Aperture Radar (EUSAR). Friedrichshafen, 2008.

[34] Im E, Thomson M, Fang H, et al. Prospects of large deployable reflector antennas for a new generation of geostationary Doppler weather radar satellites. AIAA Space Conference & Exposition. Long Beach, 2007.

[35] Ossowska A, Kim J H, Wiesbeck W. Influence of mechanical antenna distortions on the performance of the HRWS SAR system. Proceedings of International Geoscience and Remote Sensing Symposium (IGARSS). Barcelona, 2007.

[36] Torres F, Tanner A B, Brown S T, et al. Analysis of array distortion in a microwave interferometric radiometer: Application to the GEOSTAR project. Proceedings of International Geoscience and Remote Sensing Symposium (IGARSS), 2007, 45(7): 1958-1966.

[37] 王从思. 天线机电热多场耦合理论与综合分析方法研究. 西安: 西安电子科技大学博士学位论文, 2007.

[38] Lee J, Lee Y, Kim H. Decision of error tolerance in array element by the Monte Carlo method. IEEE Transactions on Antennas and Propagation, 2005, 53(4): 1325-1331.

[39] 唐宝富, 束咸荣. 低副瓣相控阵天线结构机电综合优化设计. 现代雷达, 2005, 27(3):67-70.

[40] 陈杰, 周荫清. 星载 SAR 相控阵天线热变形误差分析. 北京航空航天大学学报, 2004, 30(9): 839-843.

[41] Rai E, Nishimoto S, Katada T, et al. Historical overview of phased array antennas for defense application in Japan. IEEE International Symposium on Phased Array Systems and Technology. Boston, 1996.

[42] 王伟, 吕善伟. 单脉冲平面阵列天线误差分析. 宇航学报, 1996, 17(4): 91-96.

[43] 向广志. 超低副瓣阵列天线的公差分析. 现代雷达, 1996, 18(6):39-48.

[44] 李建新, 高铁. 固态有源相控阵天线中的单元失效与容差分析. 现代雷达, 1992, 14(6): 37-44.

[45] Snoeij P, Vellekoop A R. A statistical model for the error bounds of an active phased array antenna for SAR applications. IEEE Transactions on Geoscience and Remote Sensing, 1992, 30(4): 736-742.

[46] Wang H S C. Performance of phased-array antennas with mechanical errors. IEEE Transactions on Aerospace and Electronic Systems, 1992, 28(2): 535-545.

[47] 张林让. 阵列天线的容差分析. 西安: 西安电子科大学硕士学位论文, 1990.

[48] Hsiao J K. Design of error tolerance of a phased array. Electronics Letters,1985,21: 834-836.

[49] Carver K R, Cooper W K, Stutzman W L. Beam-pointing errors of planar-phased arrays. IEEE Transactions on Antennas and Propagation,1973,21: 199-202.

[50] Elliott R. Mechanical and electrical tolerances for two-dimensional scanning antenna arrays. IRE Transactions on Antennas and Propagation, 1958,6: 114-120.

第9章　微波天线机电耦合展望

9.1　概　　述

以微波天线为典型代表的电子装备机电耦合的研究，不仅涉及数学、物理、力学等基础学科，还涉及电磁、机械结构、传热、材料、控制、制造工艺、测试等工程领域，是一个多学科、多领域联合攻关的科学与工程问题。通过将机电耦合与设计学的结合，可使复杂电子装备的设计更量化、更精密化。机电耦合与材料学的结合，会加强复合材料、功能材料等新材料的应用，使复杂电子装备更精、更轻、更强。机电耦合与制造工艺学的结合，可使复杂电子装备的制造方法与工艺流程更高效、产品质量更优良。机电耦合与电子信息技术的结合，可使复杂电子装备的"耳目"更清晰，"大脑"更智慧，"决策"更英明，"行动"更迅捷精准[1-5]。

随着深空探测、射电天文、新能源等科学领域的发展，包括反射面天线、阵列天线在内的微波天线正朝着大口径、高频段、高增益、低副瓣、高密度、集成化的方向发展，这类天线系统正在或将在载人航天、二代导航、高移动性通信、无人机、航母、潜艇、高分辨率对地观测和大飞机等重大工程中发挥重要的作用，但是目前仍有诸多与机电耦合有关的重要科学问题亟待解决[3-6]。

9.2　有源相控阵天线的发展方向

有源相控阵天线是当今火控雷达发展的一个重要方向。国外先进的相控阵雷达均采用了有源相控阵天线，其中收发全数字 T/R 组件技术最值得关注。在成熟接收 DBF 技术的基础上，用 DDS 器件实现了发射 DBF（频率、幅度、相位全部数字控制）。它可以实现实时时延，解决了宽带移相问题，且移相效果优于常规相控阵。目前 APAA 的发展方向主要有以下几种形式。

1）毫米波 APAA

随着微波单片集成电路（MMIC）技术的发展，用 MMIC 实现的 APAA 在高性能弹载导引头雷达、无人机载 SAR 等电子设备中的应用越来越广泛。毫米波 APAA 在精确打击武器系统中的作用将更为显著，毫米波 T/R 组件的技术突破是个关键问题。

2) 宽带 APAA

高分辨率雷达的发展迫切需要研究宽带相控阵技术。为了增强雷达电子反对抗(ECCM)、抗 ARM 和低截获概率(LPI)能力，提高有源相控阵雷达的宽带性能具有十分重要的意义。

3) 低/超低副瓣 APAA

众所周知，天线的副瓣特性在很大程度上影响雷达的抗干扰、抗反辐射导弹、杂波抑制、烧穿距离等主要性能。实现低副瓣的原则、方法众所周知，美国人总结出三条经验：①考虑耦合条件下的计算机辅助设计；②严格的加工精度；③以网络分析仪为基础的高精度测试手段[4]。

4) 共形 APAA

共形阵列雷达是在不损害舰船、飞机等本来的运动性能情况下，具有适合舰艇、飞机形状的共形天线。共形天线可以安装在舰艇、飞机等的任意位置上，通过多部天线的综合控制可以同时处理多目标，瞬时进行大范围搜索和消除盲区等。这些优点是利用共形雷达的多波束形成和波束形状控制等功能实现的。而且，通过有效利用波束形状控制功能的自适应调零处理和波束控制的随机扫描，可有效地提高抗电子的干扰能力。

5) 多波束 APAA

国际著名雷达界元老 Skolnik 在 2003 年提出了"无时不在、无处不在"的雷达(ubiquitous radar)概念，实际上这是一个全空域发射并用许多个不同时接收的窄波束布满相同空域的雷达，是一个 DBF 多波束雷达。相控阵接收天线多波束形成可在射频、中频、视频甚至在光学波段形成。当形成的数目不大时，可用在低噪声放大器后用移相器或固定移相器的方法形成波束。该方法属于强制馈电[7-12]。

6) 光电子 APAA

光纤与光电子技术(OET)在有源相控阵天线中有着重要且广泛的应用前景，已成为当前的一个热门研究领域。目前，已经投入应用的主要有光纤数字式移相器、光纤实时延迟线、波束控制信号的传输与分配等[7, 9]。

7) 多功能 APAA

多功能相控阵天线是指用一副天线完成两副或者多副天线的功能。而有源相控阵天线是其中一个重要的部分。这需要研究新型天线单元和布阵技术，以适用不同工作平台和不同技术指标的应用需要[9]。

8) 圆形 APAA

在舰载、地面防空雷达中，由于天线不仅要满足 360°搜索方位角，而且平面相控阵天线存在波束展宽、扫描范围窄等局限性，从而提出了背靠背双平面阵和圆形相控阵天线的概念[13]。

美国国防先进研究计划局(DARPA)的可重构孔径计划(RECAP)研究的目的在于演示电子可重构天线概念的可行性，动态地自适应改变天线辐射方向图，实现大于倍频程的带宽覆盖。其中，Raytheon 公司的目标是开发和演示无栅瓣的 10 倍带宽可重构相控阵。这里值得一提的是，采用 MEMS(微机电系统)技术，有可能实现可重构天线、多频段天线、共形天线、小型灵活天线、大型低成本天线和宽带相控阵天线[14-19]。

9.3　星载可展开有源相控阵天线的研究热点

随着卫星在空间通信、电子侦察、导航、环境监测等领域应用的深入发展，星载有源相控阵天线的需求量将日益增加。未来星载可展开有源相控阵天线结构领域值得关注的几个研究方面如下。

1) 重点加强星载天线机电热耦合的研究

机械、电磁、热耦合问题在高性能电子装备中广泛存在，其表现形式或种类、现象繁多。在星载有源相控阵天线中，存在结构位移场、电磁场及温度场之间的相互作用、相互影响，最终都将影响天线的电性能。机电热耦合理论是分析、设计、加工、测试及校准补偿星载有源相控阵天线的基础，因此应深入、系统地研究星载天线机电热耦合问题[2, 8]。

2) 集中力量突破星载恶劣环境的限制

相控阵天线在地面的应用可以追溯到 20 世纪 60 代末，但扩展到空间的应用整整晚了十年。其主要障碍是有源相控阵天线对星载环境的适应性，其中，热控技术是关键，需要从材料、工艺、新热控方案等多方面进行研究[10, 11]。

3) 努力提高材料、工艺及关键器件的水平

星载有源相控阵天线工作频段向高频扩展的同时，也正朝着大口径、可展开、轻量化、高可靠性和高集成度等方向发展。如何在薄板(膜)材料上设计并构建高性能的 T/R 组件、馈电网络、辐射单元、电源及天线展开系统等，是设计高性能、轻型化、智能化、高可靠星载有源相控阵天线的难点，其中结构一体化布局是关键技术之一。星载相控阵天线的应用性能及技术水平在很大程度上取决于所采用

的基础材料、工艺及关键器件。先进的复合材料和微波集成工艺及射频 MEMS 技术等可以大幅度降低相控阵的体积和质量。这些方面都需要继续加大研究力度。

对于天线工程师与航天工程师，尽管星载可展开有源相控阵天线的研究是一个长期复杂的过程，但因其具有良好的应用前景、巨大的国防重要性及重大的社会经济效益，还是充满吸引力与挑战性的。不言而喻，我国仍需加大在此领域的投入，尽快在理论、技术与工程研制等方面有更大突破[12, 14]。

9.4　未来微波天线机电耦合的研究重点

9.4.1　机电耦合的关键科学问题

1) 多场、多尺度、多介质的耦合机制

基于多种电磁媒质的材料特性，研究高性能电子装备电磁场、结构位移场、温度场等多物理场之间的相互作用，探明其在微波、毫米波、太赫兹等频域范围及从微观到宏观的跨尺度域上的演变规律。

2) 多工态、多因素的影响机理

针对电子装备机电耦合问题中难以从多场耦合角度进行机、电关系研究的部分，分析多种工况下，机械结构因素对电性能的影响机理，得出结构因素与电性能定性或定量的关系。

3) 系统结构与功能集成设计理论与方法

为避免分离设计导致的功能异化和性能劣化，需要从系统层面对机械结构、电磁、散热等子部分进行综合设计，统筹考虑硬件集成、信息集成和功能集成。

9.4.2　机电耦合领域的重点研究内容

1) 高性能微波天线的多场耦合建模

继续深入研究电磁场、结构位移场、温度场等多物理场之间的耦合关系，挖掘多场之间的物理关联参数及影响机理，研究影响微波天线综合性能的因素，提出不同高性能微波天线的多场耦合理论模型的统一表述方法。未来研究可侧重以下两个方面：①多域场(太空、海洋、极端环境等)耦合参数的基本作用机理；②多态场(静态、动态、渐变)耦合问题的建模与补偿[15-18]。

2) 高性能微波天线的路耦合

研究高性能微波天线中力、电、热三种能量在封闭空间电路中的耦合理论，以及结构因素、载荷信息、材料特性对电路性能的影响机理问题，实现电路中结构因素、载荷信息、材料属性的多尺度、多频段的动态建模，提出面向最优传输性能的电路结构、性能与功能集成设计技术。未来研究可侧重以下三个方面：①结构因素的多尺度效应分析；②结构因素对传输性能的影响机理；③路耦合的分析、测量、评估与控制[12]。

3) 微波天线机电耦合的材料特性影响机理

研究微波天线材料(常规材料和新型材料)的机械参数(弹性模量、泊松比、热传导率等)和电磁参数(介电常数、电导率、磁导率)对装备性能的影响，探索在加工制造过程中和服役环境条件下材料特性的变化规律，挖掘材料特性对微波天线性能的影响机理[18]。未来研究可侧重以下两个方面。①材料特性对微波天线性能的影响机理。研究材料的机械参数和电磁参数对微波天线性能的影响，探索不同频率、不同尺度、不同环境等因素下材料特性的变化规律，挖掘材料特性及其演变机制对微波天线性能的影响机理。②面向微波天线性能的新型材料设计。从微波天线性能的要求出发，进行新型材料的逆向设计，对材料物理特性提出新的要求，为新型功能材料的研制提供需求牵引。

4) 机械结构(设计与制造)因素对微波天线性能的影响机理

针对微波天线设计与制造中多工态和多因素对电性能的影响机理，探究机械结构设计参数和制造工艺参数对电性能影响的演变规律，研究设计和制造因素与电性能之间的定性或定量关系；发展微波天线的设计—制造—测量—运行全过程协同仿真和补偿技术。未来研究可侧重如下两方面：①机械设计与制造参数对电性能的影响机理和建模方法；②面向性能的机电耦合设计、补偿技术、可靠性与评估方法[10, 11]。

5) 微波天线机电耦合的跨尺度建模方法与仿真

随着微波天线向高度功能集成方向发展，基于微波天线机、电、热多场耦合及跨空间、跨时间尺度的特征，研究微波天线在多场作用下跨空间和时间尺度的建模与仿真，微波天线中关键元器件的性能优化和关键参数传递对系统性能演变的作用机理，微波天线机械结构的跨尺度建模和电性能分析，以及结构功能一体化的设计理论与关键技术。未来研究可侧重如下四个方面：①微波天线在多场作用下跨空间和时间尺度的建模与仿真；②微波天线中关键元器件的性能优化和关键参数传递对系统性能演变的作用机理；③微波天线机械结构的跨尺度建模和电性能分析；④结构功能一体化的设计理论与关键技术[20-22]。

9.4.3 典型天线与航天平台中的机电耦合

1) 典型天线机电耦合的延伸

典型天线机电耦合的延伸包括共形天线机电耦合、结构功能一体化天线机电耦合、宽带可重构天线机电耦合、弹载天线机电热耦合、有源相控阵天线 RCS 机电耦合、相控阵天线辐射与 RCS 散射综合、星载可展开天线机电耦合、MEMS 天线及器件机电耦合、天线极化与机电耦合、天线电磁兼容与机电耦合、FSS（频率选择表面）机电耦合、器件封装互联与天线机电耦合、天线高效散热与减重、天线制造工艺与机电耦合、基于机电耦合预测的柔性设计、变工况不确定性与机电耦合稳健设计、天线电性能实时自适应补偿、动态服役环境与机电耦合性能可靠度等[12, 13, 23]。

2) 航天平台中的天线机电耦合

航天平台中的天线机电耦合包括卫星姿态控制振动与天线性能耦合，高集成度和紧凑布局条件下天线多场耦合，弹性变形、热变形及蠕变与天线性能耦合[21]，热颤与应力场、电磁场的耦合，无源互调（PIM）中的机、电、热、磁非线性耦合，热致馈电部件性能恶化，网面变形与材料物性耦合，热冲击下的机电部件失效等。

参 考 文 献

[1] 杜亦佳. RF MEMS 移相器和太赫兹波导滤波器研究. 成都: 电子科技大学博士学位论文, 2013.

[2] 段宝岩. 大型空间可展开天线的现状与发展.西安: 西安电子科技大学, 2012.

[3] 阎鲁滨. 星载相控阵天线的技术现状及发展趋势. 航天器工程, 2012, 21(3): 11-17.

[4] Capece P, Capuzi A. Active SAR antennas development in Italy. 3rd International Asia-Pacific Conference on Synthetic Aperture Radar. Rome, 2011.

[5] 丰茂龙, 范含林, 黄家荣. 国外新型热管式空间辐射器研究进展. 航天器工程, 2011, 20(6): 94-103.

[6] Couchman A D, Russell A G. Deployable phased array antenna for satellite communication: Eurpean Patent, 2010: 1854228.

[7] Kankaku Y, Osawa Y, Suzuki S. The overview of the L-band SAR onboard ALOS-2. Progress in Electromagnetics Research Symposium. Moscow, 2009.

[8] 唐宝富, 徐东海, 朱瑞平. 空间充气展开天线初步研究. 现代雷达, 2008, 30(4): 82-84.

[9] 何晓晴. 机载有源相控阵雷达最新发展与应用研究. 中国雷达, 2007, (2): 7-12.

[10] Im E, Thomson M, Fang H, et al. Prospects of large deployable reflector antennas for a new generation of geostationary Doppler weather radar satellites. AIAA Space Conference & Exposition. Long Beach, 2007.

[11] Ossowska A, Kim J H, Wiesbeck W. Influence of mechanical antenna distortions on the performance of the HRWS SAR system. Proceedings of International Geoscience and Remote Sensing Symposium (IGARSS). Barcelona, 2007.

[12] 王从思. 天线机电热多场耦合理论与综合分析方法研究. 西安: 西安电子科技大学, 2007.

[13] Warnick K F, Jeffs B D, Landon J. Phased array antenna design and characterization for next-generation radio telescopes. IEEE International Workshop on Antenna Technology. California, 2009.

[14] Brookner E. Phased arrays and radars past, present and future. Microwave Journal, 2006, 49(1): 24-73.

[15] 贾利, 郭留河, 李义. 机载有源相控阵雷达技术与应用. 中国雷达, 2006, (2): 8-11.

[16] Hommel H, Feldle H P. Current status of airborne active phased array (AESA) radar systems and future trends. IEEE MTT-S Int Conf Microwave, 2005, 3: 1449-1452.

[17] 蒋庆全. 有源相控阵雷达技术发展趋势. 国防技术基础, 2005, (4): 9-11.

[18] Hommel H, Feldle H P. Current status of airborne active phased array (AESA) radar systems and future trends. 1st European Radar Conference. Netherlands, 2004.

[19] George T. Overview of MEMS/NEMS technology development for space applications at NASA/JPL. International Society for Optics and Photonics Conference on Microtechnologies for the New Millennium. Canary Islands, 2003.

[20] Lacomme P, Syst T A, Elancourt F.New trends in airborne phased array radars. Proc IEEE Int Conf Phased Array Systems and Technology, 2003: 7-12.

[21] Nakagawa M, Morikawa E, Koyama Y.Development of thermal control for phased array antenna. Proc 21st Int Communications Satellite Systems Conf, 2003, AIAA-2003-2226.

[22] Brookner E. Phased arrays and radars past, present and future. IEEE Conference on Radar, 2002: 104-113.

[23] Peterman D, James K, Glavac V. Distortion measurement and compensation in a synthetic aperture radar phased-array antenna. 14th International Symposium on Antenna Technology and Applied Electromagnetics & the American Electromagnetics Conference. Ottawa, ON, 2010.